AF385711

D. C. PRINCE UND F. B. VOGDES

QUECKSILBERDAMPF-GLEICHRICHTER

WIRKUNGSWEISE KONSTRUKTION UND SCHALTUNG

DEUTSCHE AUSGABE

BEARBEITET VON

DR.-ING. OTTO GRAMISCH

MÜNCHEN UND BERLIN 1931

VERLAG VON R. OLDENBOURG

Druck von R. Oldenbourg, München und Berlin.

Vorwort der Originalausgabe.

Das Studium der Gleichrichter zerfällt naturgemäß in zwei Teile:
Die Betrachtung der Gleichrichter selbst und der Stromkreise, in denen
sie arbeiten. Diese beiden Gegenstände können für die Darstellung fast
vollständig voneinander getrennt werden, doch sind in der Praxis Probleme beider Arten gemeinsam zu lösen. Auch das vorliegende Buch besteht aus zwei voneinander unabhängigen Teilen. Diese können zusammen
durchgearbeitet werden, es kann aber auch jeder von ihnen für sich allein
zu Rate gezogen werden, wenn eine besondere Aufgabe zu lösen ist.

Die Verfasser wählten eine Darstellungsweise, welche ihnen besonders für die Ingenieurpraxis geeignet erschien. Die übliche mathematische Darstellung mit dem Ziel, eine möglichst genaue Fassung zu
erreichen, führt zur Anwendung besonderer Rechnungsmethoden, welche
die zu lösende Aufgabe fast vollständig verdunkeln. Die Verfasser ließen
deshalb, ohne sich hinsichtlich des Umfanges des Werkes Beschränkungen
aufzuerlegen, alle derartigen mathematischen Entwicklungen fort und
trachteten die physikalische Bedeutung der zur Besprechung gelangenden Probleme in den Vordergrund zu stellen. Dies hatte den Entfall
weitschweifiger algebraischer Umformungen zur Folge. Die Mathematik
wurde demnach als nützliches Hilfsmittel verwendet und weder als das
anzustrebende Ziel, noch als Schwäche, die versteckt werden müßte,
angesehen.

Der erste Teil des Buches beginnt mit der Besprechung der physikalischen Eigenschaften verschiedener einfacher Gleichrichtertypen und
endet mit der des Quecksilberdampfgleichrichters. In diesem Abschnitt
haben die Verfasser die Arbeiten verschiedener Forscher dargestellt und
auch ihre eigenen Arbeiten verwendet.

Es wurde nicht versucht, die verschiedenartigen, im Gebrauch
stehenden Gleichrichterbauarten zu beschreiben. Als Hauptzweck wird
vielmehr angesehen, eine möglichst klare Darstellung der Wirkungsweise
des Quecksilberdampfgleichrichters zu geben. Die anderen Gleichrichter
werden nur deshalb besprochen, weil sie gewisse beim Betriebe von
Quecksilberdampfgleichrichtern auftretende Erscheinungen in treffender
Weise verdeutlichen. Dieser Vorgang wurde gewählt, weil die Arbeitsweise des Quecksilberdampfgleichrichters nicht vollständig geklärt ist
und es daher wünschenswert erscheint, alle bekannten Tatsachen möglichst klar darzustellen, um so feste Grundlagen für die konstruktive
Arbeit zu liefern.

Im zweiten Teile des Buches benützten die Verfasser eine außerordentlich wertvolle Veröffentlichung, die Arbeit von Walter Dällenbach und Eduard Gerecke: »Die Strom- und Spannungsverhältnisse der Großgleichrichter«[1]). Nach Kenntnis der Verfasser ist dies die erste Veröffentlichung, in der die gleichzeitige Stromführung durch mehr als zwei Anoden untersucht wurde. Der größte Teil dieser Arbeit behandelt eine Gleichrichterschaltung mit ausschließlich sekundärem Blindwiderstand, doch wird auch ein Verfahren zur Lösung schwierigerer Aufgaben angegeben. Das Kapitel 9 im zweiten Teile des Buches behandelt den Fall des sekundären Blindwiderstandes, der von Dällenbach und Gerecke untersucht wurde. Die von den Genannten gewählte Darstellungsweise wurde zwar grundsätzlich beibehalten, jedoch insoferne abgeändert, als die Ableitung gekürzt und ein beträchtlicher Teil der mathematischen Entwicklung weggelassen wurde, um so einen stärkeren Nachdruck auf die physikalische Seite der Aufgabe zu legen. Die restlichen Kapitel des Buches behandeln schwierigere Probleme, die im Großgleichrichterbau leider vorherrschen. Diese werden durch sorgfältige Auswahl der mathematischen Methoden und durch eine Problemstellung, die zu praktisch verwendbaren Ergebnissen führt, gelöst, so zwar, daß die erforderliche mathematische Arbeit es nicht unmöglich macht, eine klare Vorstellung davon zu bekommen, was tatsächlich in den Gleichrichterstromkreisen vorgeht.

Einige Bezeichnungen, die bei Besprechung der Strom- und Spannungsverhältnisse verwendet werden, mögen ungebräuchlich erscheinen, wie überhaupt sehr viel Verwirrung durch die Annahme einer allgemein gültigen Bezeichnungsweise für Gleichrichter vermieden werden könnte. Bei den ziemlich komplizierten Verhältnissen sind besondere Bezeichnungen (insbesondere I für den abgegebenen Gleichstrom und G für die abgegebene Gleichspannung[2]) mit bestimmter, genau umschriebener Bedeutung von erheblichem Nutzen.

Es ist nicht beabsichtigt, die Einzelheiten der von den verschiedenen Erzeugerfirmen gegenwärtig hergestellten Gleichrichter oder deren Wirkungsweise zu besprechen. Eine Anzahl ausgewählter Abbildungen von Gleichrichtern soll weniger eine Übersicht über die üblichen Konstruktionen geben, als vielmehr die Verwirklichung der Theorie in der Praxis zeigen.

FORSCHUNGSLABORATORIUM DEG GENERAL ELECTRIC COMPANY,
SCHENECTADY, NEW YORK,

Oktober 1926.

D. C. Prince.   F. B. Vogdes.

---

[1]) Archiv für Elektrotechnik, Band 14, S. 171, 1924; Band 15, S. 490, 1925. An dieser Arbeit war Dr.-Ing. Meyer-Delius maßgebend beteiligt. Vergleiche Elektrizitätswirtschaft 1930, Heft 2, S. 77.

[2]) Dieselben Bezeichnungen sind in der angeführten Arbeit von Dällenbach und Gerecke verwendet.

Vorwort des Bearbeiters.

Die vorliegende deutsche Ausgabe des Werkes »Principles of Mercury Arc Rectifiers and their Circuits« von David Chandler Prince und Francis Brooke Vogdes darf im deutschen Schrifttum über Quecksilberdampf-Gleichrichter wegen der Anschaulichkeit der Darstellung und wegen des mitgeteilten reichen Tatsachenmaterials, das die Verfasser bei ihrer Tätigkeit im Forschungslaboratorium der General Electric Company in Schenectady sammelten, wohl einen Platz beanspruchen.

Das Buch scheint mir für eine erste Einführung besonders geeignet. Für Fachleute dieses Sondergebietes dürften die Untersuchungen der Verfasser über Rückzündungen und die Vorschläge für die Kompoundierung der Gleichrichter von besonderem Interesse sein. Die europäische Praxis des Gleichrichterbaues wurde durch entsprechende Text-Zusätze des Bearbeiters berücksichtigt. Wo diese Zusätze einen größeren Umfang annehmen, sind sie durch besonderen Druck gekennzeichnet; bei geringfügigen Bemerkungen war eine Kennzeichnung nicht immer möglich. Eine Reihe von Abbildungen der amerikanischen Originalausgabe wurde durch solche moderner europäischer Konstruktionen ersetzt; und zwar sind sämtliche Abbildungen, bei denen eine Erzeugerfirma genannt wird (mit alleiniger Ausnahme der General Electric Company) neu hinzugekommen. Die wichtigsten Neuerungen seit Erscheinen der amerikanischen Originalausgabe (1927) habe ich in einem Schlußkapitel »Ergänzungen« besprochen.

Es ist mir eine angenehme Pflicht, auch an dieser Stelle der Elin A.G. für elektrische Industrie in Wien, der Allgemeinen Elektricitätsgesellschaft in Berlin, der Siemens-Schuckert-Werke A.G. in Berlin, der Aktiengesellschaft Brown, Boveri & Cie. in Baden (Schweiz) und der Gleichrichter-Gesellschaft m. b. H. in Berlin für die Überlassung von Abbildungen zu danken. Ferner danke ich den Herren Ing. Hans Bertele, Ing. Franz Geyer, Ing Stefan Stricker und Ing. Herbert Weiß für ihre freundliche Unterstützung meiner Arbeit. Dem Verlag bin ich für sein verständnisvolles Eingehen auf alle die Ausstattung dieses Buches betreffenden Wünsche zu Dank verpflichtet.

Wien, im Oktober 1930.

Dr.-Ing. Otto Gramisch.

Inhaltsverzeichnis.

I. Teil. Glühkathoden-Gleichrichter und Quecksilberdampf-Gleichrichter.

1. Kapitel. Glühkathoden-Gleichrichter mit Vakuum (Kenotron-gleichrichter). 1
Gleichrichter 1. Der Glühkathoden-Gleichrichter mit Vakuum (Kenotron) 1. Emission 3. Raumladung 4. Raumladungsgesetz 5. Besondere Betrachtungen 6. Vollständige Kennlinien 6. Raumladungsverlust 8. Kathodenheizungsverlust 8. Anwendungsgebiet des Glühkathoden-Gleichrichters mit Vakuum 8.

2. Kapitel. Glühkathoden-Gleichrichter mit Gasfüllung (Tungar-Gleichrichter) 9
Glühkathoden-Gleichrichter mit Gasfüllung 9. Die Ionisation des Argons 10. Wiedervereinigung von Ionen und Elektronen 11. Bewegung der Elektronen und positiven Ionen 11. Der Glühfaden 13. Wirkungsgrad der Glühkathoden-Gleichrichter mit Gasfüllung 13. Grenzen der Betriebsspannung 14.

3. Kapitel. Konstruktion der Quecksilberdampf-Gleichrichter 15
Der Kathodenfleck als Elektronenquelle 15. Gegenseitige Beeinflussung der Anoden 16. Entwicklung der Quecksilberdampf-Gleichrichter 17. Einschmelzungen für Glasgleichrichter 18. Entwicklung des Eisengleichrichters 20. Isolation der Kathode 22. Unterschiede in der grundsätzlichen Anordnung von Eisen- und Glas-Gleichrichtergefäßen 22. Eisengleichrichter mit Glaseinschmelzungen 22.

4. Kapitel. Theorie des Quecksilberdampf-Gleichrichters . . . 24
Die Vorgänge im Kathodenfleck 24. Verluste im Lichtbogen 27. Die Verhältnisse an den Anoden 28. Der Kondensraum 29.

5. Kapitel. Einige physikalische Eigenschaften der Quecksilberdampf-Gleichrichter 30
Spannungsabfall-Kennlinie 30. Momentaner Spannungsabfall 32. Parallelbetrieb von Gleichrichterkolben 33. Versagen der Quecksilberdampfgleichrichter bei niedrigen Spannungen 34. Anzeichen von schlechtem Vakuum oder hohem Dampfdruck 34. Prüfung des Vakuums der Glas-Gleichrichterkolben 35. Rückzündung 36. Rückzündung unterhalb der normalen Belastung 39. Das Sprühen oder die unvollkommene Rückzündung 39. Das Erlöschen einzelner Arme (Flackern) 40. Lebensdauer der Glaskolben 40. Kühlung der Gleichrichter 41. Kühlung von Glaskolben 41. Zeitkonstante der Glas-Gleichrichterkolben 43.

6. Kapitel. Rückzündungen bei Quecksilberdampf-Gleichrichtern 44
Arbeitsbedingungen der Kolben 44. Rückstrom 46. Einfluß von Wellenform und Frequenz auf die Rückzündung 49. Wann tritt die Rückzündung ein? 51. Durchschlag des Quecksilberdampfes 52. Die Durchschlagsspannung ist fast unabhängig von Größe und Abstand der Elektroden sowie vom Vorhandensein einer Ionisation 55. Voraussage der Rückzündungsspannung 57.

II. Teil. Die Gleichrichter-Stromkreise.

7. Kapitel. Grundlegendes über die Wellenform der Spannungen und Ströme 58
Der Idealfall des widerstands- und streuungslosen Transformators 58. Einphasen-Gleichrichter ohne Gleichstrom-Drosselspule 59. Einphasen-Gleichrichter mit Gleichstrom-Drosselspule 60. Dreiphasen-Gleichrichter 61. Die abgegebene Gleichspannung 63. Welligkeit der gelieferten Spannung 63. Stromwellen 66. Erwärmung der Transformatoren im Gleichrichterbetrieb 67. Leistungsfaktor 69. Tafeln der Kenngrößen von Gleichrichtern 72. Doppel-Dreiphasenschaltung mit Saugdrossel 72. Dreifach-Einphasenschaltung 75. Stern-Doppelstern-Schaltung 75. Stern-Doppelstern-Schaltung mit Tertiärwicklung 77.

8. Kapitel. Verfahren zur Bestimmung des durch die Streuung des Transformators verursachten Spannungsabfalles 77
Die Umschaltung der Anodenströme 77. Wirkung der Umschaltung auf die Gleichspannung 79. Der Blindwiderstand des Transformators 81. Die Wirkung der Umschaltung auf den Effektivwert des Anodenstromes 82. Verfahren zur Berechnung des Spannungsabfalles 84. Ladegleichrichter für Akkumulatorenbatterien 84. Arbeitsweise eines Ladegleichrichters mit Anodendrosseln 86. Berechnung der Ladestromstärke 88. Die Abhängigkeit des Ladestromes und der Ladespannung vom Winkel Φ 88. Gleichstromseitiger Kurzschluß 89. Wirkungsweise von Drosselspulen auf der Primärseite des Transformators 90. Spannungabfall-Kennlinie eines Batterie-Ladegleichrichters mit Primär-Drosselspulen 91. Spannungsabfall von Ladegleichrichtern mit verteiltem Blindwiderstand 94. Bauart der Transformatoren für Ladegleichrichter 94. Die Spannung eines Ladegleichrichters hängt von der Art der Belastung ab 95. Ladegleichrichter für Blei-Akkumulatoren-Batterien 95. Die Wirkung des Lichtbogenabfalles 96. Ein Beispiel für die Berechnung eines Ladegleichrichters 96. Der Effektivwert des Anodenstromes 97. Ladung von Stahl-Nickel-Akkumulatoren 97.

9. Kapitel. Spannungsabfall von Gleichrichtern, deren gesamter Blindwiderstand in den Sekundärwicklungen liegt 98
Gleichrichter mit unendlicher Phasenzahl 98. Der Eintritt einer Phase in die stromführende Gruppe 100. Eigenschaften eines Gleichrichters mit unendlicher Phasenzahl 101. Das gleichzeitige Brennen mehrerer Anoden 101. Die Bedingungen, unter welchen eine Phase in die stromleitende Gruppe eintritt, hängen nur von der Phasenzahl der Gruppe ab 101. Wellenform der Spannung, wenn mehrere Anoden gleichzeitig Strom führen 103. Berechnung der Anodenstromkurve 104. Vorzeitige Stromlieferung einer Anode 106. Belastungskennlinie vom Leerlauf bis zum Kurzschluß 107. Ein anderes Verfahren zur Ermittlung der Belastungskennlinie 108. Berücksichtigung des Lichtbogenabfalles und der Ohmschen Widerstände 111.

10. Kapitel. Spannungsabfall von Doppel-Dreiphasen-Gleichrichtern (Sechsphasen-Gleichrichtern mit Saugdrossel) mit Blindwiderstand in den Primärwicklungen oder Netzleitungen 111
Spannungsanstieg bei sehr geringer Belastung 112. Spannungsabfall bei sehr großer Belastung 113. Doppel-Dreiphasen-Gleichrichter mit primärem Blindwiderstand 113. Doppel-Dreiphasen-Gleichrichter mit Blindwiderstand in den Netzleitungen 117. Doppel-Dreiphasen-Gleichrichter, dessen Transformator eine in Stern geschaltete Primärwicklung mit Blindwiderstand und eine widerstandslose Tertiärwicklung besitzt 118. Berechnung der Belastungskennlinie eines Doppel-Dreiphasen-Gleichrichters mit pri-

märem Blindwiderstand 119. Doppel-Dreiphasen-Gleichrichter mit Blind-widerstand sowohl in den in Dreieck geschalteten Primärwicklungen, als auch in den Netzleitungen 124. An ausgeführten Gleichrichtern aufgenommene Belastungskennlinien 124.

11. Kapitel. Die Belastungskennlinie von gewöhnlichen Sechsphasen-Gleichrichtern (Sekundärwicklung in Doppelstern geschaltet) mit Blindwiderstand in den Primärwicklungen oder Netzleitungen 128
Sechsphasen-Gleichrichter mit in Dreieck geschalteter Primärwicklung und Blindwiderstand in den Netzleitungen 129. Sechsphasen-Gleichrichter mit Blindwiderstand in der in Stern geschalteten Primärwicklung 132. Berechnung der Belastungskennlinie eines Sechsphasen-Gleichrichters mit Blindwiderstand in den Netzleitungen 134. Belastungskennlinie eines Sechsphasen-Gleichrichters mit Blindwiderstand in der in Stern geschalteten Primärwicklung 137. Bestätigung der Ergebnisse durch den Versuch 138. Der Sechsphasen-Gleichrichter mit Blindwiderstand in der in Dreieck geschalteten Primärwicklung 139. Berechnung der Belastungskennlinie eines Sechsphasen-Gleichrichters mit Blindwiderstand in der Primärwicklung des Transformators 141. Durch Versuche an einem ausgeführten Gleichrichter bestimmte Belastungskennlinie bei primärem Blindwiderstand 143.

12. Kapitel. Parallelbetrieb und Kompoundierung von Gleichrichtern 145
Negative Widerstandskennlinie des Quecksilberlichtbogens 145. Parallelbetrieb vollständiger Gleichrichtereinheiten 146. Höchstleistung bei geradliniger Spannungsabfall-Kennlinie 147. Spannungsregelung durch Anodendrosseln 148. Spannungsregelung durch Stufenschalter oder Drehtransformatoren 149. Die Kompoundierung von Doppel-Dreiphasen-Gleichrichtern 149. Durch die Kompoundierung erzielbarer Regelbereich 152. Die Belastungskennlinie eines kompoundierten Gleichrichters 153. Die Wellenformen kompoundierter Gleichrichter 155.

13. Kapitel. Einfluß des Wirkwiderstandes auf die Wellenformen. Die Saugdrossel und ihr Erregerstrom 157
Der Einfluß des Wirkwiderstandes auf den Umschaltvorgang 157. Spannungen und Erregerströme von Drosselspulen 159. Einfluß der Erregerströme von Saugdrosseln und anderen Drosselspulen auf den Spannungsabfall 160. Beispiel der Berechnung eines Gleichrichter-Stromkreises unter Berücksichtigung des Wirkwiderstandes und des Erregerstromes der Saugdrossel 161.

14. Kapitel. Ergänzungen 165
Untersuchungen über die Gleichrichterwirkung des Quecksilberlichtbogens 165. Konstruktion der Glasgleichrichter 170. Konstruktion der Eisengleichrichter 174. Schaltungen für Sechs- und Zwölfphasen-Gleichrichter 177. Durch Gleichrichter hervorgerufene Störungen in Schwachstromanlagen 181. Ferngesteuerte und bedienungslose Gleichrichteranlagen 185.

Sachverzeichnis 187

I. Teil. Glühkathoden-Gleichrichter und Quecksilberdampf-Gleichrichter.

1. Kapitel.

Glühkathoden-Gleichrichter mit Vakuum (Kenotron-Gleichrichter).

Gleichrichter. Ein Gleichrichter im weitesten Sinne ist eine Vorrichtung, die dem Hindurchfließen des Stromes je nach der Stromrichtung verschiedenen Widerstand entgegensetzt. Es kann jedoch nur dann von einem praktisch brauchbaren Gleichrichter gesprochen werden, wenn die Leitfähigkeit in der einen Stromrichtung eine sehr gute und der Widerstand in der anderen Richtung sehr groß ist. Eine solche Vorrichtung wird auch als elektrisches Ventil bezeichnet.

Wenn ein Gleichrichter Gleichstrom irgendeiner Stromstärke liefert, so kann auch ein Wechselstrom von geringerer Stärke hindurchfließen; d. h. ein Gleichrichter, der z. B. 10 A Gleichstrom liefert, kann auch 2 A Wechselstrom ohne die geringste Verzerrung durchlassen. Dies gilt so lange, bis der Wechselstrom so groß ist, daß zeitweise eine Umkehr der Stromrichtung des Gesamtstromes eintreten würde; dann übt der Gleichrichter seine Ventilwirkung aus.

Der Glühkathoden-Gleichrichter mit Vakuum (Kenotron) ist der einfachste Gleichrichter und über seine Wirkungsweise ist man vollständig im Klaren. Er soll deshalb zuerst besprochen werden. In einem luftleeren Gefäße befindet sich die Glühkathode, die von der Anode umhüllt wird. Der Glühkathoden-Gleichrichter mit Vakuum verdankt seine Leitfähigkeit den Elektronen, die vom Glühfaden in großer Zahl emittiert werden. Diese Elektronen sind negative elektrische Ladungen und werden von der Anode angezogen, wenn sie positiv ist. Der Bewegung der Elektronen durch den Raum zwischen Kathode und Anode entspricht ein Strom, der gleich dem Produkt aus der Elektronenzahl pro Sekunde und der Ladung eines Elektrons ist. Da diese Ladung nur $1,591 \times 10^{-19}$ Coulomb beträgt, muß selbst bei kleinen Stromstärken die Zahl der

Elektronen sehr groß sein. Ist die Anode in bezug auf die Kathode negativ, so werden die Elektronen von ihr zurückgestoßen und gezwungen, zur Kathode zurückzukehren. Da die Anode keine Elektronen emittiert, gibt es keine Bewegung von Ladungen und keine Leitfähigkeit in der verkehrten Richtung. Abb. 1 zeigt einen Glühkathoden-Gleichrichter mit Vakuum und Abb. 2 läßt die Anordnung der Hauptteile erkennen.

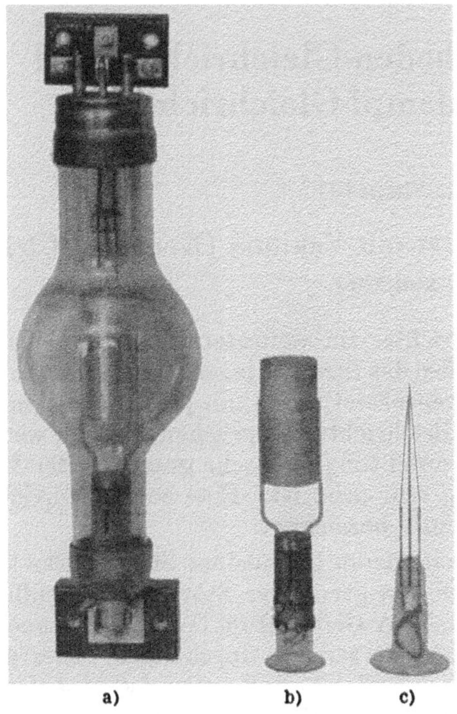

Abb. 1. a) Vakuum-Glühkathoden-Gleichrichter-röhre, b) Anode, c) Glühkathode.

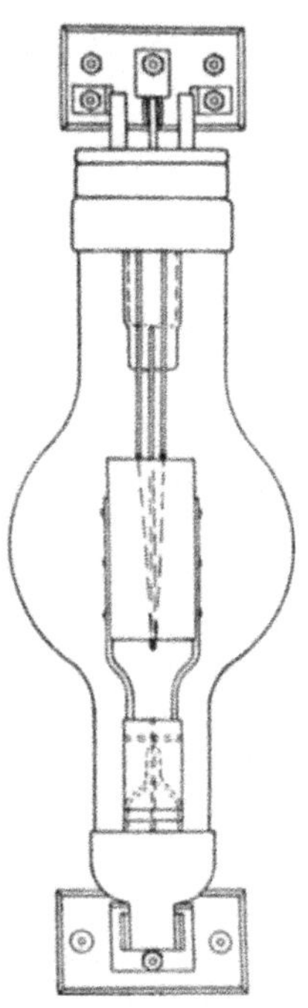

Abb. 2. Anordnung der Teile einer Vakuum-Glüh-kathodenröhre.

Die Glühkathode kann aus reinem Wolfram oder aus Platin- oder Nickellegierungen bestehen, welche mit Oxydschichten überzogen sind[1]). Das Grundprinzip ist unabhängig von der Zusammensetzung der Glühkathode das Folgende: Durch die Heizung der Kathode wird die kinetische Energie der frei beweglichen Elektronen erhöht, bis einige von ihnen genügend Energie besitzen, um die Oberfläche der Elektrode zu verlassen. Sie können entweder wieder auf die Kathodenoberfläche auftreffen und eingefangen werden oder sie können von irgendeinem positiv geladenen Körper angezogen werden.

---

[1]) Simon H., Zeitschr. f. techn. Physik, Bd. 8, S. 434, 1927.

Emission. Für reines Wolfram wird das Emissionsgesetz durch folgende von O. W. Richardson mit Hilfe theoretischer Überlegungen abgeleitete Gleichung ausgedrückt[1]):

$$J = A \cdot T^2 \cdot e^{-\frac{b_0}{T}} \quad \text{(Richardsonsche Formel)} \quad \ldots \ldots \quad (1)$$

wobei J der Emissionsstrom in A/cm², T die absolute Temperatur, A und b_0 Konstante sind ($A = 60{,}2$, $b_0 = 52600$).

In Abb. 3 ist auf Grund dieser Gleichung die Abhängigkeit der Emission von der Temperatur graphisch dargestellt.

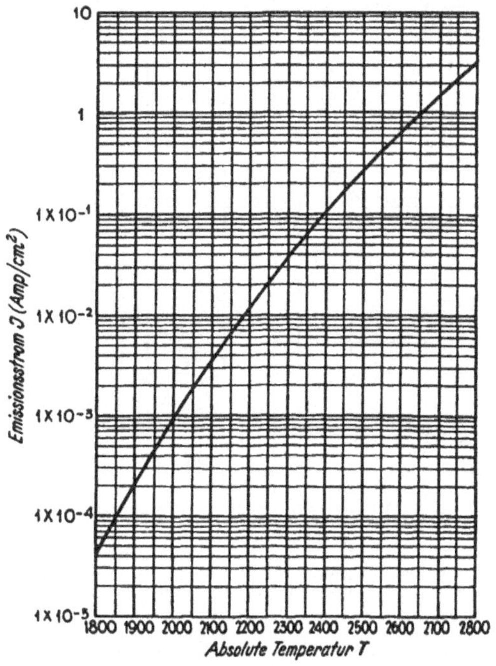

Ab. 3. Emission eines Wolfram-Glühfadens
in Abhängigkeit von der Temperatur.

Die Bedingungen an der Oberfläche von Kathoden aus Wolfram mit Thoriumgehalt oder aus Metallen, die mit Oxydschichten überzogen sind, begünstigen die Elektronenemission, die infolgedessen viel höher ist, wie aus Abb. 4 hervorgeht. Bei solchen Glühkathoden ist darauf zu achten, daß sie nicht zu stark geheizt werden, da sonst ihre hohe Emission verloren geht.

---

[1]) Vgl. Marx, Handbuch der Radiologie, Bd. IV: Richardson, Glühelektronen. Ferner Ollendorf: Die Grundlagen der Hochfrequenztechnik. Springer, Berlin 1926, S. 133.

Raumladung. Es gibt ohne Rücksicht auf die Gesamtzahl der emittierten Elektronen eine Grenze für die Zahl der Elektronen, die sich infolge einer bestimmten Potentialdifferenz durch den Raum bewegen können. Wenn sich die Elektronen einmal frei im Raum bewegen, stellen sie eine negative elektrische Ladung dar und zwischen dieser Ladung und den Elektroden der Röhre muß ein elektrisches Feld existieren. Wäre ein beträchtlicher Teil dieses Feldes an der Kathode vorhanden, so würde er an ihrer Oberfläche ein negatives Spannungsgefälle von genügender Größe erzeugen, um alle emittierten Elektronen zurück-

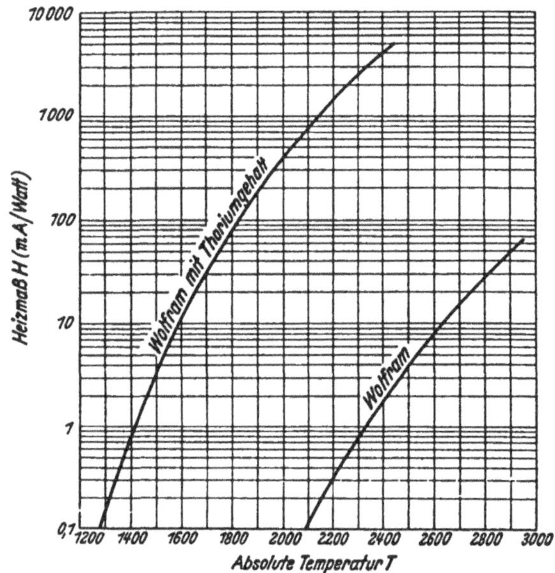

Abb. 4. Vergleich des Heizmaßes (Emissionsstrom in mA/Heizleistung in Watt) von reinem und thoriertem Wolfram im Vakuum.

zustoßen. Infolgedessen muß sich der größte Teil des Feldes zwischen der Ladung im Raum und der Anode befinden. Bei einem bestimmten Anodenpotential kann also nur eine bestimmte Höchstzahl von Elektronen im Raume vorhanden sein, ohne es anderen Elektronen unmöglich zu machen, von der Glühkathode her in diesen Raum einzutreten. Da die Elektronen sowohl Masse als auch Ladung besitzen, werden sie beschleunigt und mit einer bestimmten Geschwindigkeit durch den Raum bewegt. Bei irgendeiner Spannung besteht der »Strom in Raum« aus einer bestimmten Zahl von Elektronen, die sich mit einer gewissen Geschwindigkeit bewegen. Mit anderen Worten: der Strom ist durch die Raumladung begrenzt.

Es ist klar, daß die Anfangsgeschwindigkeit, mit der die Elektronen ihren Weg von der Kathode zur Anode beginnen, die Zahl der Elektronen, welche den Raum durchkreuzen, beeinflußt. Die Elektronen werden mit Geschwindigkeiten emittiert, die sie befähigen, sich über kurze Strecken gegen ein negatives elektrisches Feld zu bewegen, bevor sie zum Stillstand kommen. Diese Geschwindigkeiten schwanken zwischen weiten Grenzen; im Mittel können die Elektronen jedoch nur eine negative Potentialdifferenz von weniger als 1 V überwinden.

Raumladungsgesetz. Unter der Annahme, daß mehr Elektronen emittiert werden als für den Stromtransport erforderlich sind, daß die Emission mit der Geschwindigkeit Null erfolgt und daß die Oberfläche der Kathode eine Äquipotentialfläche ist, kann der Strom zwischen einer ebenen Kathode und einer zur Kathode parallelen ebenen Anode durch die folgende, theoretisch begründete Gleichung ausgedrückt werden[1]):

$$ j = 2{,}33 \cdot 10^{-6} \frac{U^{\frac{3}{2}}}{x^2} \quad \text{(Langmuirsche Formel)} \quad \dots \quad (2) $$

wobei j die Stromdichte in A/cm²,
    U die Potentialdifferenz zwischen den Elektroden in V und
    x der Abstand zwischen den Elektroden in cm ist.

Wenn die Kathode und die Anode konzentrische Zylinder sind, nimmt die Gleichung die Form an:

$$ j = 14{,}65 \cdot 10^{-6} \frac{U^{\frac{3}{2}}}{r \cdot \beta^2} \quad \dots \quad (3) $$

wobei j der Strom pro cm Länge,
    r der Halbmesser der Anode in cm,
    U die Potentialdifferenz in V,
    β^2 eine Funktion des Verhältnisses $\dfrac{\text{Anodenhalbmesser}}{\text{Kathodenhalbmesser}}$ ist.

Der Wert von β^2 für verschiedene Verhältnisse des Anodenhalbmessers zum Kathodenhalbmesser ist der Abb. 5 zu entnehmen. β^2 wird im allgemeinen für Röhren der üblichen Abmessungen, bei denen der Anodenhalbmesser größer als das Zehnfache des Kathodenhalbmessers ist, gleich eins angenommen. Es wird hierbei kein größerer Fehler gemacht als bei den anderen erforderlichen

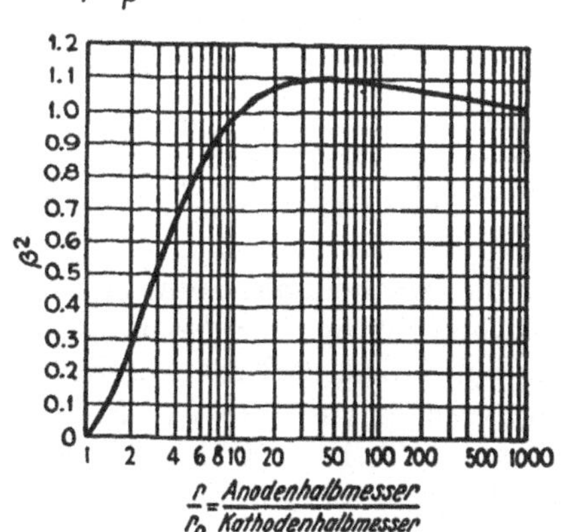

Abb. 5. Die Hilfsgröße β^2 in der Emissionsgleichung (3) für konzentrische Zylinderelektroden als Funktion des Verhältnisses Anodenhalbmesser/Kathodenhalbmesser.

des Kathodenhalbmessers ist, gleich eins angenommen. Es wird hierbei kein größerer Fehler gemacht als bei den anderen erforderlichen

---

[1]) Langmuir, Physikalische Zeitschrift, S. 516, 1914. — Schottky, Jahrbuch für Radiologie, 12. Band, 1915, S. 147.

Schätzungen. Abb. 6 ist eine graphische Darstellung der Verhältnisse im Raum zwischen planparallelen Elektroden.

Besondere Betrachtungen. Der Anodenstrom einer bestimmten Vakuum-Glühkathodenröhre weicht aus mehreren Gründen von dem nach den Gleichungen (2) oder (3) berechneten Werte ab. Zunächst ist ein kleiner Fehler durch Unregelmäßigkeiten an den Enden der Elektroden bedingt. Ferner ist die Emissionsgeschwindigkeit der Elektronen nicht Null, wie angenommen wurde. Der Fehler, welcher in dieser Annahme liegt, ist sorgfältig untersucht worden und man fand, daß er im allgemeinen klein ist. Ein dritter und bedeutender Fehler entsteht, wenn

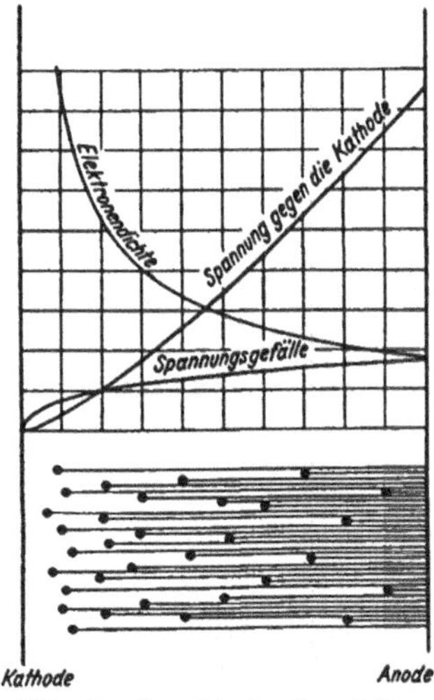

Abb. 6. Graphische Darstellung der Raumladung zwischen planparallelen Elektroden.

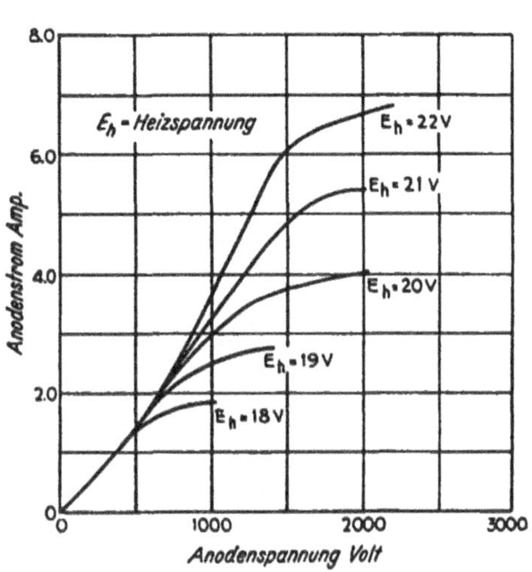

Abb. 7. Kennlinien einer Glühkathodenröhre. (Anodenstrom in Abhängigkeit von der Anodenspannung bei verschiedenen Heizspannungen.)

für die Kathodenheizung eine Spannung angewendet wird, die in der Größenordnung der Spannung zwischen den Elektroden liegt. Dies hat zur Folge, daß die Potentialdifferenz zwischen Anode und Kathode für verschiedene Teile der Röhre verschieden groß ist. In krassen Fällen führt ein Teil der Röhre überhaupt keinen Strom, weil für diesen Teil die Spannung zwischen Anode und Kathode die verkehrte Richtung besitzt. In diesem Falle wächst der stromführende Teil der Glühkathodenröhre mit der Anodenspannung und der Strom kann statt durch die $\frac{3}{2}$te Potenz durch die $\frac{5}{2}$te Potenz der Spannung ausgedrückt werden.

Vollständige Kennlinien. Durch Vereinigung der Emissionsgleichung (1) und der Raumladungsgleichung (2) oder (3) erhält man die vollständige Kennlinie einer Glühkathodenröhre mit Vakuum; eine solche Kennlinie ist in Abb. 7 dargestellt. Wenn die Spannung zwischen

Anode und Kathode wächst, so wächst der Strom mit der $\frac{3}{2}$ ten Potenz der Spannung, bis er sich der totalen Emission nähert. Die Kurve verläuft dann sehr flach und die Röhre ist für diesen bestimmten Wert der Kathodenheizung gesättigt. Die gesamte theoretische Emission ist nicht erreichbar, da der Glühfaden durch die Aufhängungen örtlich gekühlt

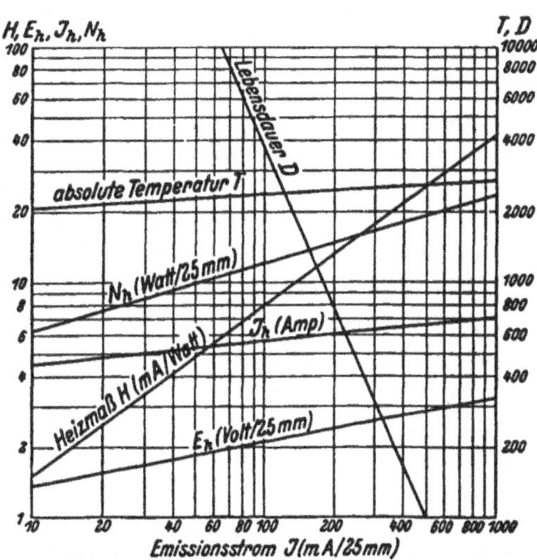

Abb. 8. Heizung eines Glühfadens (Länge l = 25 mm, Durchmesser d = 0,25 mm). Die linke Skala gilt für das Heizmaß H (Emissionsstrom mA/Heizleistung W), die Heizspannung E_h (V), den Heizstrom J_h (A) und die Heizleistung N_h (W). Die rechte Skala gilt für die absolute Glühfadentemperatur T und die Lebensdauer D, welche bis zur Zerstäubung von $\frac{1}{10}$ des Drahtquerschnittes gerechnet wird. Die Werte für Glühfäden vom Durchmesser d' ergeben sich aus nachstehenden Umrechnungsgleichungen:

$$\text{Emissionsstrom } J' = J \cdot \frac{d'}{d}$$

$$\text{Heizstrom } J_h' = J_h \left(\frac{d'}{d} \right)^{\frac{3}{2}}$$

$$\text{Heizspannung } E_h' = E_h \left(\frac{d'}{d} \right)^{-\frac{3}{2}}$$

$$\text{Heizleistung } N_h' = N_h \frac{d'}{d}$$

$$\text{Lebensdauer } D' = D \cdot \frac{d'}{d}.$$

und bei einem in V- oder W-Form gefalteten Glühfaden die Emission an den inneren Oberflächen des Drahtes mehr oder weniger durch die anderen Drähte behindert wird, da sich die Elektronen an diesen Stellen nicht frei bewegen können. Es sei jedoch bemerkt, daß die Glühfadentemperatur auch durch von der Anode empfangene Strahlung erhöht werden kann, was eine Steigerung der Emission zur Folge hat und so den vorerwähnten die Emission vermindernden Umständen entgegenwirken kann.

Raumladungsverlust. Die Kräfte, die vom elektrischen Feld auf jedes Elektron bei dessen Bewegung durch den Raum ausgeübt werden, haben zur Folge, daß es sich beschleunigt. Jedes Elektron, das an der Anode ankommt, hat eine kinetische Energie, welche gleich ist dem Produkt aus seiner Ladung und der Potentialdifferenz, durch die es sich hindurchbewegt hat. Bei der Ankunft an der Anode wird die Bewegung der Elektronen gehemmt und ihre kinetische Energie verwandelt sich in Wärme. Diese stellt einen Energiebetrag dar, der von der Anode einer Vakuum-Glühkathodenröhre abgegeben werden muß und der dem Produkt aus dem Strom und dem inneren Spannungsabfall der Röhre gleich ist. Die einzelnen Elektronen sind so leicht, daß ihr ständiger Anprall gewöhnlich keinerlei Erosion des Anodenmaterials hervorruft; wenn aber ihre Geschwindigkeit groß genug ist (bei Spannungen in der Größenordnung von 30 kV) verursachen sie eine Emission von X-Strahlen und weiche Metalle, wie Kupfer werden zerstäubt.

Kathodenheizungs-Verlust. Der Verlust für die Heizung eines Rein-Wolfram-Glühfadens (Heizleistung N_h) kann aus Abb. 8 entnommen werden, welche die Temperatur, die Emission und andere Größen für einen Draht von 0,25 mm Drm. enthält, sowie die Umrechnungsfaktoren für andere Drahtstärken. Da der Glühfaden gewöhnlich innerhalb der Anode liegt, muß der Verlust im Glühfaden, ebenso wie der Raumladungsverlust durch die Anode ausgestrahlt werden.

Anwendungsgebiet der Glühkathoden-Gleichrichters mit Vakuum. Durch Betrachtung der Abb. 7 kann man erkennen, auf welchem Gebiete die Vakuum-Glühkathoden-Gleichrichter am vorteilhaftesten anwendbar sind. Die Röhre, deren Kennlinien dargestellt sind, erfordert eine Glühfadenheizung von 52 A bei 22 V. Die Emission ermöglicht einen Sättigungsstrom von 6 A und es ergibt sich ein Raumladungsabfall von 1470 V. Bei der Dreiphasenschaltung führt jede Röhre den vollen Strom während einer Drittelperiode. Infolgedessen sind bei einer Gruppe von 3 Röhren 3,43 kW Glühkathoden-Heizungsverlust und 8,83 kW Raumladungsverlust oder insgesamt 12,26 kW Verluste vorhanden. Dies entspricht dem Verluste, den ein Strom von 6 A beim Hindurchfließen durch einen Widerstand von 340,5 Ω verursachen würde. Durch Verwendung dieses einfachen Ersatzschemas, um den Wirkungsgrad sinnfällig darzustellen, wird es klar, daß der Glühkathoden-Gleichrichter mit Vakuum den Wirkungsgrad eines Transformators großer Leistung (98%) erst bei Spannungen in der Größenordnung von 100 kV erreicht. Da die Glühkathodenheizung nur ungefähr ein Drittel des Gesamtverlustes ausmacht, kann keine Verbesserung des Emissionswirkungsgrades diese Verhältnisse wesentlich ändern.

Die besondere Nützlichkeit des luftleeren Glühkathoden-Gleichrichters liegt also auf dem Gebiete sehr hoher Spannungen und hier bietet er beträchtliche Vorteile. Falls für die Arbeitsübertragung auf große Entfernungen hochgespannter Gleichstrom verwendet werden sollte, ist es sehr wahrscheinlich, daß die erforderlichen Gleichrichter gebaut werden könnten. Es sind Röntgenröhren in Verwendung, die mit über 200 kV arbeiten. Beim Bau von Glühkathoden-Gleichrichtern für ähnliche Spannungen ist es nötig, die größte Aufmerksamkeit auf eine derartige Ausbildung der einzelnen Teile zu richten, daß das notwendige, außerordentlich hohe Vakuum erreicht werden kann, ferner darauf, daß die unvermeidlichen Restgase die Lebensdauer der Röhre nicht bedrohen. Es scheinen keine festen Grenzen für die Spannungen und Ströme, für die Glühkathoden-Gleichrichter mit Vakuum hergestellt werden können, vorzuliegen. Bis jetzt sind luftleere Glühkathoden-Gleichrichter für wesentlich höhere Anodenströme als in Abb. 7 ersichtlich (6 A) nicht gebaut worden, während mit Gleichrichtern bedeutend kleinerer Stromstärken eine Gleichspannung von 250 kV erreicht wurde. Infolge der kleinen Masse der Elektronen, die im Glühkathoden-Gleichrichter mit Vakuum für die Stromleitung verwendet werden, arbeiten diese Röhren außerordentlich rasch und die Gleichrichtung von hochfrequenten Wechselströmen ist mit ihnen ohne weiteres zu erreichen. Sie sind auch dann infolge der Einfachheit ihres Aufbaues und ihrer Bedienung besonders vorteilhaft, wenn nur eine kleine Energiemenge gebraucht wird. Infolgedessen ist es nicht verwunderlich, daß sie eine ausgedehnte Anwendung auf dem Radiogebiet und bei vielen Laboratoriumsversuchen gefunden haben. Auf dem Starkstromgebiete beschränkt sich jedoch ihre Anwendung auf die ganz hohen Spannungen. Wenn bei Niederspannung eine Leistung von mehr als einigen Watt gebraucht wird, sind sie wegen ihres hohen Spannungsabfalles weniger geeignet.

2. Kapitel.

Glühkathoden-Gleichrichter mit Gasfüllung (Tungar[1]-Gleichrichter).

Ein Gleichrichter für niedrige Betriebsspannungen muß in der stromdurchlässigen Richtung einen niedrigen Spannungsabfall haben, wenn er mit anderen Umformern in Wettbewerb treten soll. Die Eignung für Hochfrequenz ist nicht erforderlich, da die Stromänderungen im gewöhnlichen Gleichrichter für Kraftbetrieb vergleichsweise sehr langsam vor sich gehen.

Glühkathoden-Gleichrichter mit Gasfüllung. Der Glühkathoden-Gleichrichter mit Gasfüllung ist für den Zweck, für welchen er bestimmt ist, gut geeignet. Hinsichtlich Einfachheit, Freiheit von bewegten Teilen

---

[1]) Das Wort »Tungar« ist durch Aneinanderreihung der ersten Silben der Worte »Tungsten« (englisches Wort für Wolfram) und »Argon« gebildet. Es erinnert also an die Wolfram-Kathode und die Argongasfüllung dieser Gleichrichter.

und Wirkungsgrad schneidet er beim Vergleiche mit anderen Einrichtungen zur Ladung einzelner Akkumulatorenzellen oder kleiner Batterien günstig ab. Durch die Füllung einer Glühkathodenröhre mit Argongas wird der Spannungsabfall stark vermindert. Hierdurch verringert sich

Abb. 9. Glühkathodenröhre mit Gasfüllung.

allerdings auch die Fähigkeit, hohe Spannungen in der Sperrichtung auszuhalten.

Abb. 9 zeigt eine Glühkathodenröhre mit Gasfüllung. Die Anode einer solchen Röhre ist aus Graphit und die Kathode aus Wolfram. Die Röhre ist mit Argongas gefüllt, das im kalten Zustand einen Druck von ungefähr 5 cm Quecksilbersäule hat. Wenn alle Teile in die Röhre eingebaut sind, wird ein Ring aus Magnesiumdraht um die Anode gelegt. Nachdem die Luft ausgepumpt und das Argongas eingefüllt ist, wird die Röhre von der Pumpe abgeschmolzen und die Anode geheizt. Dadurch verdampft das Magnesium und verbindet sich mit den geringsten Spuren von Luft oder Wasserdampf, die in der Röhre zurückgeblieben sind. Die entstehenden Verbindungen und das überschüssige Magnesium werden an der Oberfläche der Birne kondensiert; sie beeinflussen das elektrische Verhalten des Gleichrichters nicht. Hingegen absorbiert das Magnesium auch weiterhin während der ganzen Lebensdauer der Röhre Gase und andere Verunreinigungen. Das Magnesium gibt dem Glas das teils dunkle, teils spiegelnde Aussehen, welches das Kennzeichen der Glühkathodenröhren mit Gasfüllung ist.

Die Ionisation des Argons. Das Argongas verringert den Spannungsabfall im Glühkathoden-Gleichrichter durch Erzeugung positiver Ionen, welche die Elektronen-Raumladung neutralisieren. Die Elektronen werden beim Verlassen der Kathode vom elektrischen Feld beschleunigt. Wenn ein Elektron mit einem Argonatom (Argon ist ein einatomiges Gas) unmittelbar nach dem Verlassen der Kathode zusammenstößt, so tritt keine andere Wirkung, als bloß eine Änderung in der Bewegungsrichtung und Geschwindigkeit der beiden Körper ein. Wenn jedoch die Elektronen die Möglichkeit haben, eine bestimmte Geschwindigkeit zu erreichen, bevor ein Zusammenstoß stattfindet, dann sind sie imstande, die Atome, welche sie treffen, in zwei Teile zu zerschlagen, ein Elektron und ein positiv geladenes Argon-Ion. Das Atom besteht vor der Ionisation aus einem positiv geladenen Kern und Elektronen, die sich in bestimmten Bahnen um den Kern bewegen. Der Kern ist aus positiven Ladungen (Protonen) und Elektronen zusammengesetzt. Die Ladung eines Protons ist gleich und entgegengesetzt derjenigen eines Elektrons und es sind mehr Protonen als Elektronen in einem Atomkern vorhanden, so daß dessen totale Ladung positiv ist. Der Atomkern hält sehr fest zusammen; anscheinend ändert er sich nur bei einer chemischen Veränderung des Elementes. Die Elektronen außerhalb des Kernes sind jedoch nicht so fest gebunden und es ist möglich, eines oder mehrere von ihnen loszureißen.

Der Ionisationsvorgang besteht also in dem Abspalten eines Elektrons von einem neutralen Atom. Die Natur des Zusammenstoßes zwischen den Elektronen und den neutralen Atomen ist noch nicht vollständig geklärt; man glaubt, daß sich das Elektron sehr nahe an dem Atom vorüber bewegt und daß es die Bahn des äußersten, den Atomkern umkreisenden Elektrons zu stören vermag, so daß das elektrische Feld des positiven Atomkernes nicht mehr imstande ist, das betreffende Elektron zu halten.

Wiedervereinigung von Ionen und Elektronen. Ionen und Elektronen können sich wieder vereinigen und neutrale Atome bilden. Indem die Elektronen in den Atomverband eintreten, um sich in bestimmten Bahnen zu bewegen, senden sie Licht aus, welches entweder sichtbar ist oder außerhalb des sichtbaren Gebietes liegt. Die vollständige Einordnung in den Atomverband findet in einer Reihe von kleineren Bewegungen statt und jede dieser Bahnveränderungen hat die Ausstrahlung von Licht einer besonderen, dieser Bahnveränderung eigentümlichen Wellenlänge zur Folge. Dieses Licht ist das Leuchten, welches bei gasgefüllten Glühkathodenröhren im Betrieb beobachtet werden kann und es bedeutet nicht etwa, daß das Gas eine hohe Temperatur besitzt. Der Ionisationsvorgang wird durch diese Lichtstrahlung unterstützt. Das heißt, die Energie, welche von jenen Elektronen abgegeben wird, die in bestimmte Bahnen eintreten, wird von anderen Atomen absorbiert und bewirkt, daß deren Elektronen sich in Bahnen bewegen, aus denen sie leichter abgelenkt werden können.

Bewegung der Elektronen und positiven Ionen. Die Bewegung der Elektronen und positiven Ionen besteht in einer ungeordneten Bewegung nach allen Richtungen infolge der häufigen Zusammenstöße, vermehrt um eine fortschreitende Bewegung unter der Einwirkung des elektrischen Feldes.

Die Stromleitung hängt von beiden Bewegungsarten ab, wie aus der Potentialverteilung zwischen Kathode und Anode gefolgert werden kann. Diese Potentialverteilung ist von ungewöhnlicher Art. Von der Kathode ausgehend, die als Null-Potential angenommen wird, steigt die Spannung sehr rasch, bis ein Wert erreicht wird, der ungefähr die Hälfte der Anodenspannung von 8—10 V beträgt. Von diesem Punkte an nimmt sie gegen die Anode ab. Der Raum kann daher in zwei Abschnitte geteilt werden: Eine dünne Schicht um die Kathode und den Raum zwischen Anode und Kathode mit Ausnahme dieser Schicht.

An der äußeren Grenze der Kathodenschicht tritt offenbar eine Änderung im Zustande des ionisierten Gases ein. Innerhalb der Schicht können keine positiven Ionen gebildet werden, weil die vom Glühfaden emittierten Elektronen noch keine Möglichkeit gehabt haben, genügende Geschwindigkeit zu erlangen, um ionisierende Zusammenstöße zu verursachen. Wenn die äußere Oberfläche dieser Schicht erreicht ist, haben die Elektronen genügende Geschwindigkeit, um Atome zu ionisieren, welche auf die richtige Weise getroffen werden. Infolge der hohen Dichte der Gasatome müssen die Elektronen sich nicht weit bewegen bevor sie auf Atome stoßen und ihre eigene Geschwindigkeit im Ionisationsvorgang verlieren. Sie verlassen den Ort des Zusammenstoßes mit einer kleinen Geschwindigkeit, wobei das Spannungsgefälle in jeder Richtung ihre Bewegung hindert. Diese Bedingungen begünstigen also nicht die Erlangung der nötigen Geschwindigkeit, welche die Elektronen befähigen würde, neuerlich ionisierende Zusammenstöße zu verursachen. Infolgedessen tritt nur sehr wenig Ionisation an anderen Stellen als an der äußeren Grenze der Kathodenschicht ein. Die Anzahl der positiven Ionen und zusätzlichen Elektronen, die an dieser Stelle gebildet werden, ist sehr groß und das ist für die Aufrechterhaltung des Lichtbogens notwendig, da viele von ihnen durch Wiedervereinigung verloren gehen.

Einige der entstandenen positiven Ionen gelangen zur Kathode. Es ist dies jedoch nur eine beschränkte Zahl, da sie so schwer sind, daß das elektrische Feld sie nicht rasch bewegen kann und sie bilden eine Raumladung von positiven Ionen um die Kathode, ähnlich der Elektronen-Raumladung in der Glühkathodenröhre mit Vakuum. Die von der Kathode emittierten Elektronen bewegen sich durch dieses elektrische Feld und trachten es zu neutralisieren. Die Anzahl der bewegten Elektronen ist groß, aber ihre Masse ist so klein, daß sie sich unter der Einwirkung des elektrischen Feldes sehr rasch bewegen. Daraus folgt, daß ihre Anzahl in der Raumladungszone im Vergleich mit der Zahl der positiven Ionen klein ist und das elektrische Feld wird daher hauptsächlich von den letzteren erzeugt.

Im größten Teile des Raumes sind die Elektronen und positiven Ionen so verteilt, daß ihre Dichte an allen Punkten fast gleich groß ist. Eine kleine Ungleichmäßigkeit wird durch das Spannungsgefälle verursacht, welches so gerichtet ist, daß die Elektronen von der Anode abgestoßen und positive Ionen von der Anode angezogen werden. Da jedoch derartige Bewegungen nicht der Stromrichtung entsprechen würden, muß irgend eine andere Kraft wirksam sein, um den Elektronen eine Bewegung in der tatsächlich eingeschlagenen Richtung zur Anode zu geben. Dies ist eine mechanische Kraft als Folge der Elektronenkonzentration an der äußeren Grenze der die Kathode umhüllenden Schicht, wo die Elektronen in so großer Zahl erzeugt werden. Indem sie sich von dieser Stelle aus in Bewegung setzen, diffundieren sie in der Richtung zur Anode entgegen der Wirkung des elektrischen Feldes und vereinigen sich während der Bewegung zum Teil wieder mit positiven Ionen, so daß nur so viel Elektronen die Anode erreichen, als dem augenblicklichen Strom entspricht.

Wie man sieht, hängt die Stromleitung auf dem ganzen Weg stark von der Bewegung der Elektronen ab. Die Bewegung der positiven Ionen stellt einen kleinen Strom dar, der im Vergleiche mit dem Elektronenstrom fast vernachlässigbar ist, weil sich die Elektronen unter den gleichen Bedingungen sehr viel rascher bewegen und in ungefähr gleicher Zahl vorhanden sind. Der wirkliche Wert der positiven Ionen liegt also in der Beseitigung der Raumladung, die auftreten würde, wenn nur Elektronen vorhanden wären.

Wenn der Strom sehr klein ist sind zu wenig Ionen vorhanden, um die negative Raumladung zu neutralisieren. Sowie der Strom gesteigert wird, tritt plötzlich ein Leuchten auf und der Spannungsabfall ermäßigt sich dann auf den für den normalen Betrieb kennzeichnenden Wert.

Der Glühfaden. An der Kathodenoberfläche besteht der Strom aus eintretenden positiven Ionen und austretenden Elektronen. Da die letzteren bei weitem den größten Teil des Stromes ausmachen, so ist die Emission des Glühfadens von großer Wichtigkeit. Sie wird durch die positive Ionen-Raumladung und durch den Anprall der positiven Ionen auf den Glühfaden gesteigert. Diese Einflüsse wirken also wie eine Erhöhung der Glühfadentemperatur; jedoch ist der Betrag der zusätzlichen Emission klein. Anderseits ist das hohe Spannungsgefälle der positiven Ionen-Raumladung verfügbar, so daß die ganze Emission ausgenützt werden kann und keine Elektronen zum Glühfaden zurückkehren müssen, weil das elektrische Feld sie nicht fortzubewegen vermag. Es braucht natürlich nicht die ganze Emission verwendet zu werden, wenn sie nicht für den äußeren Strom benötigt wird. Die ·Emission des Glühfadens ist also zumindest so groß, wie es seiner Temperatur entspricht und sie wird noch ein wenig durch das Auftreffen der positiven Ionen gesteigert.

Der Anprall der positiven Ionen auf den Glühfaden zeitigt noch eine andere Wirkung. Das Material des Glühfadens wird langsam zerstäubt. An irgendeiner Stelle wird gewöhnlich der Glühfaden stärker angegriffen und wird dort heißer, wodurch diese Stelle mehr Belastung an sich zieht, bis der Faden schließlich durchbrennt. Das ist die Erscheinung, welche die Lebensdauer eines gasgefüllten Glühkathoden-Gleichrichters bestimmt.

Wirkungsgrad der Glühkathoden-Gleichrichter mit Gasfüllung. Der Lichtbogenabfall eines Glühkathoden-Gleichrichters mit Gasfüllung ist ungefähr 10 V und die Kathodenheizung einer 5-A-Röhre erfordert etwa 40 W. Man kann diesen letzteren Verlust durch einen ebenso großen ersetzt denken, wenn man annimmt, der Laststrom von 5 A fließe durch einen Widerstand, der einen Spannungsabfall von 8 V verursacht. Ferner treten im Transformator kleine Verluste auf. Wenn man die Transformatorverluste vernachlässigt und annimmt, daß dieser Glühkathoden-Gleichrichter eine 6-V-Akkumulatorenbatterie lädt, wird sein Wirkungsgrad

$$\frac{6\ \text{Volt}}{6\ \text{Volt} + 10\ \text{Volt} + 8\ \text{Volt}} = 25\%$$

sein; ein ganz guter Wirkungsgrad, wenn man ihn mit demjenigen anderer Ladevorrichtungen für eine 6-V-Batterie vergleicht. Wenn die Batterie von einem 110-V-Gleichstromnetz mit einem Vorschaltwiderstand geladen würde, so wäre die Bedienung sehr einfach, aber der Wirkungsgrad wäre kleiner als 6%. Bei Verwendung eines Motorgenerators wären die Leerlaufverluste beträchtlich; wohl könnte ein besserer Vollast-Wirkungsgrad als derjenige des Glühkathoden-Gleichrichters erreicht werden, aber die Bedienung wäre nicht so einfach und angenehm. Wenn der Glühkathoden-Gleichrichter mit höherer Gleichspannung arbeitet, steigt sein Wirkungsgrad beträchtlich und es wird ein Wirkungsgrad von 50% in Fällen erreicht, die von den günstigsten noch weit entfernt sind.

Grenzen der Betriebsspannung. Die normale Stromleitung im Glühkathoden-Gleichrichter hängt von der Elektronenemission des Glühfadens ab. Eine Stromleitung in verkehrter Richtung kann nicht durch einen ähnlichen Vorgang entstehen, weil die Anode normalerweise keine Elektronenquelle ist. Wenn eine zu hohe Wechselspannung an den Glühkathoden-Gleichrichter angeschlossen wird, tritt infolge eines noch nicht vollständig geklärten Vorganges eine Stromleitung in verkehrter Richtung auf. Eine Erklärung, die den Vorteil der Einfachheit hat, obwohl sie nicht ganz zufriedenstellend ist, nimmt an, daß die Anode infolge des Anpralles der positiven Ionen während der Sperrzeit zu einer Elektronenquelle wird. Der Raum zwischen den Elektroden bleibt natürlich mit ionisiertem Gase erfüllt, wenn die Stromleitung in normaler Richtung aufhört und die positiven Ionen werden durch das elektrische Feld zu der jetzt negativ gewordenen Anode hingezogen und schlagen mit solcher Gewalt an die Anode, daß sie sie veranlassen, die für die Stromleitung in verkehrter Richtung erforderlichen Elektronen zu emittieren. Welches auch die Ursache des Versagens der Ventilwirkung sein mag, so ist die Spannung, bei der ein gasgefüllter Glühkathoden-Gleichrichter zufriedenstellend arbeitet, begrenzt und im gegenwärtigen Entwicklungsstadium kann ein vollständig sicherer Betrieb bei Spannungen, die wesentlich höher als etwa 100 V sind, nicht erzielt werden.

3. Kapitel.

Konstruktion der Quecksilberdampf-Gleichrichter.

Der Quecksilberdampf-Gleichrichter findet sein größtes Anwendungsgebiet in einem Spannungsbereich, das zwischen demjenigen des gasgefüllten und des luftleeren Glühkathoden-Gleichrichters liegt. Die positiven Ionen des Quecksilberdampfes beseitigen die Elektronenraumladung, so daß ein niedriger Spannungsabfall erreicht wird; dieser ist allerdings etwas höher als beim gasgefüllten Glühkathoden-Gleichrichter. Der abgegebene Gleichstrom und die Spannung in der stromundurchlässigen Richtung können hier viel höher sein, so daß Quecksilberdampf-Gleichrichter für Leistungen von Hunderten von kW gebaut werden können. Bei kleinen Leistungen und Spannungen, für die gasgefüllte Glühkathoden-Gleichrichter hergestellt werden können, fällt die Wahl gewöhnlich auf diese, da die Anschaffungskosten von Quecksilberdampf-Gleichrichtern höher sind. Bei Spannungen unter 100 V und Strömen über etwa 15 A weisen Motorgeneratoren bessere Vollastwirkungsgrade als Quecksilberdampf-Gleichrichter auf, aber bei geringer Belastung geben die niedrigen Leerlaufverluste dem Gleichrichter auch hier einen Vorteil. Die Gleichrichterverluste bleiben praktisch bei allen Spannungen gleich groß, so daß der Wirkungsgrad von Quecksilberdampf-Gleichrichtern mit steigender Gleichspannung immer günstiger wird und bei Betriebsspannungen über 600 V gibt es keinen anderen Umformer, der dem Quecksilberdampf-Gleichrichter im Wirkungsgrade gleichkommt. Die obere Grenze der Gleichspannung, die in Quecksilberdampf-Gleichrichtern erzeugt werden kann, steht noch nicht fest. Gleichrichter, die eine Spannung von 4000 bis 12000 V liefern, werden in kleinen Einheiten für besondere Verwendungszwecke, hauptsächlich zur Erzeugung der Anodenspannung für Radio-Sendeanlagen gebaut[1]).

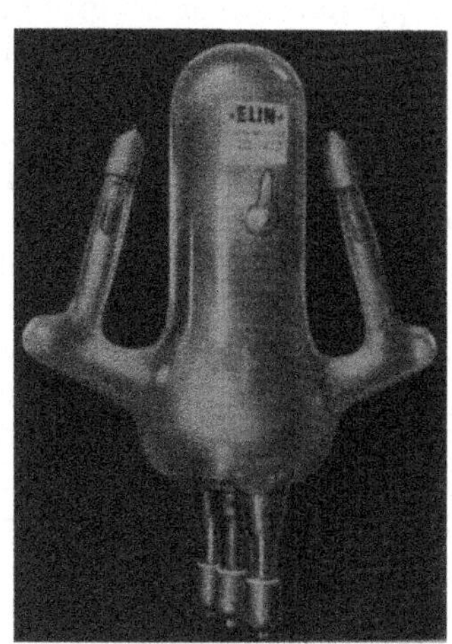

In Abb. 10 ist ein Glaskolben für eine Abgabe von 5000 V, 1 A dargestellt. Ein Anwendungsgebiet von Quecksilberdampf-Gleichrichtern für hohe Gleichspannungen und große Leistungen ist die Stromversorgung von Gleichstrombahnen. Es sind Glasgleichrichter für 1650 V Gleichspannung[2]) und Eisengleichrichter für 4000 V Gleichspannung als Bahngleichrichter im Betrieb.

Abb. 10. Einphasiger Hochspannungs-Gleichrichterkolben für eine Gleichstromabgabe von 5000 V, 1 A mit Quecksilber-Erregeranoden.

Der Kathodenfleck als Elektronenquelle. Kennzeichnend für den Quecksilberdampf-

---

[1]) ETZ 1930, H. 9, S. 305.
[2]) Bayerische Zugspitzbahn. Vgl. AEG-Mitteilungen 1929, Heft 11, S. 746.

Gleichrichter ist die Art, wie die Elektronenlieferung der Kathode erzielt wird. Die letztere besteht aus einem mit Quecksilber gefüllten Behälter und die Elektronenquelle ist ein leuchtender Fleck, der sich auf der Quecksilberoberfläche bewegt. Das Hindurchfließen des Lichtbogenstromes selbst erhält diesen Fleck aufrecht; die Anzahl der Elektronen, die auf diese Weise erzeugt werden können, scheint unbegrenzt zu sein. Bei sehr hohen Strömen können mehrere Kathodenflecke beobachtet werden.

Vor der Bildung des Kathodenflecks ist der Gleichrichter in keiner Richtung stromleitend und wenn der Kathodenstrom unterbrochen wird, muß der Kathodenfleck neuerlich erzeugt werden. Dies wird mittels einer Hilfsanode (Zündanode) bewirkt, die mit der Kathode in Verbindung gebracht und dann entfernt wird. Durch die Unterbrechung eines Stromes, der zwischen den beiden Elektroden fließt, wird ein kleiner Lichtbogen erzeugt und der Kathodenfleck gezündet. Bei Glasgleichrichtern besteht die Hilfsanode gewöhnlich aus einem kleinen Quecksilbergefäß oder einer besonderen Anode seitlich in der Nähe der Kathode, welche mit der Kathode durch Kippen des Kolbens verbunden werden kann. Bei Eisengleichrichtern ist die Zündanode beweglich.

Um sicherzustellen, daß stets ein bestimmter Strom fließt, damit der Kathodenfleck erhalten bleibt, müssen im Kolben mehrere Anoden angebracht und die Anordnung so getroffen werden, daß immer mindestens eine Anode Strom führt.

Der Quecksilberdampf-Gleichrichter unterscheidet sich also in doppelter Hinsicht grundsätzlich von anderen Gleichrichtern. Erstens durch die Verwendung des Kathodenflecks auf der Quecksilberoberfläche als Elektronenquelle und zweitens durch die Anordnung mehrerer Anoden im gleichen Gefäße. Andere Abarten sind nur das Ergebnis der Veränderung von Einzelheiten, um Vorteile in mechanischer oder elektrischer Hinsicht zu erzielen.

Gegenseitige Beeinflussung der Anoden. Es ist günstig, daß sich die Anoden eines Quecksilberdampf-Gleichrichters gegenseitig nicht beeinflussen. Ein Vakuum-Glühkathoden-Gleichrichter kann nur mit einer Anode gebaut werden. Wären mehrere Anoden vorhanden, so würde das elektrische Feld derjenigen Anoden, die in einem bestimmten Augenblicke nicht stromführend sind, die Elektronen zur Kathode zurückzutreiben trachten, wodurch der Spannungsabfall wesentlich vergrößert würde. Im Quecksilberdampf-Gleichrichter tritt diese Erscheinung nicht auf, da sich eine Raumladung aus positiven Ionen um jede negative Elektrode aufbaut, so daß sich ihr Feld nur auf eine sehr kleine Entfernung ausbreiten kann. Ladungen auf der Glasoberfläche werden in ähnlicher Weise neutralisiert. Der Anprall der positiven Ionen auf die augenblicklich negativen, nicht stromführenden Anoden ist wegen des damit verbundenen Energieverlustes und der allmählichen Zerstäubung des Anodenmaterials unerwünscht. Dies ist jedoch kein Hindernis für

die Verwendung mehrer Anoden in einem Gefäße, weil das Ionen-
bombardement der nicht Strom führenden Anoden durch Anordnung
der Anoden in Armen, die vom Hauptgefäße seitlich abzweigen, stark
vermindert werden kann. Bei höheren Spannungen (über 100 V) werden
diese Arme geknickt ausgeführt. Sie wirken dann als elektrische Schilder,
obwohl sie aus Glas sind, da der Weg, den die positiven Ionen zurück-
legen müssen, sehr vergrößert und dadurch die Zahl der Ionen, die bis
zur Anode gelangen, wesentlich herabgesetzt wird.

Entwicklung der Quecksilberdampf-Gleichrichter. Die eigenartige
Bauart des Quecksilberdampf-Gleichrichters ist die natürliche Folge der
Entwicklung, die er durchgemacht hat. Die erste Verwendung von
Quecksilberdampf zur Stromleitung in einem Apparat, der in allem un-
seren heutigen Gleichrichtern ähnlich war, geht auf Peter Cooper-
Hewitt zurück, der knapp vor Beginn unseres Jahrhunderts sich mit
dem Bau von Quecksilberdampflampen befaßte. Die Gleichrichterwirkung dieser Lampen wurde bald entdeckt und dies führte zur Entwicklung des Quecksilberdampf-Gleichrichters in seiner heutigen Form[1]).

---

[1]) Die Gleichrichterwirkung des Quecksilberlichtbogens wurde von Jamin
und Maneuvrier 1882 entdeckt. Arons erfand im Jahre 1892 die luftleere Queck-
silberdampflampe. Sahulka untersuchte 1894 die Gleichrichterwirkung von Lichtbögen zwischen Quecksilber und Kohle oder Eisen in atmosphärischer Luft.

Abb. 11. Einige Versuchsausführungen von Glasgleichrichterkolben. (Eine Ecke im Auf-
bewahrungsraum der Versuchskolben von Dr. Steinmetz.)

Gramisch, Gleichrichter.

Die bei der Verarbeitung des Glases für die Quecksilberdampflampen angewandten Methoden ermöglichten es, Kolben verschiedener Formen rasch und billig zu erzeugen und diese Kolben befriedigten vollkommen, da sie so dicht verschlossen werden konnten, daß keine Luft eindrang. Die Abb. 11 (kurz nach dem Tode des Dr. Steinmetz aufgenommen) zeigt einen Teil der Sammlung von Gleichrichterkolben, die Dr. Ch. Steinmetz in den Jahren 1903 bis 1905 gebaut hat, als er Versuche über den Einfluß verschiedener Kolbenformen auf die Arbeitsweise der Gleichrichter anstellte. Im Jahre 1905 besaßen die Gleichrichterkolben fast ihre gegenwärtige Form.

Abb. 12 zeigt einen modernen Einphasen-Glasgleichrichterkolben für 30 A mit geraden Armen. Der Kolben besitzt Erregeranoden, um den Kathodenfleck aufrechtzuerhalten und den Betrieb des Gleichrichters von der Belastung im Hauptstromkreise unabhängig zu machen.

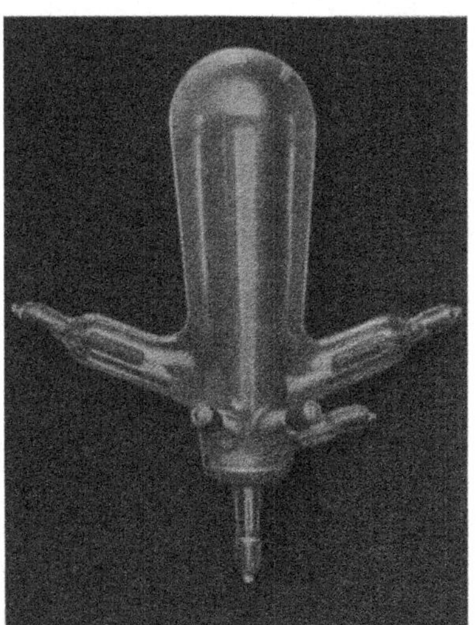

Abb. 12. Einphasen-Gleichrichterkolben mit geraden Armen für 30 A, 100 V, bei natürlicher Luftkühlung (Elin-AG.).

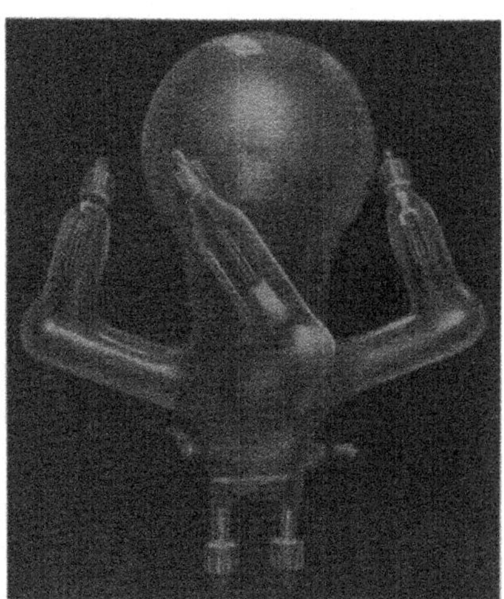

Abb. 13. Dreiphasen-Gleichrichterkolben mit geknickten Armen für 200 A, 500 V, bei Ventilatorkühlung (Elin-AG.).

Einschmelzungen für Glasgleichrichter. Eine der wichtigsten Aufgaben des Glasgleichrichterbaues besteht darin, Anschlüsse für die Elektroden zu schaffen, die in Glas eingeschmolzen werden können und vollständig vakuumdicht sind. Bei den ersten Kolben verwendete man Platindraht und Bleiglas. Der Platindraht wurde durch Nickelstahldraht mit Kupferüberzug ersetzt, als dieser bei Glühlampen eingeführt wurde. In kleinen Stärken ließen sich diese Drähte gut in Glas einschmelzen, aber bei großen Drahtstärken wurden die Einschmelzungen durch die Dehnungen infolge von Temperaturänderungen gesprengt. Für einen 50-A-Kolben wurden drei dünne Drähte in Parallelschaltung verwendet und dies scheint die obere Grenze der Anwendbarkeit dieser Konstruktion zu sein. In Amerika und noch erfolgreicher in Deutschland wurden sogenannte Hartgläser im Glasgleichrichterbau eingeführt, deren kleine Wärmeausdehnungskoeffizienten die Herstellung von sogenannten Stabeinschmelzungen aus Molybdän oder Wolfram ermöglichen. In diesem Falle ist die Übereinstimmung der Dehnungskoeffizienten eine sehr gute, so daß Stäbe bis 12 mm Stärke verwendet werden können. Diese Bauart wird von den Glaswerken Schott und Genossen in

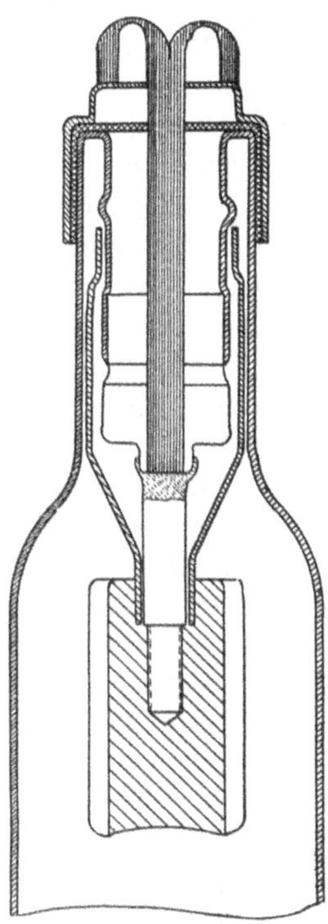

Abb. 14. Hütchen-
einschmelzung.

Abb. 15. Bauart der ersten Eisengleichrichter (mit seitlichen Anodenarmen,
wie bei Glasgleichrichtern).

Jena und von der Elin-AG. in Wien angewendet. Abb. 13 zeigt einen Dreiphasen-Gleichrichterkolben der Elin-AG. für 200 A, 500 V bei Ventilatorkühlung mit Stabeinschmelzungen.

Ferner ist die Kappeneinschmelzung (Hütcheneinschmelzung) nach Abb. 14 zu erwähnen, bei der eine dünne Kupferkappe mit einer Einstülpung des Glasarmes verschmolzen ist.

Eine neuere amerikanische Konstruktion scheint die Begrenzung der Stromstärke durch die Einschmelzungen zumindestens für die Gegenwart vollkommen beseitigt zu haben. Es ist dies eine Stabeinschmelzung mit einem Chromeisenstab als Durchführungsleiter. Derartige Einschmelzungen wurden mit über 2000 A belastet, ohne irgendwelche Anzeichen, daß man sich der Grenze der Anwendungsmöglichkeit nähere.

Entwicklung des Eisengleichrichters. Man erkannte frühzeitig, daß der Quecksilberdampf-Gleichrichter imstande ist, große Energiemengen umzuformen. Es war jedoch klar, daß das Gefäß eines Großgleichrichters nicht aus Glas sein könne, und so wurden schon 1905 Anstrengungen gemacht, Eisengleichrichter zu bauen. Abb. 15 zeigt einen dieser Gleichrichter, bei denen die Form der Glasgleichrichter in Eisen nachgeahmt wurde und bereits Wassermäntel zur Verwendung gelangten, um die Kondensation des Quecksilberdampfes zu erleichtern. Diese Wassermäntel sind eine wichtige Einrichtung bei den Eisengleichrichtern, denn die Verluste im Gleichrichter wachsen mit dem Strom und, wenn ein zu hoher Temperaturanstieg nicht verhindert wird, so steigt der Quecksilberdampfdruck über den für ordnungsmäßigen Betrieb zulässigen Wert.

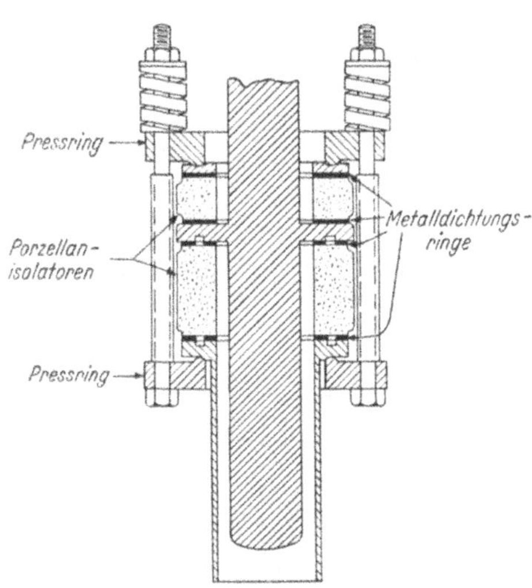

Abb. 16. Anodendurchführung eines Eisengleichrichters.

Die ernstesten Schwierigkeiten beim Bau von Eisengleichrichtern bereiteten die Isolatoren für die Anoden- und Kathodeneinführungen, welche sowohl der elektrischen und mechanischen Beanspruchung standhalten, als auch die Aufrechterhaltung eines Hochvakuums ermöglichen müssen. Unzählige Isolatorbauarten sind versucht worden. Die meist verwendeten Bauarten gründen sich auf zwei theoretische Erkenntnisse, die beide an Hand der Abb. 16 besprochen werden können, welche eine Anodenisolation aus Porzellan zeigt. Die Stabanode besitzt einen scheibenförmigen Ansatz, der zwischen zwei Porzellanringen liegt. Der untere Ring ist der eigentliche Isolator und liegt auf einem Flansch, der an den Kessel angenietet oder angeschweißt ist. Der obere Porzellanring dient dazu, den Anodenhalter von der Anode zu isolieren. Dieser Halter besteht aus zwei Metallringen, welche durch Bolzen und starke Federn zusammengepreßt werden. Er hält den Anodenleiter, die Isolatoren und den Flansch des Kessels fest zusammen. Dichtungsringe aus weichem, plastischem Metall, die zu beiden Seiten der Porzellanisolatoren angebracht sind, geben eine Auflage mit gleichmäßigem Druck auf das Porzellan und die Federn ermöglichen es, daß sich die Teile verschieden stark ausdehnen oder zusammenziehen, ohne daß eine Undichtigkeit entsteht.

Zunächst wurde versucht, ein ausreichend hohes Vakuum ohne andere Mittel als die erwähnten, also Metalldichtungen und Federdruck, zu erreichen. Aber Porzellan hat einen sehr niedrigen Wärmeausdehnungskoeffizienten, während Eisen sich bei Erwärmung verhältnismäßig stark ausdehnt. Dies verursacht fast ständige Relativbewegungen zwischen Porzellan und Eisen und daher Undichtigkeiten. Eine Methode, diese Undichtigkeit zu verringern, besteht darin, daß in die Oberflächen der den Durchführungsleiter umgebenden Teile Nuten eingedreht werden und in diesen Nuten ein Vakuum aufrecht erhalten wird. Die Luft dringt dann von außen in diese Nuten ein, von wo sie ausgepumpt wird, und der Druckunterschied gegen das Innere des Gleichrichters ist zu klein, als daß eine in Betracht kommende Gasströmung aus den Nuten in das Innere des Gleichrichters auftreten könnte. Bei einer weiteren Bauart von Porzellandurchführungen sind die Nuten mit Quecksilber gefüllt, so daß bei einer Undichtigkeit Quecksilber und nicht Luft in den Gleichrichter eindringt. Keine dieser Methoden ist vollkommen. Daher ist es nötig, bei Eisengleichrichtern Vakuumpumpen vorzusehen, die zumindest gelegentlich arbeiten, um die Gase zu entfernen, die in das Innere des Gleichrichtergefäßes eindringen.

Es wurden zahlreiche Versuche angestellt, um isolierende vakuumdichte Durchführungen zu schaffen, bei denen die Verwendung von Stoffen mit stark verschiedenen Wärmeausdehnungskoeffizienten vermieden werden sollte. Abb. 17 zeigt eine Konstruktion, wie sie bei

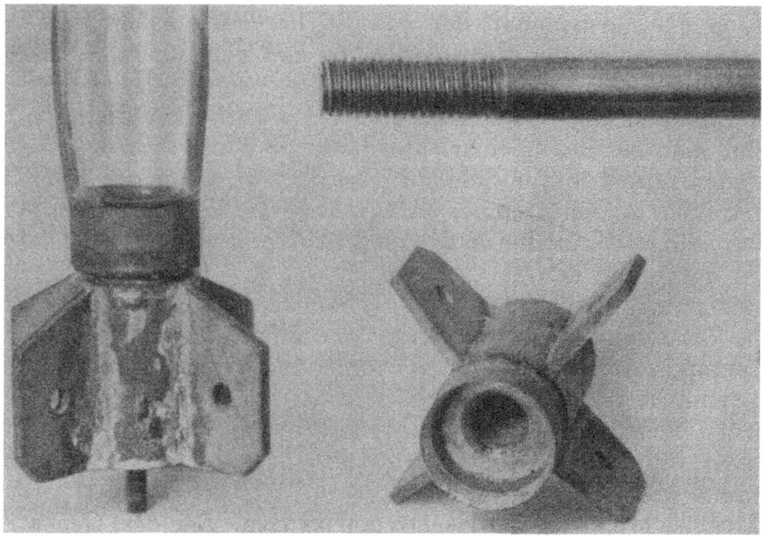

Abb. 17. Durchführung aus Chromeisen.

Durchführungen von Röntgenröhren üblich ist, in entsprechend ver-
größerter Ausführung zur Verwendung bei Eisengleichrichtern. Das
hier als Isolator verwendete Glas ist mit einer Chromstahlsorte verschmolzen, die bei Besprechung der Glasgleichrichter erwähnt wurde;
dieser Chromstahl hat einen Wärmeausdehnungskoeffizienten, der dem
des verwendeten Glases so nahe kommt, daß die durch Erhitzung oder
Abkühlung der Durchführung verursachten Spannungen sehr klein sind.
Durchführungen dieser Bauart sind vollkommen dicht, aber sie sind
mechanisch nicht so fest wie die verschraubten Durchführungen.

Isolation der Kathode. Es müssen nicht nur die Anoden vom eisernen
Kessel isoliert werden, sondern auch die Kathode. Der Kathodenfleck
hat zwar nicht die Neigung, sich auf eine reine Eisenoberfläche zu
begeben, aber nach kurzer Betriebszeit hängen Quecksilbertropfen an
der Oberfläche des Kondensationsraumes und der Kathodenfleck kann
sich auf diesen Tropfen ansetzen, wenn Gefäß und Kathode miteinander
leitend verbunden sind. Die an den Tropfen gebildete Kathode kann den
Gesamtstrom an sich reißen, der dann durch die Gefäßwand zum Quecksilber der Kathode fließt; der Kathodenfleck auf der Quecksilberoberfläche erlischt also. Nach kurzer Zeit ist der Quecksilbertropfen vollständig verdampft und der parasitische Kathodenfleck erlischt entweder oder er greift in solchen Fällen, wo eine hohe Spannung die vollständige Stromunterbrechung verhindert, das Eisen an. Hierbei werden
sicherlich große Gasmengen entwickelt und es kann sogar ein Loch in
die Gefäßwand gebrannt werden.

Unterschiede in der grundsätzlichen Anordnung von Eisen- und
Glasgleichrichter-Gefäßen. Die ersten Eisengleichrichter waren, wie erwähnt, in der Form genau den Glasgleichrichtern nachgebildet. Glas
ist jedoch ein schlechter Wärmeleiter und dies nötigt bei den Glasgleichrichtern zum Gebrauche großer Kondensationsdome, damit der Quecksilberdampf ohne einen zu hohen Temperaturanstieg kondensiert. Diesen
Dom ließ man bei Eisengleichrichtern bald weg und ordnete die Anoden
im Kondensraume hinter Schildern an, um sie gegen die Quecksilber-
dampfstrahlen zu schützen; es entfiel daher bei Eisengleichrichtern die
Unterbringung der Anoden in besonderen Armen, welche bei Glasgleichrichtern notwendig ist.

Abb. 18 zeigt einen modernen Eisengleichrichter (BBC). Links sieht
man die Vakuumpumpen (rotierende Vorvakuumpumpe und Quecksilber-
dampfpumpe). Abb. 19 zeigt einen Schnitt durch diesen Gleichrichter und
veranschaulicht die vorstehend beschriebene Konstruktion. Die von verschiedenen Firmen erzeugten Eisengleichrichter weichen wohl in kon-
struktiven Einzelheiten voneinander ab, sind aber in der allgemeinen
Anordnung ähnlich.

Eisengleichrichter mit Glaseinschmelzungen. Bei der General Electric Co. wurde eine Gleichrichtertype entwickelt, die ein Kompromiß

Abb. 18. Moderner Eisengleichrichter für 2000 A
600 V (BBC).

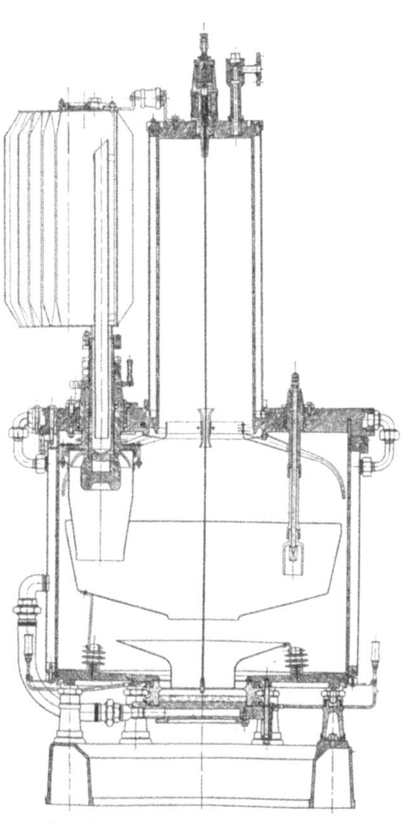

Abb. 19. Schnitt durch den Eisengleichrichter Abb. 18.

Abb. 20. Kleiner Eisengleichrichter mit Glaseinschmelzungen.

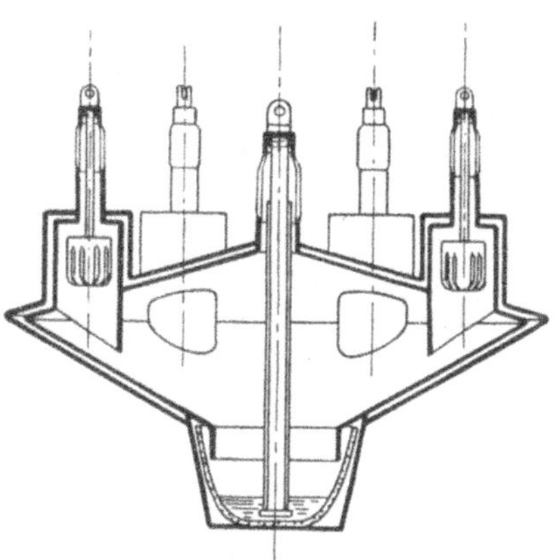

Abb. 21. Schnitt durch den Eisengleichrichter Abb. 20.

zwischen Glas- und Eisengleichrichter darstellt. Die Abb. 20 und 21 zeigen einen solchen Gleichrichter, bei dem der Werkstoff des Eisengefäßes und der Anodenleiter so gewählt wurden, daß diese Teile durch Einschmelzung in Glasrohre, welche die Rolle von Anodenisolatoren spielen, miteinander verbunden werden können. Solche Durchführungen sind vollkommen dicht und durch besondere Behandlung kann auch der Kessel selbst abgedichtet werden. Gleichrichter dieser Art können wie Glasgleichrichter evakuiert und zugeschmolzen werden. Bei dieser Gleichrichterbauart werden daher keine Vakuumpumpen mitgeliefert.

4. Kapitel.

Theorie des Quecksilberdampf-Gleichrichters.

Obwohl schon sehr viel Arbeit dafür aufgewendet wurde, ist die physikalische Seite der Arbeitsweise des Quecksilberdampf-Gleichrichters noch nicht vollständig aufgeklärt. Einige Punkte sind endgültig erforscht, aber von anderen Erscheinungen kann man nur sagen, daß über sie eine große Anzahl zum Teil falscher Hypothesen aufgestellt wurde. Die Hypothesen, die übrig geblieben sind, stimmen mit der Erfahrung am besten überein. Dieses Kapitel soll daher mehr ein Ausgangspunkt für die Forschung sein, als eine Beschreibung von Theorien, die auf ihre Richtigkeit überprüft werden konnten.

Die Vorgänge im Kathodenfleck. Wir haben gesehen, daß die Voraussetzung der Stromdurchlässigkeit die Bildung eines Kathodenflecks auf dem Quecksilber ist und daß der Strom nur in einer Richtung fließen kann. Wenn Kathodenflecke auch auf den anderen Elektroden vorhanden wären, könnte der Strom in jeder Richtung fließen, aber dies ist unter normalen Bedingungen nicht der Fall. Daher besitzt die Einrichtung die Eigenschaften eines Gleichrichters.

Die Elektronenemission des Kathodenflecks scheint von verschiedenen Umständen abzuhängen. Da er negativ ist, ist er ständig dem Anprall positiver Ionen ausgesetzt. Auch erhöhen die Verluste im Kathodenfleck die Temperatur an der Quecksilberoberfläche dort, wo sich der Kathodenfleck eben befindet, wodurch eine thermische Elektronenemission veranlaßt wird. Langmuir hat jedoch eine Theorie des Kathodenflecks entwickelt, in welcher die beiden erwähnten Erscheinungen nur als nebensächlich aufgefaßt werden. Nach dieser Theorie sind die positiven Ionen, die von der Kathode angezogen werden, so zahlreich und das Raumladungsgebiet so dünn, daß ein enormes Spannungsgefälle an der Quecksilberoberfläche entsteht, welches die Elektronen auch der kalten Kathode entreißt, ein Vorgang, der zuerst von Schottky[1]) beschrieben wurde. Ein Gefälle von der Größenordnung

---

[1]) Zeitschr. f. Physik, 14. Bd., 1923, S. 80.

von Millionen Volt pro cm ist hierzu erforderlich und der Kathodenfall beträgt nur ungefähr 10 V. Es wäre also die Raumladungsschichte, die den Kathodenfleck bedeckt, ungefähr 10^{-5} mm dick. Nunmehr ist es klar, warum dieser Fleck nicht von selbst entsteht. Wenn man eine Spannung zwischen zwei Elektroden anlegt, verteilt sie sich im großen und ganzen gleichmäßig über den Raum zwischen den Elektroden und es wird kein Gefälle der vorstehend angegebenen Größe auch nur annähernd erreicht. Das hohe Spannungsgefälle auf einer sehr kleinen Strecke ist die besondere Eigenheit des Kathodenflecks und ermöglicht es ihm, die Elektronen unter solchen Umständen zu emittieren, daß das Spannungsgefälle erhalten bleibt; das heißt, der Quecksilberdampfdruck unmittelbar über dem Kathodenfleck ist sehr hoch und die Elektronen durchlaufen nur eine sehr kleine Strecke, bevor sie durch Stoßionisation positive Ionen erzeugen, welche die positive Raumladung bilden, die für das Vorhandensein des hohen Spannungsgefälles nötig ist.

Es müssen also besondere Mittel angewendet werden, um den Kathodenfleck zu erzeugen. Zu diesem Zwecke können Ruhmkorff-Induktoren verwendet werden. Es ist aber am einfachsten und besten, mit Hilfe einer niedrigen Zündspannung einen Funken zu erzeugen, indem eine Zündelektrode mit dem Quecksilber der Kathode in Berührung gebracht und wieder entfernt wird.

Messungen über die Vorgänge im Kathodenfleck sind sehr schwierig und es sind keine hierauf bezug habenden Meßergebnisse veröffentlicht worden, die vollkommen bedenkenlos als richtig angenommen werden können. Die von Güntherschulze[1]) gegebene Darstellung gehört zu den besten. Er bestimmt die Ausdehnung des Kathodenflecks zu $2,5 \times 10^{-4}$ cm²/A oder die Stromdichte im Kathodenfleck zu 4000 A/cm². Es wird pro As eine Quecksilbermenge von $7,2 \times 10^{-3}$ g verdampft und der Kathodenfall wird zu 9 V bestimmt. Dies ist etwas weniger als das Ionisationspotential des Quecksilbers (10,4 V), aber da auch eine Ionisation durch Stöße mehrere Elektronen auf ein Molekül eintreten kann, ist diese Zahl sehr wahrscheinlich. Güntherschulze gibt an, daß in der Schicht über dem Kathodenfleck 56% des Stromes den Elektronen zuzuschreiben ist, welche die Quecksilberoberfläche verlassen und 44% den positiven Ionen, die sich aus dem ionisierten Dampfe gegen die Quecksilberoberfläche bewegen. Die positiven Ionen erwerben die Geschwindigkeit, mit der sie auf der Quecksilberoberfläche auftreffen, bei der Bewegung durch den Kathodenfall von 9 V, so daß mit jedem Ampere des Kathodenstromes eine Energiemenge von $0,44 A \times 9 V$ oder 3,96 W der Quecksilberoberfläche zugeführt wird. Beim Eintritt in das Quecksilber werden die Ionen durch Vereinigung mit Elektronen

---

[1]) Vgl. Güntherschulze, Elektrische Gleichrichter und Ventile. 2. Auflage. Springer, Berlin 1929.

neutralisiert und hierbei wird neuerlich ein Energiebetrag von 3,1 W/A frei. Die gesamte Energiezufuhr zum Quecksilber ist also 7,06 W/A. Dieser Energiebetrag deckt den Verlust durch Strahlung und Wärmeleitung vom Kathodenfleck zum Quecksilber, liefert die Verdampfungswärme für die Erzeugung des Quecksilberdampfes und deckt den Energieverbrauch der Elektronen, welche die Quecksilberoberfläche verlassen. Dieser letztere Energiebetrag wird gebraucht, um die Elektronen entgegen den elektrischen Kräften, die sie im Quecksilber zurückzuhalten suchen, loszulösen. Güntherschulze gibt folgende Verteilung der gesamten Energie an:

1. Der Energieverbrauch der Elektronen beim Verlassen des Quecksilbers . . . . 2,20 W
2. Die Verdampfungswärme des Quecksilbers . . . . . . 2,20 W
3. Strahlung . . . . 0,04 W
4. Wärmeableitung vom Kathodenfleck durch das flüssige Quecksilber . . . . 2,68 W

Insgesamt: 7,12 W[1])

Güntherschulzes Ziffer für den Strahlungsverlust entspricht einer Kathodentemperatur von 3000°, die zu hoch zu sein scheint. Bei 3000° hätte der Kathodenfleck zweifellos ein kontinuierliches Spektrum, statt des charakteristischen Linienspektrums, das beobachtet werden kann. Der Strahlungsanteil ist auf jeden Fall zu vernachlässigen. Die angegebenen Ziffern sind wertvoll, da sie recht gut die Vielfältigkeit der Erscheinungen im Kathodenfleck zeigen.

Nach dem Verlassen der Quecksilberoberfläche werden die Elektronen durch das elektrische Feld beschleunigt; wenn sie die Zone über dem Kathodenfleck durchlaufen haben, sind sie zur Stoßionisation von Quecksilbermolekülen befähigt. Auf diese Weise geht ein Teil der Energie, die beim Durchgang der Ionen und Elektronen durch den Kathodenfall von 9 V frei wird, direkt auf das ionisierte Gas über, ohne an irgendeinem der Vorgänge im Kathodenfleck selbst teilzunehmen.

Die Verdampfung des Quecksilbers im Kathodenfleck verursacht einen außerordentlich hohen Dampfdruck unmittelbar über dem Katho-

---

[1]) Der Unterschied zwischen dieser Ziffer (7,12 W) und dem Produkt von 9 V Kathodenfall und 1 A Kathodenstrom wird für die Ionisation im Raum über dem Kathodenfleck verwendet. Bei der Bewegung durch den Kathodenfall nach außen erwerben die Elektronen eine Energie entsprechend 0,56 A × 9 V oder 5,04 W, die für ionisierende Zusammenstöße verwendet wird, aber hiervon wird ein Energiebetrag von 3,1 W der Kathode durch die ankommenden positiven Ionen, welche neutralisiert werden, wieder zugeführt. Es verbleibt ein Überschuß an Energiezufuhr von 1,94 W pro A, so daß ein Gesamtverlust an der Kathode von (7,12 + 1,94) oder 9,06 W entsteht. Dieser Verlust ist abgesehen von einer sehr kleinen Unstimmigkeit gleich der Energiezufuhr von 9 W je A.

denfleck, wodurch eine Vertiefung in der Quecksilberoberfläche an dieser Stelle entsteht. Der Kathodenfleck selbst bleibt jedoch nicht am Boden der auf diese Weise gebildeten Vertiefung, sondern klettert zur Seite, worauf der Dampfdruck an dieser neuen Stelle wirkt; der Kathodenfleck bewegt sich rasch mit vielen Richtungsänderungen über die Quecksilberoberfläche, er irrt umher. Bei sehr kleinen Strömen wird der Kathodenfleck unbeständig, d. h. die Vorgänge, die ihn aufrechterhalten, können leicht gestört werden, so daß er erlischt. Der Mindeststrom, bei dem ein Erlöschen des Kathodenfleckes sicher vermieden ist, hängt von verschiedenen Umständen ab; im allgemeinen ist ein Strom von 5 A ausreichend. Wenn der Belastungsstrom des Kolbens nicht immer mindestens diesen Wert hat, so ist es notwendig, besondere Erregeranoden vorzusehen, die einen kleinen Erregerlichtbogen unterhalten. Man bringt zwei Elektroden knapp über dem Quecksilber an, die an einen kleinen Erregertransformator oder eine besondere Erregerwicklung des Haupttransformators angeschlossen sind und einen Niederspannungs-Gleichrichter bilden. Der auf diese Weise entstehende Verlust beträgt je nach der Größe des Kolbens 100 bis 500 W.

Verluste im Lichtbogen. Der Hauptteil des Stromweges von der Anode zur Kathode ist von ionisiertem Quecksilberdampf ungefähr gleichartiger Zusammensetzung erfüllt. Dieser Dampf enthält Elektronen, positive Ionen, neutrale Moleküle und negative Ionen (entstanden durch Anlagerung von Elektronen an neutrale Moleküle). Alle diese Dampfteilchen sind in regelloser Bewegung begriffen, wobei die Geschwindigkeiten der einzelnen Teilchen verschieden sind und der kinetischen Gastheorie entsprechen. Die Beziehungen zwischen den Geschwindigkeiten der verschiedenen Arten von Dampfteilchen sind jedoch andere, als nach der kinetischen Gastheorie zu erwarten wäre; z. B. haben die Elektronen bedeutend mehr kinetische Energie als die neutralen Moleküle.

Außer ihren Zufallsgeschwindigkeiten haben die Elektronen noch eine gegen die Anoden gerichtete Geschwindigkeit, während sich die positiven Ionen gegen die Kathode und die neutralen Dampfteilchen gegen die kältesten Teile des Kolbens bewegen, um sich dort niederzuschlagen. Diese gerichteten Geschwindigkeiten sind im Vergleich mit den Geschwindigkeiten der regellosen Bewegung klein. Die wichtigste von ihnen ist naturgemäß die Geschwindigkeit der Elektronenbewegung gegen die Anoden, von der die Stromleitung abhängt, während die Geschwindigkeit der positiven Ionen viel kleiner ist. (Die Elektronen bewegen sich ungefähr 600 mal rascher als die positiven Ionen.)

Im ionisierten Dampfe verteilt sind angeregte Atome, das sind Atome mit teilweise losgelösten Elektronen, die sich in Bahnen bewegen, aus denen sie unter Lichtstrahlung in stabilere Bahnen zurücksinken können. Dies bedingt naturgemäß einen Energieverlust und andere Verluste entstehen durch die Wiedervereinigung von Elektronen und positiven Ionen, hauptsächlich beim Anstoßen an die Glaswände des Kolbens. Auch vergrößert der Stromdurchgang die zufälligen Geschwindigkeiten der Dampfmoleküle und erwärmt so den Dampf. Um diese Verluste zu decken, muß ein Spannungsgefälle längs des Stromweges vorhanden sein, so daß die Elektronen fortgesetzt beschleunigt werden. Sie können dann durch Zusammenstöße die erworbene Geschwindigkeit abgeben und so die Verluste ersetzen. Der zur Aufrechterhaltung der Ionisation im Lichtbogen nötige Spannungsabfall hängt von der Dampftemperatur, dem Strom und der Nähe von Oberflächen ab, an denen sich Ionen und Elektronen anlagern können. In Gleichrichtern der üblichen Bauart liegt der Spannungsabfall der Dampfstrecke zwischen 5 und 15 V.

Die Verhältnisse an den Anoden. Da die Anoden keine positiven Ionen aussenden, besteht der Anodenstrom aus Elektronen, die aus dem ionisierten Dampfe stammen und von den positiven Anoden angezogen werden. Die Elektronen in der Nachbarschaft einer Anode haben, wie erwähnt, eine regellose Bewegung nach allen Richtungen und viele von ihnen würden die Anode auch dann treffen, wenn sie das Potential des umgebenden Raumes und demnach kein elektrisches Feld hätte, um geladene Teilchen anzuziehen oder abzustoßen. In derselben Weise würde eine viel kleinere Zahl positiver Ionen ebenfalls die Anode treffen. Wenn der durch diese beiden Vorgänge erzeugte Strom dem Anodenstrome gleich wäre, den der Gleichrichter führt, so gäbe es keinen Anodenfall.

Wenn der Zufallsstrom aus der Anodenumgebung kleiner ist als der Belastungsstrom, entsteht ein elektrisches Feld um die Anode, welches die Elektronen anzieht und die positiven Ionen zurückstößt. Dieses Feld erzeugt eine Raumladungsschicht um die Anode von solcher Ausdehnung, daß die äußere Oberfläche dieser Schicht genügend groß ist, um die erforderliche Zahl von Elektronen zu sammeln, die bei ihrer ungeregelten Bewegung sich dieser Oberfläche nähern. Mit anderen Worten: Das Produkt aus dieser Oberfläche und dem Zufallsstrom je Flächeneinheit ist gleich dem Belastungsstrom der Anode.

Innerhalb der Raumladungszone werden die Elektronen von der Anode angezogen und beschleunigt. Beim Aufprall auf die Anode geben sie ihre kinetische Energie ab und eine· weitere Energieabgabe erfolgt beim Eintritt in das Anodenmaterial, wobei die Oberflächenkräfte wirksam sind, die trachten, die Elektronen in das Innere des Körpers zu bringen. Dieser letztere Energiebetrag entspricht demjenigen, der den Elektronen zugeführt wurde, als sie sich vom Kathodenquecksilber losrissen.

Es mag vorkommen, daß das Produkt aus der Stromdichte der regellosen Elektronenbewegung und der Anodenoberfläche größer ist als der Laststrom. In diesem Falle tritt ein schwacher negativer Spannungsabfall an der Anode auf, so daß die überschüssigen Elektronen abgestoßen werden. Man hat versucht, Quecksilberdampf-Gleichrichter zu bauen, die hieraus durch Verringerung des Spannungsabfalles im Kolben (Lichtbogenabfall) Vorteil ziehen, aber es ist nicht leicht, eine Konstruktion zu finden, bei welcher der Gewinn an Wirkungsgrad durch diesen negativen Anodenfall groß genug ist, um die Überwindung der Schwierigkeiten zu rechtfertigen, welche der Bau und das Auspumpen solcher Kolben in sich schließen.

Beim gewöhnlichen Quecksilberdampf-Gleichrichter ist es jedoch wesentlich, Vorsorgen gegen zu hohen Anodenfall zu treffen. Langmuir hat gezeigt, daß die Stromstärke der regellosen Bewegung gewöhnlich das Ein- bis Eineinhalbfache des Nutzstromes ist. Wenn also die Anodenoberfläche ein wesentlicher Teil des Armquerschnittes ist, so wird kaum ein übermäßiger Anodenfall auftreten.

Die Anoden müssen einen Verlust von mehreren Watt je Amp. abgeben, da der Eintritt der Elektronen in das Anodenmaterial allein einer Arbeit entspricht, die bei der Bewegung durch ein Potentialgefälle von 3 bis 4 V geleistet wird und selbst wenn ein verzögerndes Feld um die Anode vorhanden ist, kann nicht verhindert werden, daß viele Elektronen mit einer Geschwindigkeit entsprechend 1 bis 2 V auf die Anode auftreffen. Die Energieabgabe der Anode erfolgt zum kleineren Teil durch Wärmeleitung und zum größeren Teil durch Strahlung. Die Anoden arbeiten also mit einer ziemlich hohen Temperatur (beginnende Rotglut). Obwohl man auch mit Metallanoden zufriedenstellende Resultate erzielt hat, werden in der Regel Anoden aus Kohle (Graphit) verwendet. Kohle besitzt einen hohen Schmelzpunkt und ein günstiges Strahlungsvermögen. Die in Kohle absorbierten Gase können durch Erhitzung leicht entfernt werden. Aus diesen Gründen ist die Verwendung von Kohlenanoden für Glasgleichrichterkolben fast allgemein.

Der Kondensraum. Das Quecksilber, das im Kathodenfleck verdampft, wird in einem Raume unmittelbar über der Kathode kondensiert und rinnt wieder zurück. Die Temperatur, bei welcher das Quecksilber kondensiert wird, ist sehr wichtig, da der Kondensraum der kühlste Teil des Gleichrichters ist und Temperatur und Druck des Quecksilberdampfes bestimmt. Es ist für den ordnungsmäßigen Betrieb erforderlich, den Dampfdruck unterhalb eines bestimmten Wertes zu halten; ist er zu hoch, so tritt Rückzündung ein; ist er zu niedrig, so ist der Lichtbogenabfall zu groß. Diese Punkte werden in den nächsten zwei Kapiteln ausführlicher besprochen.

Die Rückzündungsfrage ist vielfach studiert worden; obwohl der Vorgang nicht vollständig geklärt ist, sind doch Anzeichen vorhanden, aus denen auf das Wesen der Rückzündung geschlossen werden kann. Für irgendeinen bestimmten Glasgleichrichterkolben hängen Strom und Spannung beim Eintritt der Rückzündung zusammen, wie dies

Abb. 22 zeigt. Bei Steigerung des Belastungsstromes steigt die Temperatur des Gleichrichterkolbens und seine Fähigkeit, den Rückstrom abzuhalten, vermindert sich. Dies ist eine der wichtigsten Erscheinungen beim Gleichrichterbetrieb, deren Auftreten beim luftgekühlten Glaskolben von der Oberfläche des Kondensraumes abhängt. Bei Eisengleichrichtern kann die Oberfläche des Kondensraumes kleiner sein, da seine Temperatur durch Wassermäntel an der Außenseite des Kessels geregelt wird.

Es ist sorgfältig darauf zu achten, daß ein Weg von großem Querschnitt von der Kathode zum Kondensraum vorhanden ist. Bei den niedrigen Drücken des Quecksilberdampfes ist die zu kondensierende Dampfmenge erstaunlich groß und es müssen große Querschnitte vorhanden sein, wenn diese Dampfmenge ohne beträchtlichen Überdruck hindurchfließen soll. Wenn ein Überdruck über der Kathode besteht, so teilt er sich den Anodenarmen mit und die Folge ist eine entsprechende Steigerung des Lichtbogenabfalles und eine Herabsetzung der Rückzündungsspannung.

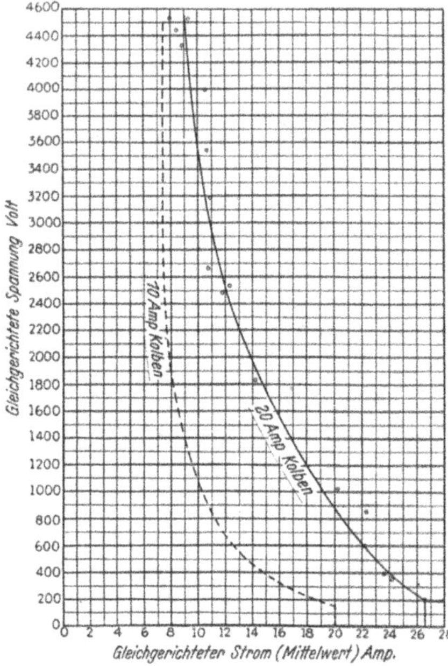

Abb. 22. Rückzündungslinien von Gleichrichterkolben für 10 und 20 A mit geknickten Armen bei natürlicher Luftkühlung.

5. Kapitel.

Einige physikalische Eigenschaften der Quecksilberdampf-Gleichrichter.

Spannungsabfall-Kennlinie. Im vorhergehenden Kapitel wurden die Erscheinungen, die den Lichtbogenabfall beeinflussen, besprochen. Nun sollen Versuchswerte über den Spannungsabfall in Gleichrichterkolben mitgeteilt werden. Abb. 23 zeigt die Spannungsabfallkennlinien eines normalen Einphasen-Glasgleichrichterkolbens für 20 A Nennstrom. Diese Kurven sind alle ziemlich flach mit einem tiefsten Punkt, der dem kleinsten Spannungsabfall entspricht. In der Abbildung sind 6 Kurven eingezeichnet, doch fallen einige von ihnen praktisch zusammen. Zwischen 6 und 20 A wurden die Kurven an einem Kolben mit kurzen, geraden Armen und an einen Kolben mit längeren, um 90° abgeknickten Armen, welche die nicht stromführende Anode vor dem Anprall der positiven Ionen schützen sollen, aufgenommen. Der Spannungsabfall war bei dem Kolben mit geknickten Armen um ungefähr 4 V größer als bei dem Kolben mit gerade Armen. Die Messungen wurden mit konstantem Strome von einer Anode und einem konstanten Strome, der auf beide Anoden verteilt war, durchgeführt; dies ergab nur einen sehr kleinen Unterschied im Spannungsabfall. Die vorerwähnten Kennlinien wurden mit natürlicher Luftkühlung der Kolben aufgenommen. Bei der Aufnahme der beiden anderen Spannungsabfall-Kennlinien, die sich über einen Strombereich von 6 bis 45 A erstrecken, wurden dieselben Kolben verwendet, die jedoch durch einen Ventilator von 300 mm Flügeldurchmesser künstlich gekühlt wurden; der Strom war auf beide Anoden verteilt.

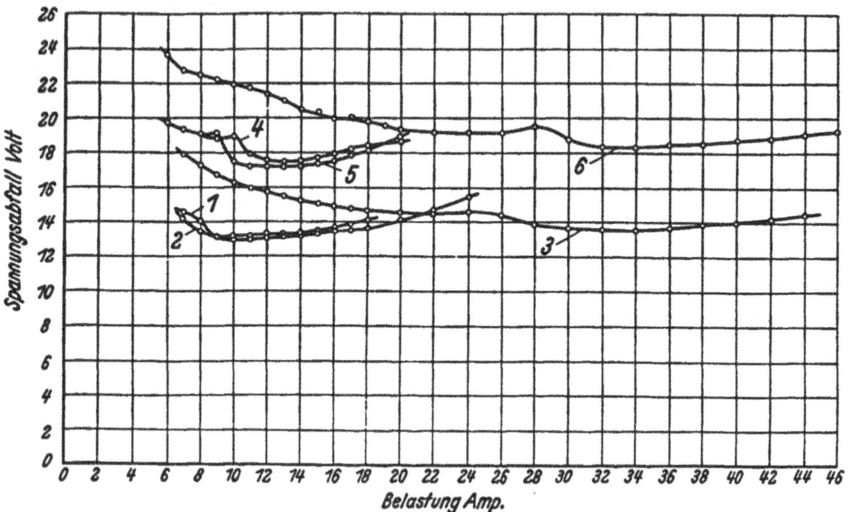

Abb. 23. Mit Gleichstrom aufgenommene Spannungsabfall-Kennlinien von 20 A-Kolben mit geraden und geknickten Armen bei natürlicher und künstlicher Luftkühlung. Raumtemperatur 25 ° C.

1... Spannungsabfall-Kennlinie eines Kolbens mit geraden Armen bei natürlicher Luftkühlung; nur 1 Arm stromführend.
2... Wie 1, jedoch beide Arme stromführend.
3... Spannungsabfall-Kennlinie eines Kolbens mit geraden Armen; Kühlung durch einen Ventilator 300 mm Durchm.; beide Arme stromführend.
4... Spannungsabfall-Kennlinie eines Kolbens mit geknickten Armen bei natürlicher Luftkühlung; nur 1 Arm stromführend.
5... Wie 4, jedoch beide Arme stromführend.
6... Spannungsabfall-Kennlinie eines Kolbens mit geknickten Armen; Kühlung durch einen Ventilator 300 mm Durchm.; beide Arme stromführend.

Der Einfluß der Temperatur auf den Spannungsabfall ist ganz deutlich ausgeprägt. Wenn die Kolben durch den Ventilator gekühlt wurden, verursachte das Dreifache der früher bei natürlicher Luftkühlung aufgetretenen Belastungsströme ungefähr den gleichen Spannungsabfall. Diese kräftige Wirkung der Ventilatorkühlung ist von großer praktischer Wichtigkeit, aber sie kann auch zu ernsten Schwierigkeiten

führen. Nehmen wir an, ein Kolben sei so bemessen, daß der Spannungsabfall dann am niedrigsten ist, wenn er ziemlich stark belastet ist. Wenn
dann die Belastung plötzlich bei kaltem Kolben eingeschaltet wird, entsteht ein höherer Spannungsabfall. Der gesteigerte Verlust wäre nicht
bedenklich, wenn er gleichmäßig über den Kolben verteilt wäre, aber
dies ist nicht der Fall. Ein großer Teil des zusätzlichen Verlustes tritt
an den Anoden auf; infolgedessen sind sie stark überlastet, da sie unter
normalen Bedingungen nur einen geringen Bruchteil des gesamten Kolben-
verlustes auszustrahlen haben. Die Anoden werden sehr rasch heiß und
können eine unzulässige Temperatur erreichen, bevor die übrigen Teile
des Kolbens so warm werden, daß der Anodenverlust auf seinen normalen
Wert zurückgeht. Die Tatsache, daß der Spannungsverlust fast nur
von der Temperatur abhängt und nicht vom Strome selbst, ergibt sich
auch aus der Geringfügigkeit des Unterschiedes zwischen den Kurven,
wenn nur eine Anode Strom führt oder wenn beide brennen. In beiden
Fällen ist der Gesamtverlust im Kolben der gleiche. Infolgedessen ergeben sich dieselben Temperaturen und die Spannungsabfälle sind
gleich groß. Der Spannungsabfall ist also eher eine Funktion des Gesamtstromes, den ein Gleichrichter führt, als eine Funktion des Stromes
einer einzelnen Anode.

Momentaner Spannungsabfall. Die eben besprochenen Spannungsabfallkennlinien wurden mit Gleichstrom aufgenommen und es entsteht daher die Frage, ob sie auf einen Kolben angewendet werden
können, der Wechselstrom gleichrichtet, vorausgesetzt, daß die Tempera-

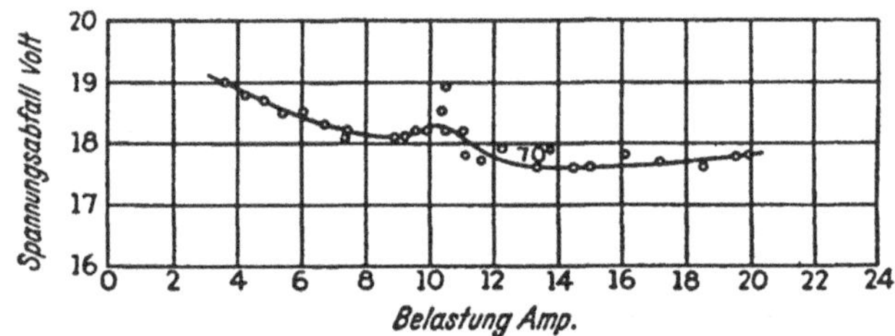

Abb. 24. Mit Gleichstrom aufgenommene Spannungsabfall-
Kennlinie eines in Öl von 70 ° C tauchenden 20-A-Kolbens.

tur dieselbe ist. Die Abb. 24 und 25 beantworten diese Frage. Abb. 24
zeigt die Gleichstrom-Spannungsabfall-Kennlinie eines 20-A-Gleichrichter-
kolbens mit geknickten Armen, der in Öl von 70° eintauchte und Abb. 25
zeigt die Stromwellenform und den gemessenen Spannungsabfall beim
Gleichrichterbetrieb dieses Kolbens unter den gleichen Temperatur-
bedingungen. Die gestrichelte Spannungsabfall-Kennlinie entspricht den
Werten des Spannungsabfalles von Abb. 24. Die Übereinstimmung der
beiden Kurven ist eine sehr gute. Es besteht ein kleiner, schwer meßbarer Unterschied, der der Zeitverzögerung bei der Anpassung der Ioni-

sation des Dampfes zugeschrieben werden kann. Für praktische Zwecke kann der Spannungsabfall aus mit Gleichstrom aufgenommenen Kennlinien entnommen werden.

Parallelbetrieb von Gleichrichterkolben. Wenn zwei Gleichrichterkolben oder zwei Anoden des gleichen Kolbens parallel geschaltet sind und der Strom einen solchen Wert hat, daß aus den Spannungsabfall-

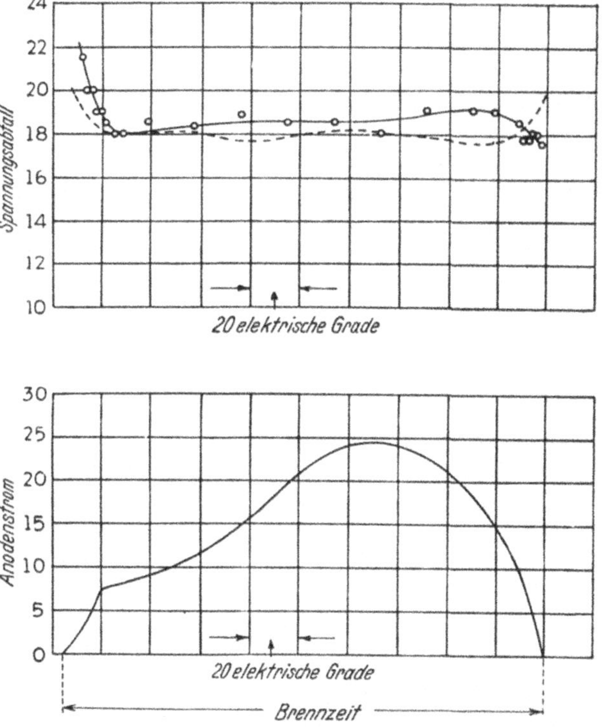

Abb. 25. Verlauf des Spannungsabfalles eines in Öl von 70°C tauchenden 20-A-Kolbens während der Brennzeit einer Anode bei Gleichrichterbetrieb. Die untere Linie stellt den Anodenstrom dar; in der oberen Figur ist der gemessene, sowie gestrichelt der aus Abb. 24 entnommene Spannungsabfall eingetragen.

Kennlinien eine Verminderung des Spannungsabfalles bei Stromsteigerung hervorgeht, ist es klar, daß die Stromverteilung auf diese parallelen Stromwege unstabil ist und daß ein Kolben den ganzen Strom führen wird. Diese Unstabilität des Parallelbetriebes dehnt sich auch auf jenen Teil der Kennlinien aus, wo der Spannungsabfall mit dem Strome steigt, denn die der Kurve entsprechende Zunahme des Spannungsabfalles tritt bei einer Stromsteigerung nicht augenblicklich ein. Die Kolben können auf zwei Arten in Parallelschaltung betrieben werden. Für Versuchszwecke läßt sich gewöhnlich ein zufriedenstellendes Arbeiten durch Vorschalten von Widerständen vor jede Anode erreichen. Der Spannungsabfall in ihnen braucht nur einige Volt zu betragen. Beim Parallelbetriebe von Gleichrichtern in der Praxis kann der Verlust in den Widerständen durch Anwendung von Stromteilungsspulen vermieden werden. Eine solche Stromteilungsspule ist ein kleiner Spartransformator mit einer Anzapfung in der Mitte der Wicklung. Die Anoden sind an die Enden der Wicklung angeschlossen und der Strom wird durch die Mittelanzapfung zugeführt. Wenn er sich nicht in zwei gleiche Teile teilt, wird in dem Transformator eine Spannung induziert, welche diejenige Anode begünstigt, die nicht ihren vollen Stromanteil bekommt. Bei normalem Betriebe ändern sich jedoch die Ströme in den beiden Wicklungshälften gleichzeitig und es wird in der Stromteilungsspule keine Spannung induziert.

Versagen der Quecksilberdampf-Gleichrichter bei niedrigen Spannungen. Wenn ein Quecksilberdampf-Gleichrichter bei niedriger Spannung versagt, so ist dies gewöhnlich eine Folge der Überhitzung irgendeines Teiles durch übermäßige Strombelastung. Es können Anoden oder Anodenzuleitungen schmelzen, Einschmelzungen gesprengt werden, die Anodenarme können erweicht werden oder irgendein Teil kann Gase abgeben. Beim Auspumpen der Glasgleichrichterkolben in der Fabrik werden alle Teile durch möglichst hohe Strombelastung erhitzt. Das Pumpen unter Überlaststrom wird so lange fortgesetzt, bis keine Gase mehr abgegeben werden und dann wird der Kolben zugeschmolzen. Da das Vorhandensein von Fremdgasen im Kolben den Betrieb ernstlich gefährdet, ist das sorgfältige Auspumpen von großer Wichtigkeit. Wenn der Kolben im praktischen Betriebe über die Temperatur hinaus erhitzt wird, die er beim Auspumpen erreichte, werden von den überhitzten Teilen Gase abgegeben und der Kolben kann unbrauchbar werden.

Anzeichen von schlechtem Vakuum oder hohem Dampfdruck. Das Vorhandensein von Fremdgasen in einem Gleichrichterkolben kann an der Farbe des vom Quecksilberdampfe ausgestrahlten Lichtes erkannt werden. Dieses Licht wird von jenen Elektronen ausgesandt, die ihre Bahnen innerhalb der Atome ändern. Dies kann auf verschiedene Arten geschehen und jede dieser Bahnänderungen verursacht die Aussendung eines Lichtes von ganz bestimmter Wellenlänge. Das Spektrum des von reinem Quecksilberdampf ausgestrahlten Lichtes besteht aus gelben, grünen und violetten Linien, ferner aus einer schwachen roten Linie. Zwischen den leuchtenden Linien liegen dunkle Zwischenräume. Die meisten Gase, die als Verunreinigungen in einem Gleichrichterkolben vorkommen können, geben ein bedeutend rötlicheres Licht als der Quecksilberdampf und bei Vorhandensein von Fremdgasen ist daher das Leuchten blaßrot, statt normal blaugrün. Bei Verwendung eines kleinen Handspektroskopes kann die Art der Verunreinigung bestimmt und die vorhandene Menge roh geschätzt werden, aber auch die Betrachtung des brennenden Kolbens durch ein Stück rotes Glas oder selbst mit freiem Auge gibt einem erfahrenen Beobachter eine gute Vorstellung vom Zustande des Kolbens.

Wenn der Quecksilberdampfdruck hoch ist, was entweder auf Überlastung oder auf das Vorhandensein von Fremdgasen zurückzuführen sein kann[1]), bleiben die Lichtbögen nicht über die vollen Armquerschnitte verteilt, sondern sie nehmen die Form von schmalen Raupen zwischen den Anoden und der Kathode an. Diese Stromwege haben eine bestimmte räumliche Lage und sind sehr heiß. Wenn sie an der Stelle, wo sie um das Knie eines Armes herumgehen, das Glas berühren, ist es fast sicher, daß es gesprengt oder geschmolzen wird.

Die meisten in Gleichrichterkolben vorkommenden Verunreinigungen können durch den Quecksilberdampf selbst entfernt werden, wenn sie nicht in zu großen Mengen vorhanden sind. Dies geschieht durch die Bildung von Verbindungen des Quecksilbers mit den Verunreinigungen, die an der Oberfläche des Kondensraumes haften und ihm ein spiegelndes Aussehen geben. So lange sie an dieser Stelle bleiben, wird man finden, daß der Kolben ein hohes Vakuum besitzt, aber, wenn der Kolben stark erhitzt wird, fließt diese sogenannte »Schmiere« zur Kathode herab und die Gase werden wieder frei.

Prüfung des Vakuums der Glasgleichrichterkolben. Das Vakuum kleiner, nicht in Betrieb stehender Gleichrichterkolben kann mittels der Schlagprobe oder der Blasenprobe rasch geprüft werden. Wenn keine Fremdgase im Kolben sind, ist nichts vorhanden, was den Anprall des Quecksilbers auf das Glas dämpfen könnte, wenn man es schnell in irgendeine Ausbuchtung des Kolbens, wie den Kathodenstutzen, fließen läßt. Es wird dann ein scharfer Klang infolge des auf das Glas ausgeübten Schlages hörbar. Wenn Gase vorhanden sind, ist der Ton vergleichsweise schwach und dumpf. Natürlich muß bei dieser Probe eine gewisse Sorgfalt angewendet werden, damit das Quecksilber nicht derart gegen das Glas schlägt, daß es zerbricht. Diese Probe ist nicht immer leicht durchzuführen. Bei manchen Kolben ist die Scheibe, die auf dem Ende der Kathodeneinführung angebracht ist, um einen unzulässigen Quecksilberschlag zu verhüten, so wirksam, daß die Schlagprobe nur in der Weise gemacht werden kann, daß das Quecksilber im Kondensraum herumgeschwenkt und der dabei entstehende Lärm beobachtet wird. Die Blasenprobe besteht darin, daß man das Quecksilber aus dem Kolbenkörper in den Kathodenstutzen fließen läßt und feststellt, ob Gasblasen auftreten, welche durch das Quecksilber aufsteigen, nachdem sie unterhalb desselben eingeschlossen wurden. Einige kleine Gasblasen, die am Glase haften, bedeuten nicht notwendigerweise, daß der Kolben schlecht

---

[1]) Die Fremdgase erhöhen den Dampfdruck, indem sie die Verluste und damit die Temperatur erhöhen.

ist. Aber wenn sie groß genug sind, um aus dem Quecksilber zu entweichen, ist der Kolben in schlechtem Zustande. Diese Probe muß unter Umständen 5 bis 6 mal wiederholt werden, bevor das Entstehen von Gasblasen und ihr Entweichen beobachtet werden kann, denn die Bewegung sowohl des Quecksilbers als auch der Gasblasen ist so rasch, daß sie ziemlich schwer zu verfolgen ist. Gelegentlich mag das Quecksilber die Platte am Ende der Kathodeneinführung nicht vollständig bedecken. Das zeigt nicht unbedingt das Vorhandensein von Gas im Kolben an. Die Scheibe kann so nahe am Glas sein, daß die Oberflächenspannung des Quecksilbers dieses verhindert, zwischen Platte und Glaswand einzudringen.

Bei der Durchführung dieser Prüfungen kann die Frage auftauchen, welche von ihnen als endgültiges Kennzeichen zu gelten hat. Wenn die Gasblasenprobe zeigt, daß der Kolben Gase enthält, so ist er wirklich schlecht; mag auch bei einem solchen Kolben gelegentlich ein scharfer Quecksilberschlag hörbar werden, so wird man doch finden, daß nur gute Kolben wiederholt scharfe Schläge bei verhältnismäßig schwacher Bewegung des Quecksilbers geben. Wenn bei der Blasenprobe keine Gasblasen auftreten und bei Bewegung des Quecksilbers laute Schläge zu hören sind, ist die Probe abzubrechen und der Kolben für gut zu befinden. Wenn keine der beiden Proben ein entschiedenes Ergebnis liefert, so ist es wahrscheinlich, daß der Kolben Gas enthält und daß die Bewegung des Quecksilbers bei der Blasenprobe nicht rasch genug war, um Gasblasen einzufangen.

Eine weitere Probe für Glasgleichrichterkolben besteht darin, daß zwei Anoden des Kolbens an einen Ruhmkorff'schen Induktor angeschlossen werden; die Schlagweite der Funkenstrecke des Induktors wird allmählich gesteigert, bis im Kolben Entladungen auftreten. Bei guten Kolben werden Schlagweiten von 3 bis 10 cm erreicht. Es ist darauf zu achten, daß sich in den an den Induktor angeschlossenen Anodenarmen kein Quecksilber befindet, da sonst der Kolben bei dieser Prüfung beschädigt werden kann (Durchschlag des Glases).

Steht die zu dem Kolben gehörige Apparatur zur Verfügung, so wird der Zustand des Kolbens dadurch überprüft, daß man ihn in die Apparatur einbaut, den Gleichrichter in Betrieb setzt und die Lichtfarbe beobachtet.

Rückzündung. Beim Versagen von Gleichrichterkolben infolge übermäßiger Erwärmung ist es meist leicht möglich, die Art des Fehlers und die Teile, die reichlicher bemessen werden müssen, zu bestimmen. Bei höheren Spannungen tritt ein Versagen anderer Art auf, worüber noch nicht volle Klarheit herrscht, die Rückzündung. Sie besteht im Verlust der Gleichrichterwirkung, so daß der Strom in jeder Richtung durch den Kolben hindurchfließen kann. Der hohe Kurzschlußstrom, der unter diesen Umständen fließt, erhitzt die Elektroden sehr rasch; wird aber der Stromkreis genügend schnell durch die Überstromschutzapparate (Anodensicherungen, Gleichstromsicherungen, Überstromschalter, insbesondere Schnellschalter) geöffnet, so braucht kein

Schaden zu entstehen. Ein anderes Mal kann der Lichtbogen das Glas in der Nähe der Anoden beschädigen und den Kolben zerstören.

Die Spannung, die ein bestimmter Kolben gleichrichten kann, wird durch die Anwesenheit von Fremdgasen stark herabgesetzt. Wenn jedoch die Gase vollständig entfernt werden, findet man, daß die Rückzündung

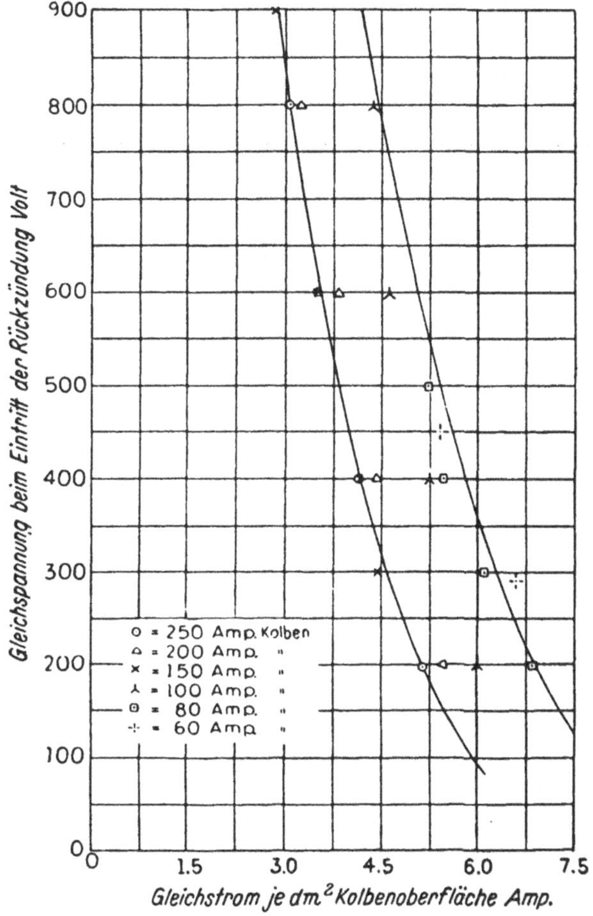

Abb. 26. Die Rückzündungsgrenze von Quecksilberdampfglas-Gleichrichtern mit geknickten Armen bei Ventilatorkühlung.

sich bei einer bestimmten, vom gleichgerichteten Strome abhängigen Spannung ereignet. Abb. 22 zeigt Kurven über die Abhängigkeit der Rückzündungsspannung vom Strom für normale Einphasenkolben für Dauerströme von 10 und 20 A. Die kurzen Ordinaten bei den hohen Stromstärken stellen ein Versagen durch übermäßige Erwärmung dar, während die übrigen Teile der Kurven jene Belastungen angeben, bei

denen Rückzündung eintritt. Die Kühlung der Kolben durch Anblasen
mit Luft (Ventilatorkühlung) steigert die für das Auftreten der Rückzündung erforderliche Belastung; die Rückzündungskurve behält aber
die gleiche Gestalt wie bei natürlicher Luftkühlung. Das Vorhandensein
von Blindwiderstand in den Wechselstrom-Zuführungsleitungen hat

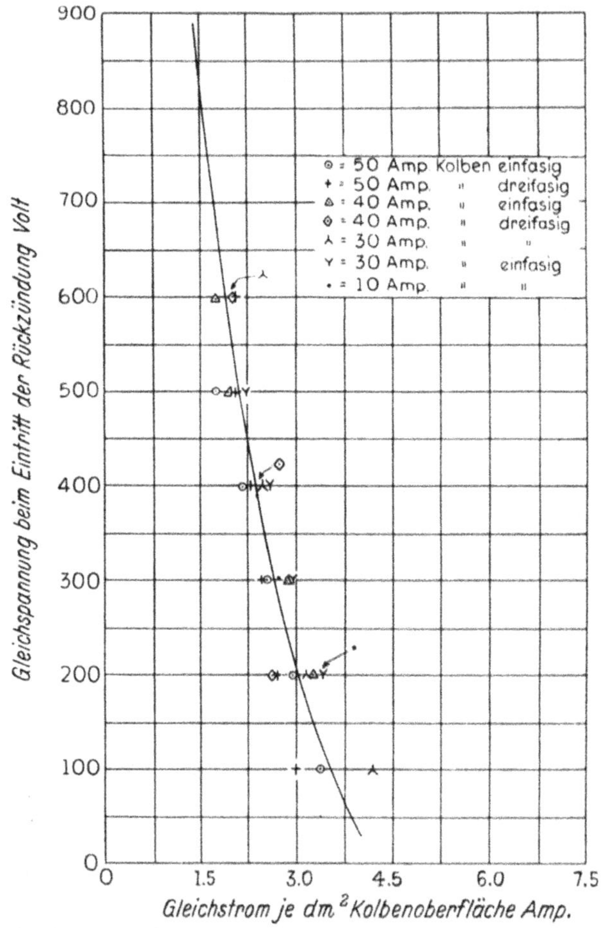

Abb. 27. Die Rückzündungsgrenze von Quecksilberdampfglas-Gleichrichtern
mit geknickten Armen bei natürlicher Luftkühlung.

einen sehr geringen Einfluß auf die Rückzündungskurve; selbst wenn man
diesen Blindwiderstand bedeutend über das normale Maß steigert, ist
es praktisch unmöglich, eine Wirkung auf das Eintreten der Rückzündungen festzustellen. Es besteht auch kein meßbarer Einfluß der Frequenz
im Bereiche der praktisch üblichen Netzfrequenzen; hingegen begünstigt
Hochfrequenz unzweifelhaft das Zustandekommen der Rückzündung.

Die Rückzündungsgrenze ist sehr von der Größe des Kolbens abhängig, weil diese die Temperatur bestimmt, welche der Kolben bei einer bestimmten Belastung annimmt. Abb. 26 zeigt die Beziehung zwischen der Rückzündungsspannung und der Stromstärke des gleichgerichteten Stromes, bezogen auf 1 dm² Kondensraumoberfläche für eine Reihe von Gleichrichterkolben für Stromstärken von 60 bis 250 A. Die höhere Kurve ergab sich für Kolben mit breitem Durchlaß vom Kathodenraume zum Kondensraum. Einige Kolben mit weniger reichlichem Durchlaß hatten bei sonst gleichen Bedingungen keinen so niedrigen Druck über der Kathode und bekamen daher Rückzündungen bei einer niedrigeren Spannung, wie dies die zweite Kurve zeigt. Die Linien der Abb. 26 wurden an ventilatorgekühlten Kolben aufgenommen. Eine ähnliche Kurve für Kolben mit natürlicher Luftkühlung zeigt Abb. 27. Ein Vergleich der beiden Abbildungen läßt die Vorteile energischer Kühlung erkennen.

Rückzündungen unterhalb der normalen Belastung. Es treten gelegentlich Rückzündungen bei verhältnismäßig niedrigen Belastungen auf. Häufig ist das Vorhandensein von Fremdgasen im Kolben die Ursache, aber auch wenn dies nicht der Fall ist, kommt es manchmal zu vorzeitigen Rückzündungen. Es kann sich an zu kalten Anoden Quecksilber niederschlagen und Veranlassung zur Bildung eines Kathodenflecks geben. Dieser Schwierigkeit begegnet man bei Glasgleichrichtern nicht, aber sie kann bei großen Eisengleichrichtern auftreten, wo man die Anoden mit fließendem Wasser kühlt. In anderen Fällen kann diese Erscheinung von Quecksilbertropfen verursacht werden, die auf die heißen Anoden fallen. Solche Rückzündungen sollten nicht mit jenen verwechselt werden, welche eine Folge des Versagens der Gleichrichterwirkung sind, ohne daß irgendein außergewöhnlicher Vorfall mitspielt. Die ersteren können durch sorgfältige Konstruktion beseitigt werden; hingegen ist das Versagen eines Kolbens im ordnungsgemäßen Betrieb, wenn die zulässige Belastung überschritten wurde, die natürliche Leistungsgrenze der betreffenden Kolbentype.

Das Problem der Rückzündung ist eines der wichtigsten im Gleichrichterbau und eine genaue Kenntnis dieser Erscheinung wäre sehr wünschenswert. Leider ist die Rückzündung noch nicht vollständig erforscht und die Beiträge zu ihrer Erforschung bestehen meist in der Beschreibung von Versuchsreihen, deren Auswertung nicht leicht ist.

Im nächstfolgenden 6. Kapitel, welches ausschließlich von der Rückzündung handelt, wird auf diese Fragen näher eingegangen.

Das Sprühen oder die unvollkommene Rückzündung. Das Sprühen ist einigermaßen mit der eigentlichen Rückzündung verwandt, hat aber nicht so ernste Folgen. Es stellt sich als zumindest teilweiser Verlust der Gleichrichterwirkung dar, wobei der Rückstrom eine Art Reinigung des Dampfes bewirkt. Der ganze Vorgang verläuft so schnell, daß er keinerlei Beschädigung verursacht und es tritt nur eine leichte Störung der Strom- und Spannungsverhältnisse in den äußeren Stromkreisen ein. Das Sprühen beginnt gewöhnlich, wenn ein Kolben mit 60 bis 70% der Rückzündungsleistung belastet ist und ereignet sich mit steigender Häufigkeit, wenn die Belastung gesteigert wird, bis bei einer bestimmten Belastung die Störung plötzlich einen viel ernsteren Charakter bekommt und dies ist die Rückzündung.

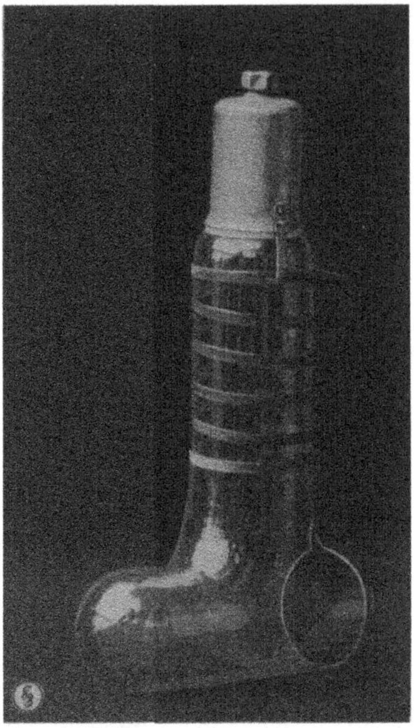

Das Erlöschen einzelner Arme (Flackern). Das Erlöschen einzelner Arme ist eine sehr lästige Erscheinung, die bei Glaskolben mit langen geknickten Armen vorkommt. Es wird durch Ladungen auf den Glasarmen verursacht, welche die Anoden in solchem Maße abschirmen, daß der Lichtbogen ausbleibt, wenn eine Anode positiv wird. Infolgedessen kann der Kathodenfleck erlöschen, weil der Kathodenstrom auf einen Wert fallen kann, der für die Aufrechterhaltung des Kathodenflecks nicht genügt. Das Flackern bewirkt ferner ein Schwanken der abgegebenen Gleichspannung. Das Erlöschen einzelner Arme kommt viel häufiger bei kalten Kolben vor, als bei warmen und bei schwachbelasteten Kolben ist es manchmal empfehlenswert, die Luftkühlung durch Stillsetzen des Ventilators zu verschlechtern, um eine zufriedenstellende Betriebstemperatur zu erreichen. Ein anderes Mittel, um das Verlöschen einzelner Arme zu vermeiden, zeigt die Abb. 28, welche den Oberarm eines Glasgleichrichterkolbens mit geknickten Armen darstellt. Um den Arm ist außen ein Metallstreifen (Flackerband) herumgewickelt und mit der Anodenanschlußkappe verbunden. Das elektrische Feld dieses Armbelages neutralisiert die Ladungen auf der Glasoberfläche.

Abb. 28. Anodenoberarm eines Glasgleichrichters mit metallischem, mit der Anode elektrisch verbundenem Armbelag (Flackerband).

Lebensdauer der Glaskolben. Glasgleichrichterkolben haben infolge der Zerstäubung des Anodenmaterials durch das Auftreffen der positiven Ionen eine begrenzte Lebensdauer. Der Materialverlust ist nicht groß genug, um die Anoden selbst anzugreifen, aber der Kohlenstaub wird auf den Glasarmen abgelagert und behindert die Wärmeabgabe der Anoden durch Strahlung. Er übt auch eine elektrische Schirmwirkung aus und kann so das Erlöschen einzelner Arme verursachen. Es ist wahrscheinlich, daß die schlechte Arbeitsweise des Gleichrichters unter diesen Bedingungen die Zerstäubung des Anodenmaterials beschleunigt. Auf jeden Fall sind die plötzlichen Spannungsänderungen, die ein Kolben verursacht, der zum Erlöschen einzelner Arme neigt, genug unangenehm, um einen derartigen Betrieb unerwünscht zu machen und es kann oft empfehlenswert sein, einen alten Kolben zu ersetzen, bevor er vollständig versagt.

Die Lebensdauer von Glasgleichrichterkolben ist nicht genau bekannt. Dies hat seinen Grund darin, daß sie unter normalen Arbeitsbedingungen so lange aushalten, daß eine vollständige Lebensdauerprüfung in der Fabrik ein undurchführbares Unternehmen wäre. Naturgemäß haben einige Kolben eine viel längere Lebensdauer als andere und man kennt Kolben, die nach 15 jährigem Betrieb noch in Verwendung stehen. Ein Kolben mit zu kurzer Lebensdauer wird gewöhnlich von der Fabrik als schadhaft angesehen und ersetzt. Im allgemeinen ist es möglich, eine so lange Lebensdauer von Glasgleichrichterkolben zu garantieren, daß die Ersatzkosten im Vergleiche zum Werte der umgeformten Energie sehr klein sind.

Auf Grund statistischer Erhebungen kann die mittlere Lebensdauer von Glasgleichrichterkolben mit mindestens 12000 Betriebsstunden angenommen werden. (Vgl. H. Schleusener, Lebensdauer von Glaskörpern in Bahngleichrichteranlagen. AEG-Mitteilungen 1929, Heft 1, S. 32).

Kühlung der Gleichrichter. Da die Betriebstemperatur eines Quecksilberdampf-Gleichrichters von großer Wichtigkeit ist, so muß der Kühlung ein besonderes Augenmerk zugewandt werden. Das Temperaturproblem hat zwei Seiten. Bei Kolben im Dauerbetrieb mit gleichbleibender Belastung genügt die Kenntnis der stationären Dauertemperatur, hingegen muß man bei Kolben, die großen kurzzeitigen Überlastungen ausgesetzt sind, auch die Geschwindigkeit des Temperaturanstieges kennen und bei Belastungsversuchen ist es erwünscht, zu wissen, wie lange die Kolben in Betrieb sein müssen, bis stationäre Verhältnisse erreicht sind.

Kühlung von Glaskolben. Versuche haben ergeben, daß die Wärmestrahlungsziffer des Glases der des absolut schwarzen Körpers sehr nahe kommt. Für einen schwarzen Körper von 100^0 C in einem Raum von 27^0 C sind die Verluste durch Konvektion und Wärmestrahlung 0,12 W/cm²[1]) oder 0,001645 W je cm² je ^{0}C, wobei üblicherweise, wenn auch nicht streng richtig, angenommen ist, daß die Verluste der Temperaturdifferenz proportional sind.

Um die Wirksamkeit verschiedener Kühlmethoden zu untersuchen, wurde ein kleiner Kolben mit Wasser gefüllt und auf verschiedene Arten gekühlt. Aus der Geschwindigkeit, mit der das Wasser auskühlte,

---

[1]) Vgl. Hütte, des Ingenieurs Taschenbuch, 25. Aufl., I. Bd., S. 451 ff.

konnte der Verlust in Watt je cm² Oberfläche und je Grad C Temperaturdifferenz berechnet werden. Der Wärmeleitungswiderstand des Glases
wurde zu 10,3° C je W/cm² angenommen. Obwohl die so erhaltenen
Zahlen nicht besonders genau sind, genügen sie als Anhaltspunkte bei
der Lösung praktischer Aufgaben, wobei gewöhnlich auch andere Schätzungen nötig sind.

In Tafel I (Art des Umlaufes) bedeutet »Oberfläche«, daß das Kühlmittel sich in einer dünnen Schichte mit großer Geschwindigkeit ent-
lang der Oberfläche des Kolbens bewegte. »Allgemein« bedeutet, daß
das Kühlmittel eine Allgemeingeschwindigkeit hatte.

Tafel I. Wirksamkeit verschiedener Kühlmethoden.

Kühlmittel	Art des Umlaufes	Mittlere Wärmeleit-fähigkeit	Mittlerer Wärmeleitungs-Widerstand	Wärmeleitungs-Widerstand des Kühlmittels
		Watt je cm² je °C	°C für 1 W/cm²	°C für 1 W/cm²
Wasser	Oberfläche	0,0582	17,2	6,9
Wasser	Allgemein	0,0456	21,9	11,6
Wasser	Kein Umlauf	0,026	38,4	28,1
Öl	Oberfläche	0,0246	40,6	30,3
Öl	Allgemein	0,0115	87	76,7
Öl	Kein Umlauf	0,00765	131	120,7
Luft	Ventilator	0,00508	197	186,7
Luft	Kein Umlauf	0,00111	900	889,7

Die mittlere Wärmeleitfähigkeit bezieht sich auf den Weg durch das
Glas und das Kühlmittel zu einem auf Raumtemperatur befindlichen
Punkt; der mittlere Wärmeleitungswiderstand bezieht sich auf denselben Weg und ist der reziproke Wert der Wärmeleitfähigkeit. Der
Wärmeleitungswiderstand des Glases wurde vom mittleren Wärmeleitungswiderstand abgezogen und man erhielt den Wärmeleitungswiderstand des Kühlmittels.

Die Kühlung der Eisengleichrichter mittels Wassermänteln ist gewöhnlich so wirksam, daß eher die Gefahr besteht, im Kessel eine zu
niedrige Temperatur zu bekommen als eine zu hohe. Infolgedessen
werden besondere Kontrollmaßnahmen nötig, um die richtige Temperatur
aufrecht zu erhalten. Bei großen Glasgleichrichtern mit Ventilatorkühlung können auch besondere Einrichtungen erforderlich sein, um die
Luftzufuhr zu vermindern, wenn die Kolben gering belastet sind oder
wenn sie gezündet werden sollen. Solche Probleme betreffen nicht die
Gleichrichter im besonderen und werden hier nicht besprochen. Wie im
ersten Teile dieses Kapitels auseinandergesetzt wurde, tritt an den Anoden
eines Kolbens, der nicht genug warm ist, ein übermäßiger Verlust auf;
außerdem werden bei unterkühltem Kolben die Erregerlichtbögen unbeständig.

Eine lokale Erwärmung der Umgebung der Anoden ist bei Glasgleichrichtern manchmal erwünscht. Wenn ein Kolben bei hoher Spannung und niedrigem Strom arbeitet, sind die Anodeneinschmelzungen gewöhnlich ziemlich kalt; es schlägt sich dort Quecksilber nieder und fällt auf die Anoden, wodurch Rückzündungen entstehen; dies kann vermieden werden, indem man die oberen Enden der Anodenarme mit Asbestschnur umwickelt, um sie auf höherer Temperatur zu halten.

Zeitkonstante der Gasgleichrichterkolben. Die Geschwindigkeit, mit welcher der Kondensdom eines Glasgleichrichterkolbens sich erwärmt, hängt in hohem Maße von der Glassorte ab, aus der er hergestellt ist. Da verschiedene Gläser in ihren chemischen und thermischen Eigenschaften stark voneinander abweichen und da die Wandstärke der Kolben notwendigerweise schwankt, kann das Wärmespeicherungsvermögen des Kondensdomes nicht genau bestimmt werden. Es werden mittlere Werte hierfür angenommen und für Kolben mit natürlicher Luftkühlung eine allgemeine Lösung gefunden. Hierbei wird die Annahme einer gleichförmigen Wärmeabgabe vom Quecksilberdampf an das Glas getroffen. Dies ist wohl gerechtfertigt, da der Quecksilberdampf mit konstanter Geschwindigkeit in den Kondensraum eintritt. Es bedeutet:

C die Wärmespeicherfähigkeit pro cm² Kondensraumoberfläche in kcal je Grad Temperatursteigerung.

I die Energiezufuhr in kcal je cm² je sec.

$\dfrac{1}{r}$ die Wärmeübergangszahl zwischen Kolben und umgebender Luft (kcal je cm² je °C).

t_0 die Lufttemperatur (Umgebungstemperatur), auch Anfangstemperatur des Glases.

t_1 die mittlere stationäre Endtemperatur des Glases (als über die Dicke gleichbleibend behandelt).

t die mittlere Temperatur des Glases zu irgend einem Zeitpunkte (ebenfalls als über die Dicke gleichbleibend behandelt).

T die seit der Einschaltung des Kolbens verflossene Zeit.

Es gilt folgende Gleichung:

$$t - t_0 = (t_1 - t_0) \left(1 - e^{-\frac{T}{rC}}\right) \quad \dots \dots \dots \quad (4)$$

Hierbei ist:

$$t_1 - t_0 = I \cdot r \quad \dots \dots \dots \dots \quad (5)$$

Der Wert von C ergibt sich als Produkt der Dicke mit der spezifischen Wärme des Glases und wird zu 0,16 cm $\times$ 0,48 kcal je °C je cm³ oder 0,0768 kcal je °C je cm² angenommen. Die Wärmeübergangszahl $\dfrac{1}{r}$

ist keine Konstante, außer für kleine Temperaturdifferenzen, aber sie wird als konstant angenommen, wie dies auch bei der Berechnung der stationären Endtemperatur geschah. Der Wert der Wärmeübergangszahl von 0,001 645 W je cm² je °C, der vorstehend angegeben wurde, ist gleichbedeutend mit 0,000 394 kcal je cm², je °C, je sec. Die Einsetzung dieser Werte in die Gleichung (4) ergibt

$$t - t_0 = (t_1 - t_0)\,(1 - e^{-\,0,00513\,T})$$

und die Zeit, die notwendig ist, um 95% der Endtemperatur zu erreichen, folgt aus der Gleichung

$$e^{-\,0,00513\,T} = 0,05,$$

woraus sich T zu 583 sec oder rd. 10 min ergibt. Es erreicht also ein Glasgleichrichterkolben bei natürlicher Luftkühlung nach einer Belastungsdauer von rd. 10 min 95% seiner Endtemperatur.

Dieser Wert stimmt mit experimentellen Beobachtungen überein. Kolben, die auf Rückzündung geprüft werden, versagen gewöhnlich innerhalb 15 min nach Einschaltung der für die Rückzündung erforderlichen Belastung. Kolben, welche Gase enthalten, die sich entweder mit Quecksilber als Schmiere verbunden haben oder vom Glas absorbiert wurden, können allerdings länger brauchen, um stationäre Verhältnisse hinsichtlich des Gasinhaltes zu erreichen.

6. Kapitel.

Rückzündungen bei Quecksilberdampf-Gleichrichtern.

Die Erklärungen und Theorien der Rückzündung zerfallen in zwei Gruppen. Erstens kann die Rückzündung als Folge irgendeiner vorübergehenden Erscheinung an der Oberfläche der Anoden angesehen werden, welche die Bildung eines Kathodenfleckes auf einer Anode ermöglicht, und zweitens kann man das Versagen als unmittelbare Folge eines Zusammenbruches ähnlich einem Isolationsdurchschlag betrachten. Bis jetzt hat sich keine von diesen Erklärungen als vollständig richtig oder vollständig unrichtig erwiesen; es kann also jede von ihnen wahr sein oder die richtige Erklärung kann Erscheinungen beider Art umfassen. Es sind jedoch viele Versuche angestellt worden, welche beweisen, daß bestimmte Erklärungen unrichtig sind, und welche die wahre Natur der Rückzündungen zeigen. Dieses Kapitel enthält die Beschreibung der einschlägigen Untersuchungen.

Arbeitsbedingungen der Kolben. Um die verschiedenen Prüfungsmethoden zu verstehen, ist es notwendig, die Bedingungen zu kennen, unter denen die Kolben arbeiten. Die gewöhnliche Einphasenschaltung, mit der die meisten Versuche gemacht wurden, ist aus Abb. 29 zu entnehmen. Die Wellenformen, die man mit dieser Schaltung erhält, zeigt

Abb. 30. In diesem Oszillogramm zeigt die obere Linie die Spannung zwischen den Anoden und die untere den Anodenstrom.

Im allgemeinen besteht die vom Transformator aufgedrückte Spannung zum größten Teile aus Sinuswellen mit gut erkennbaren Unregelmäßigkeiten, die zu der Zeit auftreten, wo eine Anode ihren Belastungsstrom an die andere übergibt (Umschaltzeit). Da der Spannungsabfall im Gleichrichter sehr niedrig ist, beginnt die Übergabe der Strombelastung von einer Anode an die andere erst, wenn die Potentiale der beiden Anoden fast vollständig gleich groß

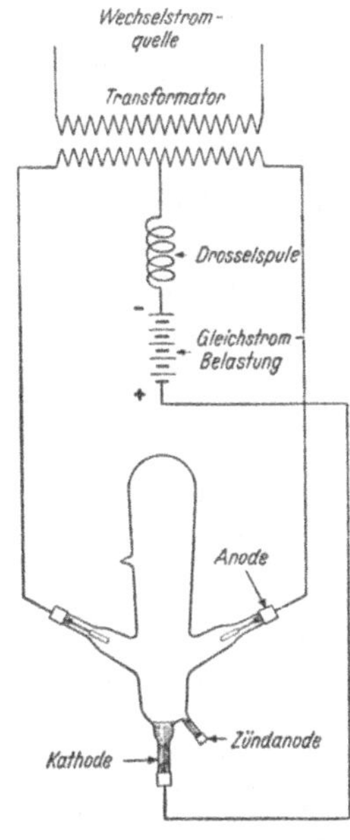

Abb. 29. Prinzipschaltbild eines Einphasen-Gleichrichters.

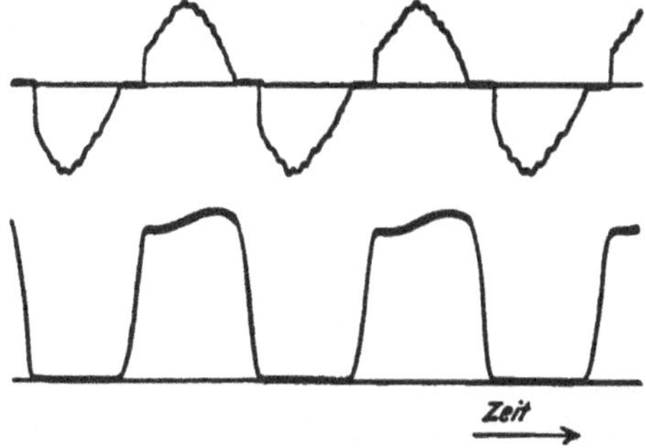

Abb. 30. Spannungs- und Stromwellenformen eines nach Abb. 29 geschalteten Einphasen-Gleichrichters. Die obere Kurve ist das Oszillogramm der Spannung zwischen den Anoden; die untere Kurve stellt den Strom einer Anode dar.

sind. Vor diesem Zeitpunkte brennt nur die positive Anode mit der höheren Spannung. Beim Durchgang der Transformatorspannung durch den Nullwert beginnt die andere Anode Strom zu führen. Wenn nicht der Blindwiderstand der Transformatorwicklungen es verhindern würde, würde die zweite Anode augenblicklich den gesamten Belastungsstrom von der ersten übernehmen, aber dies ist praktisch unmöglich. Die Stromübergabe braucht vielmehr eine bestimmte Zeit. Sie wird durch die in den Transformatorwicklungen induzierte Spannung vollendet, die rasch in dem für diesen Zweck erforderlichen Sinne ansteigt, nachdem die Stromübergabe begonnen hat. Die Wirkwiderstände des Gleichrichters oder der Transformatorwicklungen haben nur einen sehr geringen Einfluß auf diese Stromübergabe; die Spannung wird hierbei fast vollständig zur Unterdrückung der gegenelektromotorischen Kräfte verwendet, die von der Streureaktanz der Transformatorwicklungen erzeugt werden, welche notwendigerweise während dieser Zeit einen sich rasch verändernden Strom führen. Wenn die Stromübergabe vollendet ist, hört diese Veränderung des in den Transformatorwicklungen fließenden

Stromes auf und jene Spannung, die früher zur Überwindung der Streureaktanz verwendet wurde, kommt plötzlich am Gleichrichter zur Wirkung. Das Oszillogramm zeigt dies sehr gut. Nachdem eine Zeit lang die
Anodenspannung gleich Null war, wird die Spannung plötzlich an den
Gleichrichterkolben angelegt und dann folgt eine Sinuslinie. Wenn der
Belastungsstrom oder die Transformatorstreuung vergrößert wird,
wächst der für die Umschaltung der Anodenströme benötigte Zeitraum
und die Spannung, die am Ende dieser Zeit an den Kolben angelegt
wird, wächst ebenfalls entsprechend. Der Belastungsstrom wird durch
die Drosselspule im Gleichstromkreis gleichmäßig erhalten. Daher ist
der Anodenstrom während der Zeit, wo nur eine Anode brennt, konstant und die Summe der beiden Anodenströme während der Übergangs-
zeit ist gleich dem Belastungsstrome. Der Magnetisierungsstrom der
Gleichstrom-Drosselspule bildet einen Wechselstromanteil des abgegebenen Belastungsstromes, so daß vorstehende Aussagen nicht strenge,
jedoch praktisch genügend genau gelten.

Rückstrom. Wenn die eine Anode erlischt, wird plötzlich wieder die
Sekundärspannung des Transformators am Kolben wirksam; die andere,
nun Strom führende Anode ist praktisch auf demselben Potential,
wie die Kathode und infolgedessen weist die Anode der Sperrichtung
gegenüber dem übrigen Kolben eine negative Spannung gleich der vollen
Sekundärspannung des Transformators auf. Ihr Anodenarm ist noch
von zurückgebliebenem ionisiertem Dampfe erfüllt. Durch das negative
Potential der nicht stromführenden Anode werden die positiven Ionen
angezogen. Es entsteht ein Rückstrom, dessen Höchstwert in der
Größenordnung von einem Millionstel des Belastungsstromes liegt. Er
bedeutet infolgedessen keine ernsthafte Beeinträchtigung der Gleichrichterwirkung; hier ist jedoch ein Angriffspunkt für die Erforschung der
Rückzündung gegeben.

Die Schwierigkeit bei der Messung des Rückstromes liegt in dem
Verhältnis des Belastungsstromes zum Rückstrom, da Apparate, die
genug empfindlich sind, um den Rückstrom zu messen, vom Belastungsstrom zerstört werden. Dies ist bei der Schaltung nach Abb. 31 vermieden, die in mehrfacher Hinsicht einer zuerst von Günterschulze[1])
vorgeschlagenen Schaltung ähnlich ist. Der zu prüfende Kolben wird als
Einphasen-Zweiweg-Gleichrichter mit einer Drosselspule zur Glättung
des gleichgerichteten Stromes betrieben. In eine Anodenzuleitung ist
ein zweiter Gleichrichterkolben eingeschaltet, der die Aufgabe hat, den
normalen Anodenstrom durchzulassen, aber dem Rückstrom den Weg
zu versperren und ihn zum Durchfließen des Meßstromkreises zu veranlassen. Dieser Kolben ist mit einer Hilfserregung ausgestattet, die von
einer besonderen isolierten Wechselstromquelle gespeist wird.

---

[1]) »Betrag und Kurvenform des Rückstromes im Quecksilbergleichrichter«
ETZ 1910, Heft 2, S. 528.

Der Rückstrom fließt durch zwei in Reihe geschaltete Widerstände R_1 und R_2. Der Widerstand R_1 wird zum Schutze der Versuchsperson ziemlich hoch gewählt (z. B. $R_1 \doteq 10000\,\Omega$). Der Widerstand R_2 hat ungefähr $1000\,\Omega$ und wird verändert, wenn es die Versuchs-

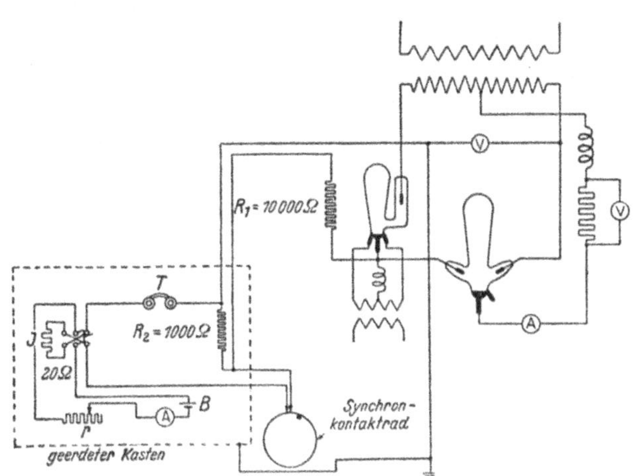

Abb. 31. Schaltung zur Rückstrommessung.

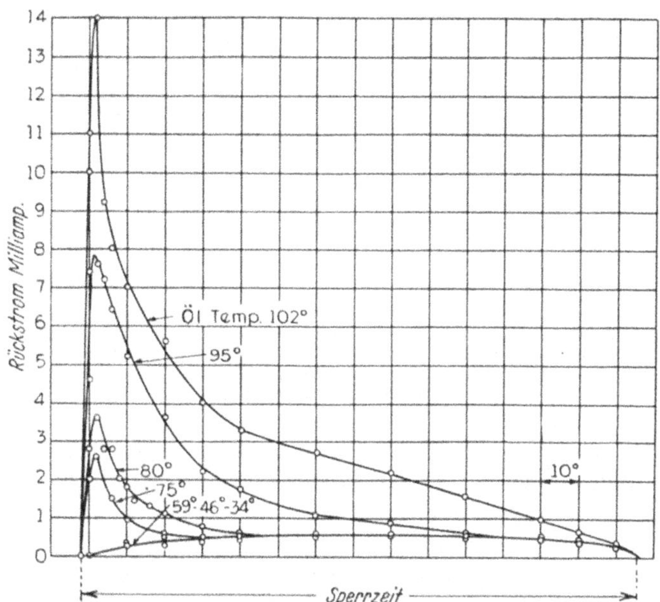

Abb. 32. Der Verlauf des Rückstromes während der Sperrzeit in Abhängigkeit von der Temperatur des Kolbens, an einem Einphasenkolben für 20 A mit kurzen, geraden Armen bei 1350 V Wechselspannung zwischen den Anoden und Belastung mit 15 A Gleichstrom aufgenommen. Frequenz 55 Hertz. Der Kolben arbeitete mit Gleichstromdrosselspule ohne Erregung.

bedingungen erfordern. Mit Hilfe einer Akkumulatorenbatterie B und eines regelbaren Widerstandes r wird eine mit dem Spannungsabfall im Widerstand R_2 mittels einer 20 ohmigen Instrumentenspule J vergleichbare Spannung erzeugt. Ein synchron umlaufendes Kontaktrad schließt den Meßstromkreis einmal innerhalb einer Wechselstromperiode. Durch Veränderung des durch das Instrument J fließenden Stromes, bis man keinen Lärm im Telephon T hört, ist es möglich, den Augenblickswert des Rückstromes zu irgendeinem Zeitpunkte innerhalb der Periode, auf den das Synchronkontaktrad eingestellt wird, zu messen.

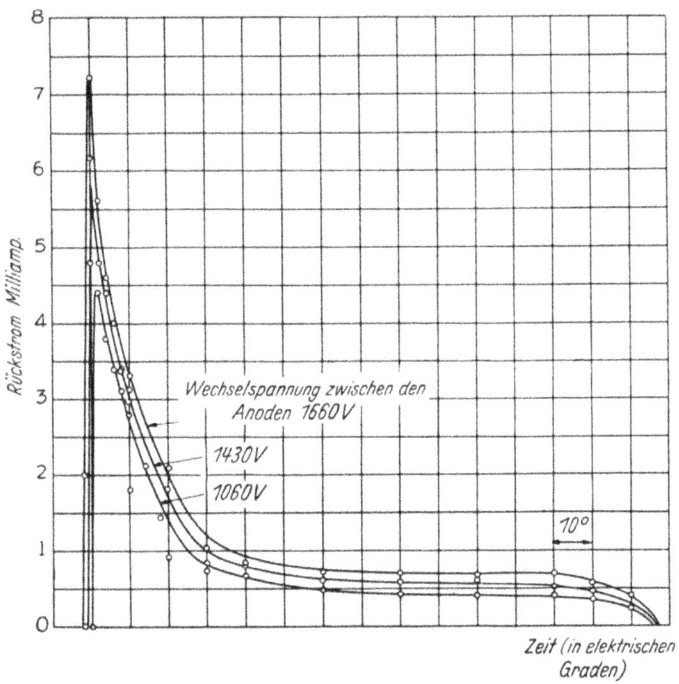

Abb. 33. Der Verlauf des Rückstromes während der Sperrzeit in Abhängigkeit von der Spannung. Aufgenommen an einem Einphasenkolben für 20 A mit kurzen, geraden Armen bei 15 A Gleichstrom, 85 °C Öltemperatur, Frequenz 56 Hertz. Betrieb mit Gleichstromdrosselspule ohne Erregung.

Es zeigten sich beträchtliche Schwierigkeiten bei der Ausführung dieser Schaltung in der Praxis. Das Kontaktrad erforderte viel Aufmerksamkeit und der Kolben, der die Trennung des Vorwärtsstromes vom Rückstrom besorgte, verursachte Lärm im Telephon, bis seine Anode in einem geknickten Arm angeordnet wurde, um sie vor den Störungen durch die Erregerlichtbögen zu schützen. Als ziemlich hohe Spannungen angewendet wurden, erwies es sich als notwendig, den ganzen Meßstromkreis in einen geerdeten Kasten einzuschließen, um durch elektrostatische Kopplung erzeugte Ströme (Ladeströme) zu vermeiden.

Die Versuche wurden an ölgekühlten Kolben vorgenommen, so daß die Temperatur, der Strom und die Spannung verändert werden konnten. Die Abb. 32, 33 und 34 zeigen die erhaltenen Ergebnisse. Man dachte, daß der Rückstrom bis zu einem bestimmten Werte ansteigt, wo er sich auf irgendeine Art zu einem Rückzündungslichtbogen entwickelt, aber die Messungen nahe an der Rückzündungsbelastung zeigen kein Anzeichen hierfür. Statt dessen sprühte es gelegentlich im Kolben, ohne daß irgendeine Änderung in den Rückstromablesungen eintrat. Die Beziehung zwischen Rückzündung und Rückstrom scheint daher, wenn sie überhaupt besteht, eine ziemlich entfernte zu sein.

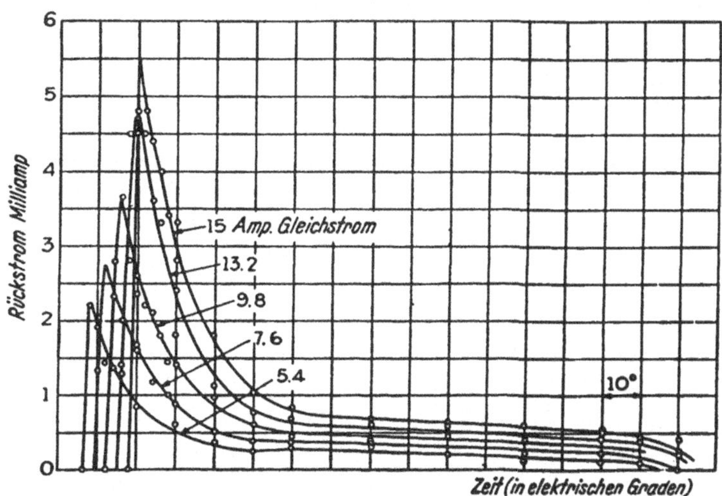

Abb. 34. Der Verlauf des Rückstromes in Abhängigkeit vom Belastungsstrom. Aufgenommen an einem Einphasenkolben für 20 A mit kurzen, geraden Armen bei einer Wechselspannung von 1430 V zwischen den Anoden. Öltemperatur 85° C. Frequenz 56 Hertz. Betrieb mit Gleichstromdrosselspule ohne Erregung.

Einfluß von Wellenform und Frequenz auf die Rückzündung. Der heftigste Anprall positiver Ionen, dem eine Anode ausgesetzt ist, tritt fast unmittelbar nach dem Ende ihrer Brennzeit ein, denn die Rückstromkurven zeigen, daß sie dann in größtem Ausmaße positive Ionen anzieht und ihre Spannung gegen den übrigen Kolben ist, wenn auch nicht im Höchstwert, so doch ziemlich groß. Wenn die Rückzündung das Ergebnis der Bildung eines Kathodenflecks auf der Anode durch das Auftreffen der Ionen wäre, müßte das Ende der Brennzeit jener Zeitpunkt innerhalb der Periode sein, wo die Rückzündung am leichtesten eintritt und eine Änderung der Frequenz oder eine Änderung der Wellenform müßte eine Änderung der Belastung bewirken, bei der sich die Rückzündung ereignet. Messungen bei 30 und 60 Hertz zeigten keinen Unterschied in der Rückzündungsbelastung, der größer wäre als die Meßfehler.

Die Wellenform der Spannung kann verändert werden, indem ein großer Kondensator an die Sekundärwicklung des Transformators angeschlossen wird. Dies verhindert jede plötzliche Änderung der dem Kolben zugeführten Spannung und sollte daher die Heftigkeit des Anpralles der positiven Ionen auf die Anoden zu Beginn der Sperrzeit wesentlich herabsetzen. Die auf diese Weise verursachte Änderung der Rückzündungsgrenze war so klein, daß ihr Vorhandensein nicht nachgewiesen werden konnte.

Die Wellenform der Spannung kann auch durch Änderung der Transformatorstreuung verändert werden. Durch Vergrößerung der Transformatorstreuung kann die Umschaltzeit verlängert und die unmittelbar nach der Umschaltung des Anodenstromes auftretende Spannung erhöht werden. Messungen mit verschiedenen Blindwiderständen zeigten eine geringfügige Verminderung der Rückzündungsbelastung bei Erhöhung des Blindwiderstandes. Die Steigerung der Anodenbeanspruchung durch verstärkten Ionenanprall sollte jedoch imstande sein, eine viel stärkere Verminderung der Strombelastbarkeit zu bewirken, als tatsächlich eintrat. Der Unterschied war so klein, daß man zuerst an einen Fehler der Versuchsanordnung dachte. Wenn man sich daran erinnert, daß die längere Umschaltzeit höhere Spannungs-

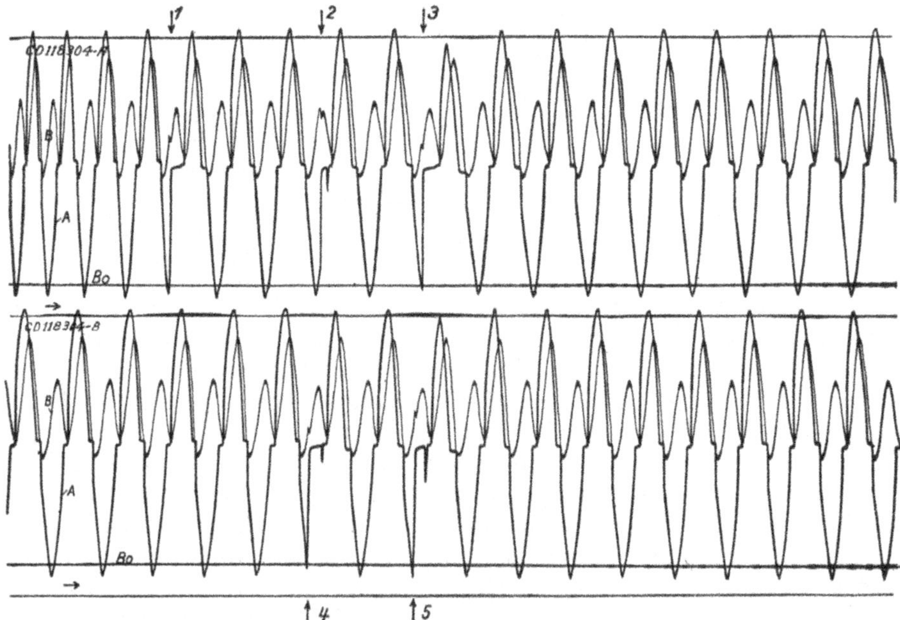

Abb. 35. Rückzündungs-Oszillogramm eines 20-A-Kolbens mit geknickten Armen. Die Rückzündungen wurden durch allmähliche Belastungssteigerung herbeigeführt. Die gleichstromseitige Abgabe unmittelbar vor der Rückzündung betrug 655 V und 24,75 A. Die Linie A stellt die Wechselspannung zwischen den Anoden und die Linie B die abgegebene Spannung dar. Die mit den Ziffern 1 bis 5 bezeichneten Pfeile kennzeichnen die Zeitpunkte, in denen Rückzündung eintrat.

werte während des ganzen Restes der Brennzeit ergeben muß, wenn die Gleichspannung konstant gehalten wird, so fällt es schwer, anzunehmen, daß die Wirkung des Blindwiderstandes auf die Rückzündung der Änderung in der Beanspruchung der Anoden durch den Anprall positiver Ionen zuzuschreiben ist.

Wann tritt die Rückzündung ein? Die Kenntnis des Zeitpunktes innerhalb der Periode, in welchem die Rückzündung sich ereignet, ist von beträchtlichem Werte für die Erkenntnis des Wesens dieser Erscheinung. Aufschluß hierüber gibt die Abb. 35, die einer Reihe von Rückzündungs-Oszillogrammen entnommen wurde. Der Kolben, an dem diese Aufnahmen gemacht wurden, wies eine ungewöhnliche Regelmäßigkeit bezüglich des Zeitraumes zwischen der Einschaltung der Belastung und dem Versagen der Ventilwirkung auf. Hierdurch wurde es möglich, die Oszillogramme dann aufzunehmen, wenn die Rückzündungen eintraten. Die Schaltung für diesen Versuch zeigt Abb. 36. In jede Anodenzuleitung des zu untersuchenden Kolbens ist je ein weiterer Gleich-

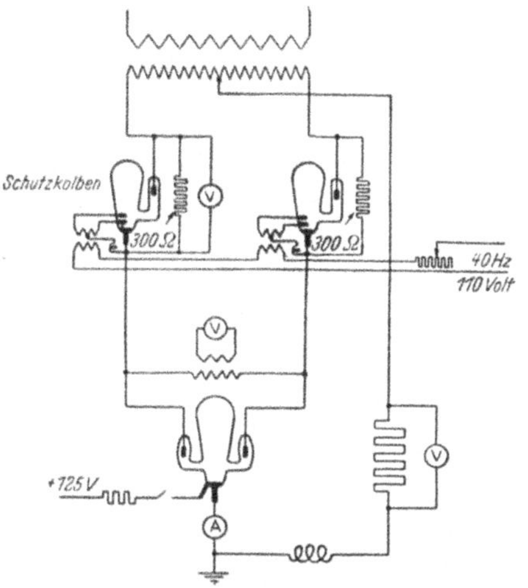

Abb. 36. Schaltung zur Untersuchung des Auftretens von Rückzündungen.

richterkolben eingeschaltet, zu dem ein Widerstand von ungefähr 300 Ω parallel liegt. Der normale Anodenstrom (Vorwärtsstrom) fließt ohne Schwierigkeit durch diese »Schutzkolben« und der Rückstrom fließt durch die Parallelwiderstände und erleidet einen Spannungsabfall von nur wenigen Volt. Der zu untersuchende Kolben arbeitet also genau so, als ob die zusätzlichen Kolben und die Widerstände nicht vorhanden wären. Wenn jedoch die Rückzündung eintritt, wird die Stromstärke begrenzt und der Kolben kann daher weiter in Betrieb bleiben, wobei die Beschädigungsgefahr nicht groß ist. In Abb. 35 stellt eine Linie die Spannung zwischen den Anoden und die andere den gelieferten Strom dar. Rückzündungen traten in dem dargestellten Filmausschnitt fünfmal an den durch Pfeile gekennzeichneten Stellen auf. In jedem Falle versagte die Gleichrichterwirkung in oder nahe jenem Zeitpunkte, wo die aufgedrückte negative Spannung den Höchstwert erreichte. Während der Rückzündung war die Spannung am Kolben sehr klein, da die Spannung des Transformators durch die Widerstände in den Anodenzuleitungen abgedrosselt wurde. Beim Nulldurchgang der aufgedrückten Spannung hörte die Rückzündung von selbst auf und der normale Betrieb wurde wieder aufgenommen. Infolge der vorgesehenen Schutzapparate hatten die Rückzündungen nur einen sehr kleinen Einfluß auf den Belastungs-strom. Die in der Abbildung ersichtliche Welligkeit des Gleichstromes ist die Folge der Verwendung einer ungenügenden Kathodendrossel.

In einigen Fällen ergab sich, daß Rückzündung in jeder Periode ein-trat, in anderen Fällen trat sie gelegentlich ein und zu Zeiten hatte eine Anode durch 10 oder 12 Perioden während jeder Periode eine Rück-zündung und arbeitete dann eine Zeitlang ohne Versagen. Bei Bela-stungen, welche die Rückzündungsgrenze nur wenig überstiegen, trat das Versagen immer dann ein, wenn die negative Anodenspannung ihren Höchstwert erreicht hatte, mit Ausnahme einiger Fälle, wo eine Rückzündung in der vorhergehen-den Periode Gasspuren zurückgelassen hatte, die ein Versagen bei einer niedrigeren Spannung be-wirkten.

Diese Feststellungen machen es fast unmög-lich, die Rückzündung mit der Beanspruchung der Anoden durch den Anprall positiver Ionen in Zusammenhang zu bringen, denn diese Bean-spruchung ist nicht im Zeitpunkte der Rück-zündung am stärksten, sondern in einem früheren Augenblicke der betreffenden Periode. Faßt man jedoch die Rückzündung als einen Zusammen-bruch der Isolation (Durchschlag) des Quecksilber-dampfes auf, so ist zu erwarten, daß bei allmäh-licher Steigerung der Belastung die Rückzündung dann eintritt, wenn die Anodenspannung ihren ne-gativen Höchstwert erreicht; dies ist tatsächlich der Fall, wie aus dem Oszillogramm Abb. 35 her-vorgeht.

Durchschlag des Quecksilberdampfes. Die Untersuchung der Bedingungen unter denen der elektrische Durchschlag von Quecksilberdampf eintritt, wurde an dem in Abb. 37 dargestellten besonderen Kolben durchgeführt. Die Spannung wurde zwischen der Quecksilberelektrode und einer an einem Eisenkern befestigten Kohlenelektrode angelegt. Der Eisenkern samt der Elektrode konnte durch eine Magnetspule außerhalb des Kolbens gehoben, gesenkt und in jeder Lage festgehalten werden. Das bewegliche System bestand aus der Kohlenelektrode, die mittels eines Stabes an dem Eisenkerne befestigt war, aus einem Ring, der die Kohlenelektrode im richtigen Abstande von der Glaswand hielt und aus einem gewundenen Stromzuführungsdrahte. Der Kohlenzylinder wurde so schwer als mög-

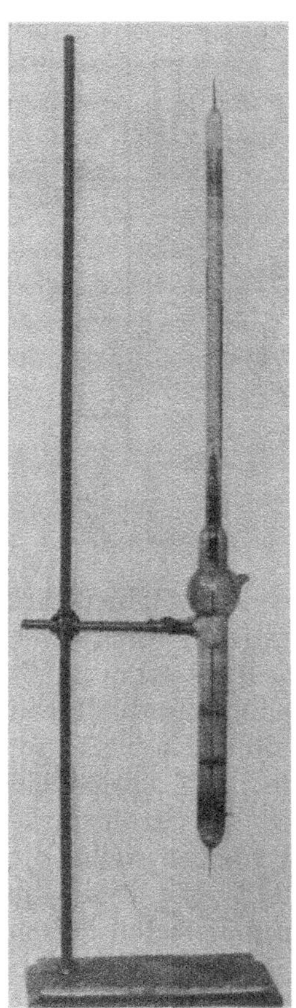

Abb. 37. Röhre mit beweg-licher Elektrode für die Messung der Durchschlags-spannung von Quecksilber-dampf.

lich gehalten. Außen wurden in der Höhe des Quecksilberspiegels und des unteren Endes der Kohlenelektrode Metallscheiben über den Glaskolben geschoben. Die untere Scheibe wurde mit dem Quecksilber und die obere mit der Kohle verbunden, wodurch ein fast homogenes elektrisches Feld erzeugt wurde. Während der Versuche trat kein andauernder Lichtbogen auf; trotzdem war über der höchsten Stellung der Kohlenelektrode das Glasrohr kugelartig erweitert, so daß der Kolben während des Auspumpens mit Strom belastet werden konnte, wobei die Erweiterung als Kondensraum wirkte. Der untere Teil des Kolbens tauchte in Öl und konnte so auf einer bestimmten Temperatur gehalten werden. Der Ölspiegel lag oberhalb der kleinen kugeligen Erweiterung, damit keine Kondensation eintreten und den Dampfdruck unter den der Öltemperatur entsprechenden Wert erniedrigen könne.

Die Spannung für die Durchschlagsversuche lieferte ein Spannungswandler für 11 000 V, dem auf der Unterspannungsseite eine veränderliche Spannung zugeführt wurde. Die Hochspannungsseite wurde über einen Widerstand von 300 000 Ω an den Kolben angeschlossen. Zur Erzeugung einer Gleichspannung wurde ein Kondensator von 0,06 μF über einen kleinen Vakuum-Glühkathoden-Gleichrichter an die Hochspannungswicklung des Spannungswandlers angeschlossen. Dieser Kondensator lud sich bis zu einer Spannung gleich dem Höchstwerte der Wechselspannung auf, wenn kein Strom entnommen wurde, und bei schwachen Strömen trat kein großer Spannungsabfall ein. Der hochohmige Vorschaltwiderstand wurde sowohl bei Anschluß an die Gleichspannung als auch an die Wechselspannung verwendet. Er hatte den Zweck, den Strom nach dem Durchschlag zu begrenzen. Gleich- und Wechselstrom-Milliamperemeter, die in die Stromzuführung zum Kolben eingeschaltet waren, zeigten den auftretenden Strom an. Es wurden gewöhnlich Stromstärken von einigen Milliampere erreicht, bevor der Durchschlag eintrat. Um den Strom des Hochspannungs-Voltmeters nicht durch den hochohmigen Begrenzungswiderstand zu schicken, wurde die Hochspannung an den Spannungswandlerklemmen gemessen. Wenn an den Kolben eine Gleichspannung angelegt wurde, war der Spannungsabfall im Strombegrenzungswiderstande aus den Voltmeterablesungen bestimmbar. Bei Wechselstromversuchen wurde dieser Spannungsabfall vernachlässigt.

Die zuerst erhaltenen Werte zeigt Abb. 38. Bei Elektrodenabständen zwischen 25 und 125 mm und beim Anschluß an Wechselspannungen konnte kein Einfluß des Elektrodenabstandes auf die Durchschlagsspannung festgestellt werden. Es scheint, daß nur Temperaturänderungen die Durchschlagsspannung beeinflussen. Dieses Ergebnis ist wahrscheinlich zum Teil auf die Versuchsfehler zurückzuführen, die jede kleine Änderung verdecken, aber die in Erscheinung tretende völlige Unabhängigkeit vom Elektrodenabstand ist überraschend. Wenn die Ab-

hängigkeit der Durchschlagsspannung von der Temperatur durch eine
Linie dargestellt werden soll, so ist diese durch die höchsten beobachteten
Spannungswerte hindurchzulegen, denn die niedrigeren Werte sind die
Folge irgendwelcher vorübergehender Zustände der Elektrodenober-
flächen oder von Fremdgasen im Quecksilberdampf, die einen Durchschlag bei niedrigerer Spannung bewirken und die oft durch den entstehenden Lichtbogen entfernt werden. Diese Erscheinung entspricht

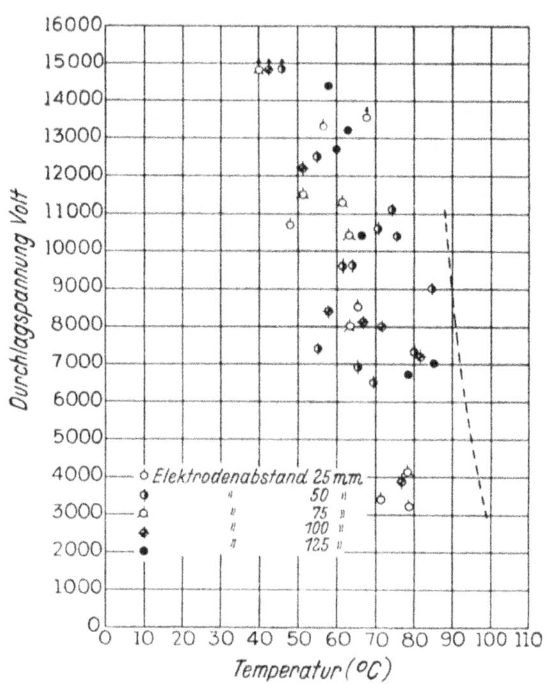

Abb. 38. Durchschlag des Quecksilberdampfes mit Wechselspannungen in
der Röhre mit beweglicher Elektrode, Abb. 37. Durch mit den Elektroden
verbundene Metallscheiben außerhalb der Röhre wird ein homogenes elektrisches Feld erzeugt. Die gestrichelte Linie ist der Abb. 40 unter Multipli-
kation der Spannungswerte mit $\frac{1}{\sqrt{2}}$ entnommen. Die Pfeile kennzeichnen
jene Meßpunkte, bei denen kein Durchschlag eintrat.

dem Sprühen in den normalen Gleichrichtern, welches sehr unregel-
mäßig ist, unterhalb der Rückzündungsspannung auftritt und gewöhnlich
keine ernste Störung verursacht. Die gestrichelte Kurve in Abb. 38
wurde aus den Daten über einige Kolben ganz anderer Form abgeleitet,
doch dürfte diese Kurve auch im betrachteten Falle gelten. Bei der Auswertung der Versuche wurden zwei kleine Fehler begangen. Erstens
wurde keine Korrektur für den Spannungsabfall in dem Strombegrenzungswiderstand angebracht und zweitens wurde die Erwärmung durch
den Strom vor dem Durchschlag nicht berücksichtigt.

Abb. 39 zeigt die Werte, welche am Kolben mit beweglicher Elektrode bei 100 mm Elektrodenabstand und Anwendung von Gleichspannungen in beiden Richtungen erhalten wurden. Hierbei wurde eine Korrektur für den Spannungsabfall im Strombegrenzungswiderstand angebracht. Durch die Anwesenheit von Fremdgasen werden so bedeutende Fehler verursacht, daß die zu verschiedenen Zeiten unter sonst gleichen Bedingungen gemessenen Durchschlagsspannungen nicht

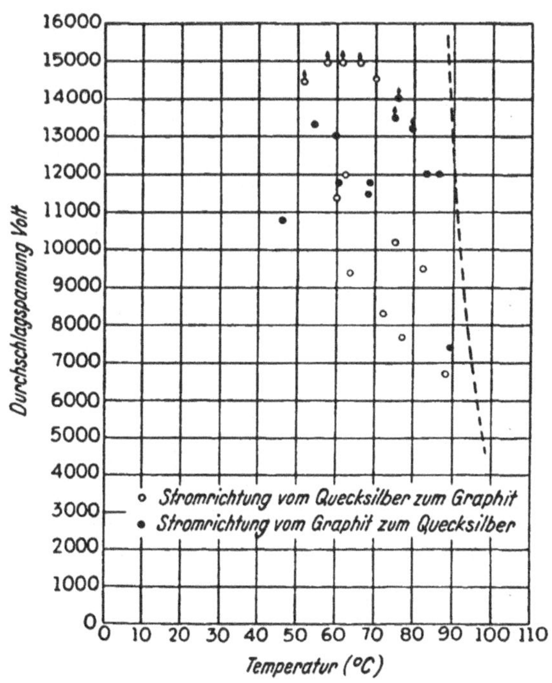

Abb. 39. Durchschlag des Quecksilberdampfes mit Gleichspannungen in einer Röhre mit beweglicher Elektrode mit Metallscheiben außerhalb der Röhre zur Vergleichmäßigung des elektrischen Feldes. Elektrodenabstand 100 mm. Die gestrichelte Linie ist der Abb. 40 entnommen. Die Pfeile kennzeichnen jene Meßpunkte, bei denen kein Durchschlag eintrat.

übereinstimmen. Hingegen scheint es keinen merklichen Unterschied zu verursachen, ob der Strom vom Graphit zum Quecksilber oder umgekehrt fließt. Die gestrichelte Kurve entspricht den aus Abb. 40 entnommenen Werten.

Die Durchschlagsspannung ist fast unabhängig von der Größe und dem Abstand der Elektroden sowie vom Vorhandensein einer Ionisation. Um die Unabhängigkeit der Durchschlagsspannung vom Elektrodenabstand zu überprüfen, wurden an einer Anzahl von Kolben mit den verschiedensten Elektrodenanordnungen Messungen durchgeführt; Abb. 40 zeigt die Ergebnisse. Mit nur wenigen Ausnahmen, welche leicht auf das

Vorhandensein von Fremdgasen zurückgeführt werden konnten, liegen alle diese Punkte sehr nahe einer Linie, die auch in die Abb. 38, 39 und 41 eingezeichnet wurde.

Abb. 41 zeigt den Einfluß einer zweiten brennenden Anode auf die Durchschlagsspannung an der ersten. Es ist kein größerer Unterschied gegen die einanodige Anordnung festzustellen und überschlägige Rechnungen zeigen, daß die Wärmewirkung des Lichtbogens die Temperatur

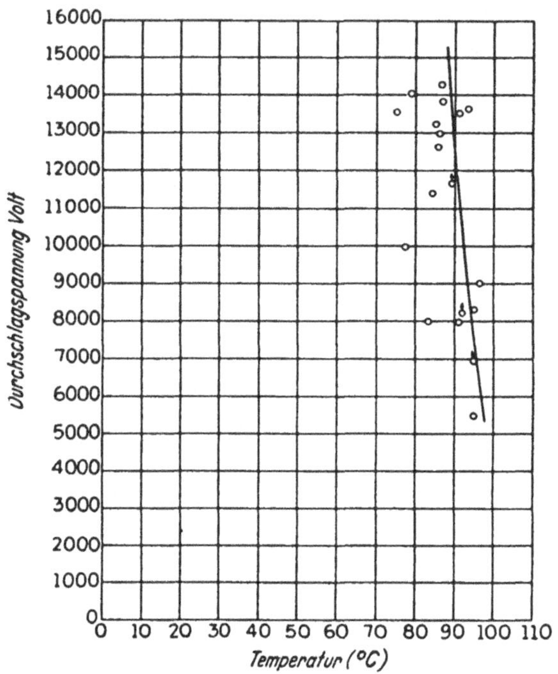

Abb. 40. Durchschlag des Quecksilberdampfes mit Gleichspannungen bei verschiedenen Gleichrichterkolben. Der positive Pol wurde an das Quecksilber und der negative Pol an eine Graphitanode angelegt; die anderen Elektroden waren stromlos. Die Pfeile kennzeichnen jene Meßpunkte, bei denen kein Durchschlag eintrat. Die Versuche wurden an 12 Kolben von 7 verschiedenen Bauarten durchgeführt.

des Quecksilberdampfes nur um einige Grade über die Öltemperatur steigert.

In Übereinstimmung mit den im Vorstehenden mitgeteilten Ergebnissen fand W. O. Schumann[1]) bei Helium ebenfalls eine bemerkenswerte Unabhängigkeit der Durchschlagsspannung von der Schlagweite.

Weitere Messungen über die Durchschlagsspannung des Quecksilberdampfes, hauptsächlich bei höheren Temperaturen, wären zur Aufklärung

---

[1]) S c h u m a n n, Elektrische Durchbruchsfeldstärke von Gasen. Springer, Berlin 1923. H a n d b u c h d e r P h y s i k, Band 14, Elektrizitätsbewegung in Gasen.

des Sachverhaltes sehr erwünscht. Gegenwärtig wissen wir nur, daß man bei derartigen Messungen Kurven erhält, die jener in Abb. 42 ähnlich sind, und daß unterhalb der Durchschlagsspannung ein sehr kleiner Strom fließt.

Voraussage der Rückzündungsspannung. Wenn die Zahlen, die in überschlägiger Weise in Abb. 42 dargestellt sind, irgendeinen praktischen Wert besitzen, so müßte es möglich sein, die Rückzündungsspannung eines Kolbens durch Messung seiner Temperatur, während er bei niedriger Spannung Strom führt, zu bestimmen, indem die Rückzündungsspannung entsprechend dieser Temperatur aus Abb. 42 entnommen wird.

Diese Voraussage wird durch einige Umstände erschwert: ein in

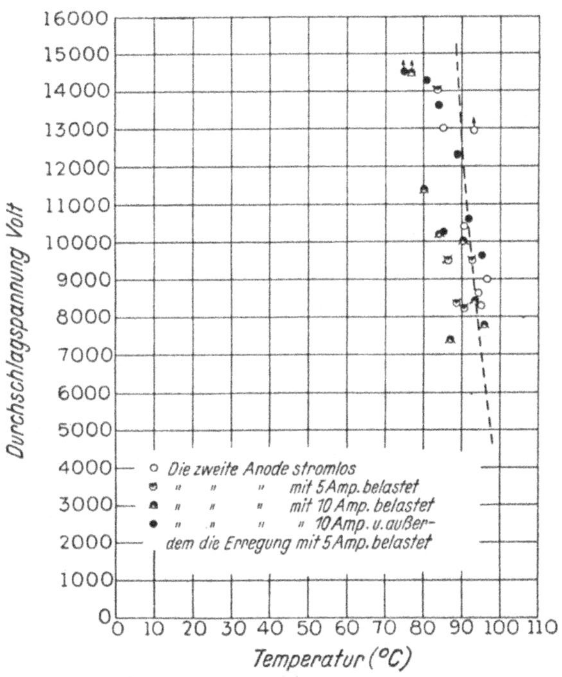

Abb. 41. Durchschlagsspannungen eines Kolbens besonderer Bauart für 20 A mit geknickten Armen. Die Pfeile kennzeichnen jene Meßpunkte, bei denen kein Durchschlag eintrat. Die gestrichelte Linie ist der Abb. 40 entnommen.

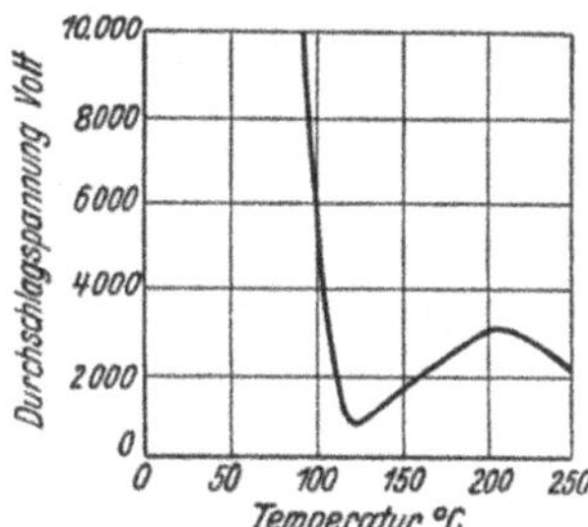

Abb. 42. Grundsätzliche Form der Durchschlagskurve von Quecksilberdampf bei hohen Temperaturen.

Betrieb stehender Kolben hat keine einheitliche Temperatur. Der Quecksilberdampf in einem Strom führenden Anodenarm ist nicht gesättigt. Die Verhältnisse werden durch Fremdgase gestört. Trotzdem wurde in mehreren Fällen eine gute Übereinstimmung der nach Abb. 42 voraus berechneten mit der durch Versuch festgestellten Rückzündungsspannung beobachtet. Hier liegt noch ein sehr fruchtbares Feld für weitere Forschungen.

II. Teil. Die Gleichrichter-Stromkreise.

7. Kapitel.

Grundlegendes über die Wellenformen der Spannungen und Ströme.

Der Idealfall des widerstands- und streuungslosen Transformators.
Für das Verständnis der Vorgänge in Gleichrichter-Stromkreisen ist hauptsächlich die Kenntnis der Wellenformen der Spannungen und Ströme nötig. Die Gleichrichter unterscheiden sich in ihrer Wirkungsweise dadurch grundsätzlich von rotierenden Umformern, daß bei ihnen kein Energiebetrag aufgespeichert wird, welcher der Energie der rotierenden Massen vergleichbar wäre, so daß bei den Gleichrichtern ein ständiger Zusammenhang zwischen den Strömen und Spannungen auf der Wechselstromseite und jenen auf der Gleichstromseite besteht. Die wichtigste Frage bei der Berechnung von Gleichrichter-Stromkreisen ist, wie bei den meisten Stromkreisberechnungen, letzten Endes eine Frage der Aufstellung des richtigen Ersatzstromkreises. Hierbei ist eine klare physikalische Vorstellung von den Vorgängen sowohl im Gleichrichter als auch in den Stromkreisen unerläßlich. In diesem Kapitel soll eine grundlegende Besprechung der Strom- und Spannungsverhältnisse in Gleichrichter-Stromkreisen durchgeführt werden. Spätere Kapitel behandeln den Spannungsabfall bei Belastung und damit zusammenhängende Fragen. Für die Zwecke der Stromkreisberechnung kann der Gleichrichter als ein einfaches elektrisches Ventil angesehen werden, welches den Strom nur in einer Richtung durchläßt. Dies gilt nur für den Gesamtstrom. Dem Gleichstrom, welcher durch ein elektrisches Ventil fließt, kann ein Wechselstrom überlagert werden, der in keiner Weise durch die Ventilwirkung beeinträchtigt wird, so lange sein Scheitelwert kleiner bleibt als der Gleichstrom; denn in diesem Falle fließt der Gesamtstrom immer in der Richtung, in welcher das Ventil durchlässig ist. Wenn zwei Anoden gleichzeitig brennen, z. B. bei der Stromübergabe von einer Anode an die andere, können sie bei dem geringen Spannungsabfall im Quecksilberlichtbogen als durch eine metallische Leitung verbunden angesehen werden, bis eine von ihnen erlischt. Die Folgerungen aus dieser Vorstellung sollen später gezogen werden.

Einphasengleichrichter ohne Gleichstrom-Drosselspule. Abb. 43a zeigt die grundsätzliche Schaltung eines Einphasen-Gleichrichters. Die Transformatorwicklungen t_0, t_1 und t_2 werden als frei von Wirk- und Blindwiderstand angenommen; im Gleichstromkreise sei keine Drosselspule,

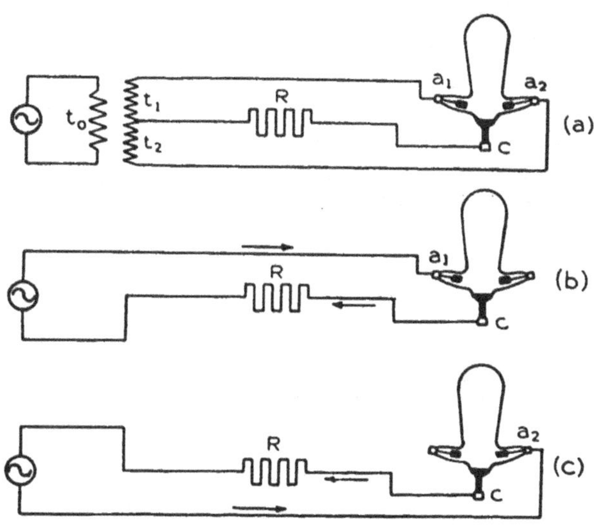

Abb. 43. Schaltbild eines Einphasen-Gleichrichters ohne Glättungsdrossel und die entsprechenden Ersatzstromkreise.

sondern nur der Belastungswiderstand R vorhanden. Der Magnetisierungsstrom des Transformators wird vernachlässigt. Die Wicklungen t_0, t_1 und t_2 sollen gleiche Windungszahlen besitzen. Für Werte des Phasenwinkels Θ von o bis π sei die Anode a_1 positiv. Der Ersatzstromkreis, der während dieses Zeitraumes gilt, ist aus Abb. 43b ersichtlich. Die Spannung e_1 ist gleich $\sqrt{2}\,E \sin \Theta$

und der Strom $i_R = \dfrac{\sqrt{2\,E}}{R} \sin \Theta.$

In dem Zeitraume $\pi < \Theta < 2\,\pi$ ist das Potential der Anode a_1 in bezug auf die Kathode c negativ, so daß von ihr kein Strom fließen kann (Sperrzeit der Anode a_1), aber a_2 ist nun positiv, so daß jetzt in dem Ersatzstromkreise nach Abb. 43 c Strom fließt. Während dieses Zeitraumes ist $e_2 = -\sqrt{2\,E} \sin \Theta$ und

$i_R = -\dfrac{\sqrt{2\,E}}{R} \sin \Theta.$ Da $\sin \Theta$ wäh-

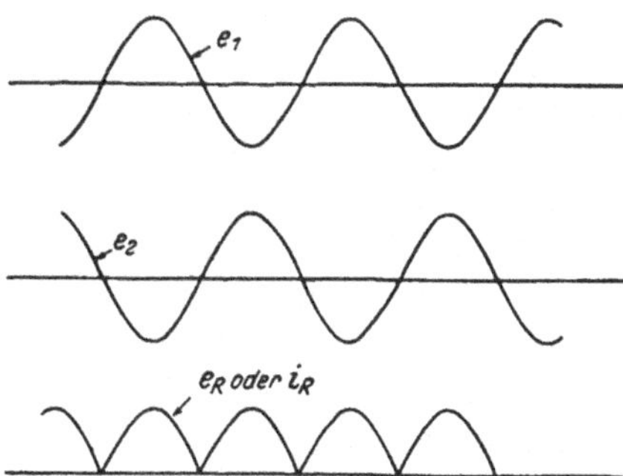

Abb. 44. Wellenformen eines Einphasen-Gleichrichters ohne Glättungsdrosselspule (siehe Schaltbild Abb. 43). e_1 = Primärspannung, e_2 = Sekundärspannung, e_r = Gleichspannung, i_r = Gleichstrom bei Widerstandsbelastung.

rend des zweiten Zeitraumes negativ ist, hat i_R dieselbe Richtung wie früher; es wurde also eine Gleichrichtung des Stromes erreicht. Infolge der getroffenen Annahmen tritt nur im Widerstand R ein Spannungsabfall auf und Strom und Spannung sind proportional und in Phase. Abb. 44 zeigt die Form der Spannungs- und Stromwellen.

Einphasen-Gleichrichter mit Gleichstrom-Drosselspule. Gleichrichter mit großen Schwankungen des abgegebenen Stromes und der abgegebenen Spannung haben ein beschränktes Anwendungsgebiet. Wo jedoch die Welligkeit des Stromes nicht stört, sind sie wegen ihrer Einfachheit und Billigkeit vorzuziehen. Für viele Verwendungszwecke wird ein ziemlich ausgeglichener Gleichstrom benötigt. Um einen derartigen

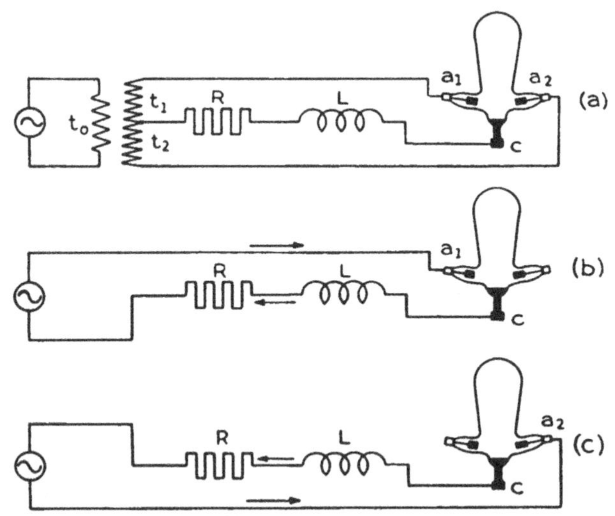

Abb. 45. Schaltbild eines Einphasen-Gleichrichters mit Glättungsdrossel und die entsprechenden Ersatzstromkreise (Abb. 45 b und 45 c).

Strom zu bekommen, wird eine große Drosselspule mit dem Belastungswiderstand in Reihe geschaltet. Man erhält so den in Abb. 45a dargestellten Stromkreis. Auch hier sollen die Wicklungen t_0, t_1 und t_2 gleiche Windungszahlen besitzen und der Magnetisierungsstrom des Transformators sowie seine Wirk- und Blindwiderstände vernachlässigt werden. Es sind dann außer dem Belastungswiderstand R und der Gleichstrom-Drosselspule (Kathodendrossel) L keine Widerstände vorhanden.

Wenn die Induktivität L sehr groß ist, bleibt der Strom in ihr während der ganzen Periode im wesentlichen konstant. An Stelle der Ersatzstromkreise Abb. 43b und 43c treten nun die Ersatzstromkreise der Abb. 45b und 45c. Der Scheinwiderstand dieser beiden Stromkreise für Wechselstrom ist sehr hoch, so daß in dem Teile, der R und L enthält, kein merklicher Wechselstrom fließen kann. Wie durch die Pfeile angezeigt wird, bestehen in beiden Stromkreisen elektromotorische Kräfte, welche hinsichtlich R und L gleichgerichtet sind. Dementsprechend fließt der Strom; er ist dem Mittelwerte der aufgedrückten Spannung proportional. Bezeichnet man die Spannung der Wicklung t_1 mit $\sqrt{2} \cdot E \sin \Theta$, so wird der Strom, so lange $o < \Theta < \pi$ ist, über den Stromweg der Abb. 45b fließen und, so lange $\pi < \Theta < 2\pi$ ist, über den Stromweg der Abb. 45c. Abb. 46 zeigt die Ströme und Spannungen für alle Teile des Stromkreises.

Da der Gleichstrom durch L und R von der Anode a_1 herrührt, so lange diese positiv ist, während der übrigen Zeit aber von der Anode a_2, so haben die einzelnen Anodenströme Rechtecksform. Wenn irgend-

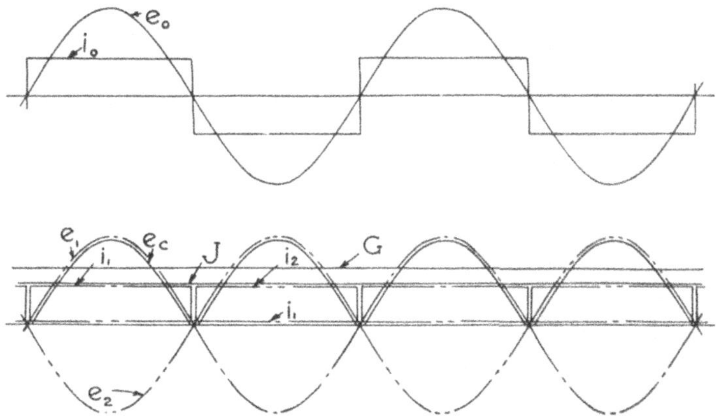

Abb. 46. Wellenformen eines Einphasen-Gleichrichters mit Glättungsdrossel (siehe Schaltbild Abb. 45). e_0 = Primärspannung, i_0 = Primärstrom, e_1, e_2 = Anodenspannungen, e_c = Kathodenspannung, i_1, i_2 = Anodenströme, G = Gleichspannung, J = Gleichstrom.

eine Anode Strom führt, ist die Gesamtspannung an R und L die in der zugehörigen Sekundärwicklung induzierte. Die im Gleichstromkreise wirksame Spannung besteht daher aus einer Reihe von sinusförmigen Spannungswellen in einer Richtung, wobei jede zweite Welle von ein und derselben Anode geliefert wird. Da der Strom nicht schwankt, ändert sich auch der Spannungsabfall im Widerstande nicht. Anderseits kann an einer Drosselspule ohne Ohmschen Widerstand kein dauernder Spannungsunterschied auftreten, so daß die veränderliche Spannung, die an L und R liegt, mit gleich großen Amplituden beiderseits jener Achse verlaufen muß, welche die mittlere Gleichspannung darstellt. Die Gleichspannung tritt an R auf und die Wechselspannung an L.

Dreiphasen-Gleichrichter. Der Einphasen-Gleichrichter hat eine sehr unregelmäßige Spannungskurve und braucht deshalb eine sehr große Kathodendrossel L, um den Gleichstrom zu glätten. Mehrphasen-Gleichrichter verhalten sich in dieser Hinsicht viel günstiger.

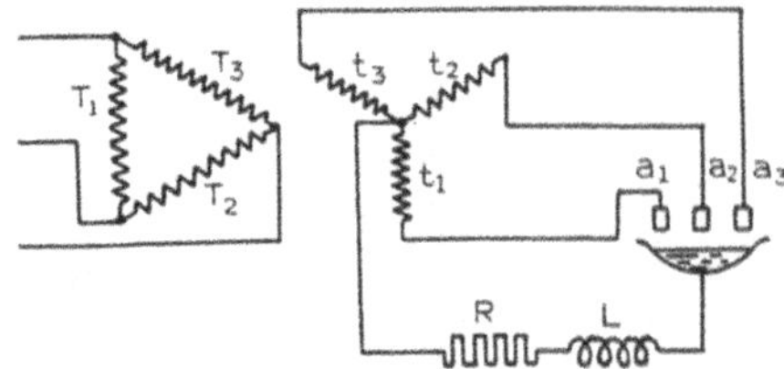

Abb. 47. Schaltbild eines Dreiphasen-Gleichrichters (Transformator in Dreieck-Stern-Schaltung) mit Glättungsdrosselspule.

Abb. 47 zeigt die grundsätzliche Schaltung eines Dreiphasen-Gleichrichters mit Gleichstrom-Drosselspule. Jeder der Anoden a_1, a_2 und a_3 wird eine sinusförmige Spannung aufgedrückt. Der Strom fließt von jener Anode, die im betrachteten Augenblicke am stärksten positiv ist. Dies ist für jede Anode während einer Drittelperiode der Fall und während dieser Zeit führt sie den Gesamtstrom, welcher wie früher durch die Induktivität L konstant gehalten wird. Die Primär-

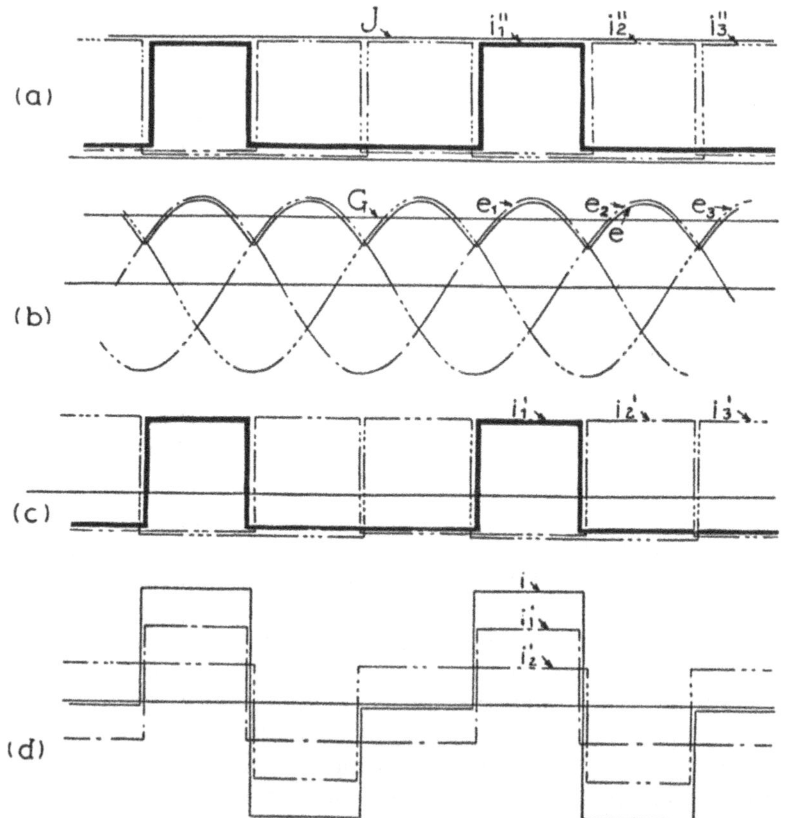

Abb. 48. Wellenformen eines Dreiphasen-Gleichrichters mit Glättungsdrosselspule (siehe Schaltbild Abb. 47).
Abb. 48a. i_1'', i_2'' und i_3'' sind die Ströme in den Sekundärwicklungen, J ist der Gleichstrom.
Abb. 48b. e_1, e_2 und e_3 sind die Anodenspannungen, e ist die Kathodenspannung und G die Gleichspannung.
Abb. 48c. i_1', i_2', i_3' sind die Primärströme des Transformators.
Abb. 48d. i ist der Strom in einer Netzleitung.

ströme des Transformators haben dieselbe Form wie die Sekundärströme, nur daß die Gleichstromkomponente fehlt. (Vgl. Abb. 48.)

Die abgegebene Gleichspannung. Es können andere Phasenzahlen p verwendet werden, z. B. $p = 4$, 6 oder 12. Wenn die Phasenzahl mit der Anzahl der Sekundärwicklungen übereinstimmt, welche entsprechend dem Phasenwinkel ihrer Spannungen gleichmäßig verteilt sind, so ist es möglich, einen einfachen Ausdruck für die Gleichspannung eines Gleichrichters mit irgendeiner Phasenzahl p abzuleiten. In dieser Bezeichnungsweise hätte der Einphasen-Gleichrichter, dessen Schaltung in Abb. 45a dargestellt ist, die Phasenzahl $p = 2$. Irgendeine bestimmte Phase führt während eines Zeitraumes $\dfrac{2\pi}{p}$ Strom und dieser Strom wird durch die Gleichstrom-Drosselspule konstant gehalten. Die Kathode besitzt das Potential der jeweils brennenden Anode. Die gelieferte Gleichspannung ist also der Mittelwert einer Sinuslinie, während eines Zeitraumes $\dfrac{2\pi}{p}$, wobei der Scheitelwert der Sinuslinie in der Mitte dieses Zeitraumes liegt, wie dies Abb. 49 zeigt.

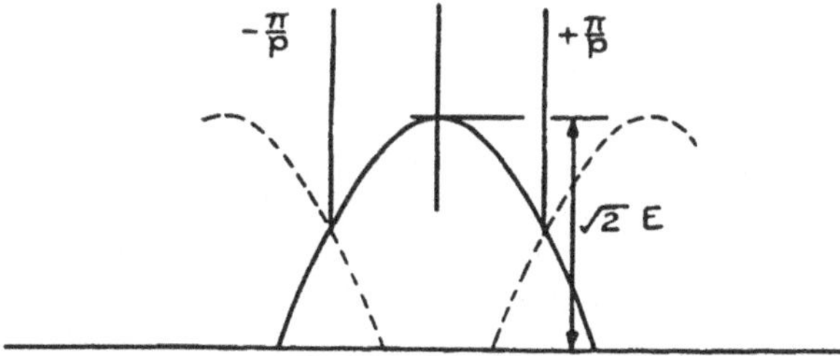

Abb. 49. Die Anodenspannung eines Mehrphasen-Gleichrichters. $\sqrt{2}\,E$ . . |Höchstwert der Anodenspannung (E = Effektivwert der sekundären Phasenspannung). $-\dfrac{\pi}{p}$ = Beginn der Brennzeit, $+\dfrac{\pi}{p}$ = Ende der Brennzeit im Idealfall.

Für irgendeine Phasenzahl ergibt sich die mittlere Gleichspannung G aus der Gleichung

$$G = \sqrt{2} \cdot E \cdot \frac{p}{2\pi} \int_{-\frac{\pi}{p}}^{+\frac{\pi}{p}} \cos \Theta \, d\Theta = \sqrt{2} \cdot E \frac{p}{\pi} \sin \frac{\pi}{p} \quad \dots \quad (6)$$

Welligkeit der gelieferten Spannung. Es ist angenommen worden, L sei so groß, daß keine merkliche Stromschwankung eintritt. Bei den praktischen Anwendungen findet man jedoch, daß ein Wechselstromanteil, welcher eine bestimmte, vom Verwendungszweck abhängige Größe nicht überschreitet, zulässig ist, und Sparsamkeitsgründe schließen die Verwendung einer unnötig großen Drosselspule aus. Die Strömschwankung wird durch eine Spannung verursacht, deren Augenblickswert gleich ist der Differenz zwischen den gleichgerichteten Teilen der Sinuswellen und der konstanten Gleichspannung. Die Kenntnis dieser Wellenspannung wäre daher bei der Berechnung einer geeigneten Drosselspule von Nutzen. Sie kann leicht analysiert und in Form einer Fourierschen Reihe dargestellt werden. Wählt man den Scheitelwert der Wechselspannung als Nullpunkt für die Messung der Phasenwinkel, so ist die Oberwellenspannung symmetrisch und die entstehenden Reihen können nur Cosinusglieder mit Koeffizienten entsprechend der folgenden Gleichung enthalten.

$$a_n = 2 \frac{p}{2\pi} \int_{-\frac{\pi}{p}}^{\pm \frac{\pi}{p}} \sqrt{2}\, E \cos \Theta \, \cos n\Theta \, d\Theta =$$

$$= \frac{\sqrt{2}\, E p}{\pi} \left[\frac{\sin (n-1)\Theta}{2(n-1)} + \frac{\sin (n+1)\Theta}{2(n+1)} \right]_{-\frac{\pi}{p}}^{+\frac{\pi}{p}} =$$

$$= \frac{\sqrt{2}\, E p}{\pi} \left[\frac{\sin (n-1)\pi/p}{(n-1)} + \frac{\sin (n+1)\pi/p}{n+1} \right] =$$

$$= \frac{\sqrt{2}\, E p}{\pi(n^2-1)} \left[2n \sin \frac{n\pi}{p} \cos \frac{\pi}{p} - 2 \cos \frac{n\pi}{p} \sin \frac{\pi}{p} \right].$$

Es können jedoch keine Werte von n vorkommen, die kleiner als die Phasenzahl p sind, da innerhalb einer Wechselstromperiode p Spannungswellen auftreten, welche die Frequenz der Sekundärspannung besitzen. Aus demselben Grunde sind keine Werte von n möglich, welche gebrochene Vielfache von p sind. Es ist also $n = m \cdot p$, wo m eine ganze Zahl ist und $n \sin \frac{n\pi}{p} \cos \frac{\pi}{p} = mp \sin m\pi \cos \frac{\pi}{p}$; da $\sin m\pi = \Theta$ ist, verschwindet der erste Ausdruck in der Klammer. Der zweite Ausdruck nimmt folgenden Wert an:

$$- \cos \frac{n\pi}{p} \sin \frac{\pi}{p} = - \cos m\pi \sin \frac{\pi}{p} = \pm \sin \frac{\pi}{p},$$

so daß man erhält:

$$a_n = \frac{\pm 2 \sqrt{2}\, E p \sin \pi/p}{\pi(n^2-1)} = \pm \frac{2G}{n^2-1} \quad \ldots \ldots \quad (7)$$

a_n ist positiv für ungeradzahlige Werte von m und negativ für geradzahlige Werte. Die Gleichung (7) gibt die Scheitelwerte aller Oberwellenspannungen, ausgedrückt als Bruchteile der Gleichspannung an. Nachdem die Spannungen bekannt sind, welche die Schwankungen des Gleichstromes erzeugen, ist es eine einfache Sache, die Stromschwankung zu berechnen, die bei Anwendung irgendeiner Glättungs-Drosselspule zurückbleibt.

Tafeln der Spannungs-Verhältniszahlen.

Tafel II. Abgegebene Gleichspannung.

Phasenzahl des Gleichrichters	Mittelwert der Gleichspannung : Scheitelwert der Wechselspannung	Mittelwert der Gleichspannung : Effektivwert der Wechselspannung	Effektivwert der Wechselspannung : Mittelwert der Gleichspannung
Einphasig (mit zwei Anoden) .	0,636	0,900	1,11
Dreiphasig (mit drei Anoden) .	0,827	1,17	0,855
Zweiphasig (mit vier Anoden) .	0,900	1,273	0,785
Sechsphasig (mit sechs Anoden)	0,955	1,35	0,74
Unendliche Phasenzahl	1,000	1,41	0,71

Tafel III. Oberwellen der Gleichspannung.

Phasenzahl des Gleichrichters	Niedrigste Frequenz als Vielfaches der Frequenz des speisenden Netzes	Scheitelwerte der ersten drei Oberwellen		
		1. Oberwelle	2. Oberwelle	3. Oberwelle
Einphasig (mit zwei Anoden) .	2	$0{,}667\,G$	$0{,}133\,G$	$0{,}057\,G$
Dreiphasig (mit drei Anoden) .	3	$0{,}250\,G$	$0{,}057\,G$	$0{,}025\,G$
Zweiphasig (mit vier Anoden) .	4	$0{,}133\,G$	$0{,}032\,G$	$0{,}014\,G$
Sechsphasig (mit sechs Anoden)	6	$0{,}057\,G$	$0{,}014\,G$	$0{,}006\,G$

Die Tafel II, welche mittels der Gleichung (6) berechnet wurde, gibt den Mittelwert der Gleichspannung für verschiedene Gleichrichterschaltungen und Tafel III enthält die nach Gleichung (7) berechneten Oberwellenspannungen für die drei niedrigsten Oberwellenfrequenzen in Abhängigkeit von der Gleichspannung G. Die niedrigste Oberwellenfrequenz ist gleich der p-fachen Netzfrequenz.

Als Beispiel für den Gebrauch dieser Tafeln sei angenommen, daß die Wechselspannung bestimmt werden soll, die bei einem Einphasengleichrichter mit 15 V Lichtbogenabfall für die Erzeugung von 220 V Gleichspannung gebraucht wird. Die erforderliche sekundäre Phasenspannung (zwischen den Anoden und dem Nullpunkt) ist

$$\frac{220 + 15}{0{,}9} = 261\ \text{V (Effektivwert)}.$$

Ferner sei angenommen, daß der Gleichstrom von 100 A durch einen Belastungsstromkreis mit reiner gegenelektromotorischer Kraft (ohne Wirkwiderstand) fließt, z. B. durch eine Akkumulatorenbatterie, und daß eine Stromschwankung von $\pm\,1\%$, verursacht durch die Oberwelle niedrigster Frequenz, also bei einer Netzfrequenz von 60 Hz durch die Oberwelle mit 120 Hz zulässig ist. Diese Komponente der Wellenspannung hat einen Scheitelwert von $(220 + 15) \times 0{,}667 = 157$ V und der Scheitelwert des von ihr erzeugten Stromes soll 1 A sein. Also ist ein Blindwiderstand von 157 Ω bei 120 Hz in der Gleichstromdrossel nötig, der einer Induktivität von $\dfrac{157}{2\,\pi \cdot 120} = 0{,}21$ Henry entspricht. Die Oberwellenspannung der nächsthöheren Frequenz hat 240 Hz, so daß ihr ein Blindwiderstand von 314 Ω entgegenwirkt. Ihr Scheitelwert ist 235 × 0,133 oder 31,25 V und sie erzeugt daher nur einen Strom von 0,1 A Scheitelwert. Es ist offensichtlich, daß die Oberwelle der niedersten Frequenz am stärksten ausgeprägt ist und daß, wenn sie innerhalb zulässiger Grenzen gehalten wird, die anderen Oberwellen gewöhnlich vollständig vernachlässigt werden können. Gleichrichter mit großer Phasenzahl sind nicht nur durch die geringere Amplitude ihrer Oberwellenspannung, sondern auch durch deren höhere Frequenz im Vorteil. Man kommt bei großer Phasenzahl mit kleinen Glättungsdrosselspulen aus.

Stromwellen. Die Kenntnis der Spannungen in einem Gleichrichter-Stromkreis ermöglicht es, Transformatoren mit dem richtigen Übersetzungsverhältnis und Drosselspulen der gewünschten Wirksamkeit für irgendeinen besonderen Verwendungszweck auszulegen. Es ist jedoch noch nichts über die Ströme in den Transformatorwicklungen gesagt worden. In dem Idealfalle, der in diesem Kapitel behandelt wird, hat der Anodenstrom Rechtecksform, deren harmonische Analyse bekannt ist. Bei praktischen Anwendungen ähnelt die Wellenform stark dem Rechtecke, denn jene Einflüsse, welche Abweichungen von dieser Wellenform hervorbringen, verursachen entweder eine Verringerung der abgegebenen Gleichspannung oder Oberwellen im Gleichstrom und es kann nicht zugelassen werden, daß der Spannungsabfall oder die Gleichstrom-Oberwellen zu stark werden.

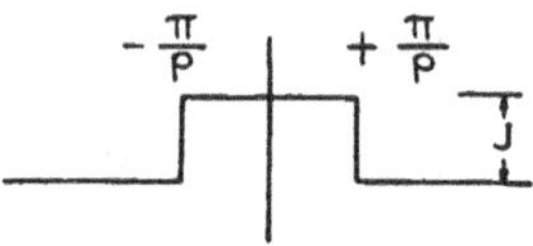

Abb. 50. Der Anodenstrom eines Mehrphasen-Gleichrichters.

J = abgegebener Gleichstrom,

$-\dfrac{\pi}{p}$ = Beginn der Brennzeit,

$+\dfrac{\pi}{p}$ = Ende der Brennzeit im Idealfall.

Wenn p die Anodenzahl ist, kann im Idealfalle jede Anode während eines Phasenwinkels von $-\dfrac{\pi}{p}$ bis $+\dfrac{\pi}{p}$ Strom führen, wie es Abb. 50 zeigt. Die Anodenstromwelle kann in eine Reihe von Cosinuslinien zerlegt werden, da sie in bezug auf die Ordinatenachse symmetrisch ist. Die Amplitude der $n$ten Harmonischen ist dann

$$a_n = \frac{1}{\pi} \int_{-\frac{\pi}{p}}^{+\frac{\pi}{p}} J \cos n\,\Theta\, d\Theta = \frac{J}{n \cdot \pi} \left[\sin n\,\Theta \right]_{-\frac{\pi}{p}}^{+\frac{\pi}{p}} = \frac{2\,J}{n\,\pi} \sin \frac{n\,\pi}{p} \; . \quad (8)$$

Von noch größerem Interesse sind der Mittel- und Effektivwert des Anodenstromes. Der Mittelwert ist naturgemäß $\dfrac{J}{p}$ und der Effektivwert $\dfrac{J}{\sqrt{p}}$.

Tafel IV. Harmonische Komponenten rechteckiger Anodenstromwellen.

Phasenzahl (Anodenzahl) des Gleichrichters	2	3	4	6
Mittelwert des Anodenstromes	0,500 J	0,333 J	0,250 J	0,167 J
Effektivwert des Anodenstromes	0,707 J	0,577 J	0,500 J	0,408 J
Scheitelwert der Grundwelle	0,637 J	0,552 J	0,450 J	0,318 J
» » zweiten Oberwelle . . .	0,0	0,276	0,318	0,276
» » dritten Oberwelle . . .	0,212	0,0	0,150	0,212
» » vierten Oberwelle . . .	0,0	0,138	0,0	0,138
» » fünften Oberwelle . . .	0,127	0,11	0,090	0,064
» » sechsten Oberwelle . .	0,0	0,0	0,106	0,0
» » siebenten Oberwelle . .	0,091	0,079	0,064	0,045
$J\sqrt{\dfrac{1}{p}-\dfrac{1}{p^2}}$	0,500 J	0,471 J	0,433 J	0,373 J

Die Eigenschaften von Rechteckswellen bei verschiedenen Phasenzahlen zeigt Tafel IV. Mittelwert und Efffektivwert der ganzen Rechteckswelle sind den ersten zwei Zeilen zu entnehmen und es folgen die Amplituden der Wechselstromkomponenten verschiedener Frequenzen. Die letzte Zeile gibt den Effektivwert der Summe aller Wechselstromkomponenten $J\sqrt{\dfrac{1}{p}-\dfrac{1}{p^2}}$.

Erwärmung der Transformatoren im Gleichrichterbetrieb. Da nun die Mittel- und Effektivwerte aller Ströme und Spannungen für die einfachen Gleichrichter bestimmt worden sind, ist es leicht, die Transformatorleistung zu berechnen und sie mit der bei gewöhnlicher Wechselstrombelastung erzielbaren Leistung zu vergleichen. Bevor wir dies tun, sei jedoch eine längere Auseinandersetzung gestattet, welche die Vorteile einiger der üblichen Gleichrichterschaltungen aufzeigen wird.

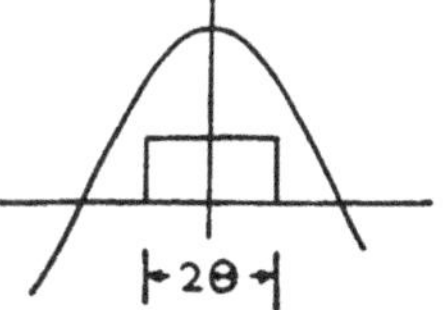

Abb. 51. Anodenspannung und Anodenstrom eines idealen Mehrphasen-Gleichrichters. 2 Θ = Brennzeit.

Abb. 51 zeigt die sinusförmige Spannungswelle und rechteckige Sekundärstromwelle eines Gleichrichters von irgendeiner Phasenzahl. Nehmen wir an, daß die Spannungswelle eine Amplitude $\sqrt{2}\cdot E$ besitzt und daß sich der Scheitelwert des Anodenstromes mit der Brennzeit $2\,\Theta$ derart ändert, daß der Effektivwert des Anodenstromes erhalten bleibt. Das bedeutet, daß der Mittelwert dieses Stromes beim Winkel $2\,\Theta = 2\,\pi$ am größten ist und daß er gleichzeitig mit Θ abnimmt. Anderseits wird der Mittelwert der Spannung während der Brennzeit der Anode größer, wenn Θ abnimmt; die größte abgegebene Leistung wird bei einem Wert von Θ erreicht, welcher einen großen Strommittelwert ermöglicht und doch aus der höheren Spannung Vorteil zieht, die sich bei nicht zu großer Brennzeit ergibt.

Die Leistung je Sekundärphase ist $\dfrac{2\,\Theta\,G\,J}{2\,\pi}$. Durch Einsetzen von Θ für $\dfrac{\pi}{p}$ in Gleichung (6) ergibt sich $G = \dfrac{\sqrt{2}\,E}{\Theta}\sin\Theta$ und die Leistung je Phase ist also

$$N_g = \frac{\sqrt{2}\cdot E \cdot J \sin\Theta}{\pi} \qquad \ldots \qquad (9)$$

Der Verlust je Phase ist $\dfrac{J^2 \cdot R \cdot \Theta}{\pi}$.

Wenn N_w diejenige Wechselstrombelastung ist, welche denselben Verlust verursacht, so gilt die Gleichung $\left(\dfrac{N_w}{E}\right)^2 \cdot R = \dfrac{J^2 \cdot R \cdot \Theta}{\pi}$.

Für das Verhältnis der beiden Leistungen erhält man den Wert:

$$\frac{N_g}{N_w} = \sqrt{\frac{2}{\pi}\,\frac{\sin\Theta}{\Theta}} \qquad \ldots \qquad (10)$$

In Abb. 52 ist diese Beziehung graphisch dargestellt. Die größte Leistung erhält man, wenn $\Theta = 66^{\circ}48'$ ist, entsprechend einer Phasenzahl $p = 2{,}69$. Ausgeführte Gleichrichter können naturgemäß nur Werte von $\Theta = \dfrac{\pi}{p}$ haben, wobei p eine ganze Zahl ist. Die starken lotrechten Linien stellen die Leistungen solcher Gleichrichter dar und es ist ersichtlich, daß der Dreiphasen-Gleichrichter die größte Gleichstromabgabe hat, während der Zweiphasen-Gleichrichter mit 4 Anoden und der Einphasen-Gleichrichter mit 2 Anoden fast ebensogut ausgenützt sind. Durch Einsetzen von $\dfrac{\pi}{p}$ für Θ in Gleichung (10) ergibt sich der Ausnützungsfaktor der Sekundärwicklungen

$$C_s = \frac{N_g}{N_w} = \frac{\sqrt{2p}}{\pi}\sin\frac{\pi}{p} \qquad \ldots \qquad (11)$$

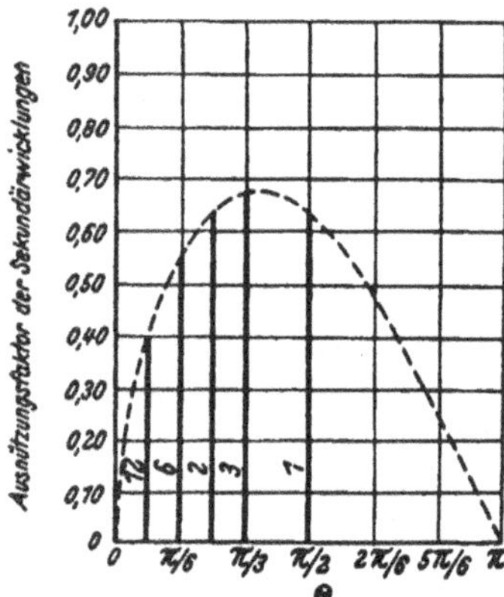

Abb. 52. Die Ausnützung der Sekundärwicklungen in Abhängigkeit von der Brennzeit bei Gleichrichtern verschiedener Phasenzahl.

1 = Einphasen-Gleichrichter mit 2 Anoden,
2 = Zweiphasen-Gleichrichter mit 4 Anoden,
3 = Dreiphasen-Gleichrichter,
6 = Sechsphasen-Gleichrichter,
12 = Zwölfphasen-Gleichrichter.

Der Effektivwert des Primärstromes ist kleiner als der des Sekundärstromes, weil der erstere keinen Gleichstromanteil besitzt. Um eine Sättigung der Transformatorkerne durch die in den Sekundärwicklungen fließenden Gleichströme zu vermeiden, ist es bei gerader Gesamtzahl der Anoden üblich, daß eine Primärwicklung zwei Sekundärwicklungen speist. Hierbei führen die Primärwicklungen Rechtecksströme ähnlich den Strömen in den Sekundärwicklungen, jedoch gegen diese um 180° phasenverschoben, und es wechseln bei den Primärströmen Stromrechtecke entgegengesetzten Vorzeichens regelmäßig ab. Die Wärmewirkung eines solchen Stromes ist doppelt so groß wie die eines Stromes, der nur aus den Stromstößen in einer Richtung besteht; der Effektivwert des auf das Übersetzungsverhältnis 1 reduzierten Stromes einer Primärwicklung, die zwei Sekundärwicklungen speist, ist also nur gleich dem $\sqrt{2}$ fachen Effektivwert des Sekundärstromes. Daher ist die Primärwicklung eines Gleichrichter-Transformators nur für das $\dfrac{1}{\sqrt{2}}$ fache der Summe der Leistungen der beiden angeschlossenen Sekundärwicklungen zu bemessen. Bei dieser Bemessung ist die Primärwicklung nur imstande, eine Wechselstromleistung zu führen, welche $\sqrt{2}$ mal so groß ist als die Wechselstromleistung, die jede Sekundärwicklung führen könnte, und doch ist ihre Leistung bei Gleichrichterbetrieb doppelt so groß als die jeder Sekundärwicklung. Es ist also die Ausnützung der Primärwicklungen eine $\sqrt{2}$ fache bessere als die der Sekundärwicklungen, welche aus Abb. 52 oder Gleichung (11) entnommen werden kann und es ist interessant, festzustellen, daß bei der Doppel-Dreiphasenschaltung mit Saugdrossel die Primärwicklungen fast ebensogut ausgenützt werden, als ob in ihnen ein sinusförmiger Wechselstrom fließen würde. Bei dieser Schaltung werden zwei Dreiphasen-Gleichrichter parallel geschaltet, wobei zwei gegeneinander um 180° verschobene Sekundärphasen, die verschiedenen Dreiphasengruppen angehören, von einer Primärwicklung gespeist werden.

Leistungsfaktor. In dem Idealfall, der in diesem Kapitel behandelt wird, ist der Leistungsfaktor dasselbe wie der Ausnützungsfaktor C, denn beide stellen das Verhältnis der tatsächlich aufgenommenen Leistung zu jener Leistung dar, die beim Leistungsfaktor 1 mit einem Sinusstrom, der den gleichen Effektivwert besitzt, wie der tatsächlich auftretende Strom, erzielt werden könnte.

Die Einführung eines vom Leistungsfaktor verschiedenen Ausnützungsfaktors ist vorteilhaft, weil so der Unterschied gegenüber einer bloßen Phasenverschiebung zwischen Sinuswellen hervorgehoben wird. Indem man den Ausnützungsfaktor als das Verhältnis des Produktes aus dem abgegebenen Gleichstrom und der abgegebenen Leerlaufspannung auf der Gleichstromseite zu den Wechselstrom-Voltampere, welche dieselbe Erwärmung verursachen würden, definiert, wird eine Größe eingeführt, die bei der Berechnung der Typengröße der Transformatoren wertvoll ist. Wo keine induktiven Spannungsabfälle eintreten, wie in dem in diesem Kapitel behandelten Idealfalle, ergibt diese Definition, wie erwähnt, einen Ausnützungsfaktor, welcher gleich dem Leistungsfaktor ist.

Tafel Va.

Schaltung	Schaltbild	Sekundärstrom		Sekundäre Phasenspannung	Sek. Leistung und Ausnützungsfaktor C_s	Wellenform des Primärstromes
		Wellenform	J_{eff}			
Ein-phasig			$J/\sqrt{2}$ 0,707 J	$\dfrac{\pi G}{2\sqrt{2}}$ 1,11 G	1,57 JG $C_s = 0,637$	
Drei-phasig			$J/\sqrt{3}$ 0,577 J	$\dfrac{\sqrt{2}\,\pi G}{3\sqrt{3}}$ 0,855 G	1,481 JG $C_s = 0,675$	
Vier-phasig			$J/2$ 0,500 J	$\dfrac{\pi G}{4}$ 0,785 G	1,57 JG $C_s = 0,637$	
Sechs-phasig			$J/\sqrt{6}$ 0,408 J	$\dfrac{\pi G}{3\sqrt{2}}$ 0,741 G	1,814 JG $C_s = 0,552$	
Doppel-Drei-phasen			$J/2\sqrt{3}$ 0,289 J	$\dfrac{\sqrt{2}\,\pi G}{3\sqrt{3}}$ 0,855 G	1,481 JG $C_s = 0,675$	
Drei-fach-Ein-phasen			$J/3\sqrt{2}$ 0,236 J	$\dfrac{\pi G}{2\sqrt{2}}$ 1,11 G	1,57 JG $C_s = 0,637$	
Stern-Doppel-stern			$J/2\sqrt{3}$ 0,289 J	$\dfrac{\sqrt{2}\,\pi G}{3\sqrt{3}}$ 0,855 G	1,481 JG $C_s = 0,675$	
Stern-Doppel-zickzack			$J/\sqrt{6}$ 0,408 J $J/\sqrt{3}$ 0,577 J	$\dfrac{\pi G}{3\sqrt{6}}$ 0,428 G	1,79 JG $C_s = 0,559$	
Stern-Doppel-stern mit Tertiär-wicklung	Das Schaltbild ist das der Stern-Doppelstern-schaltung, jedoch mit einer Tertiärwicklung		$J/\sqrt{6}$ 0,408 J	$\dfrac{\pi G}{3\sqrt{2}}$ 0,741 G	1,814 JG $C_s = 0,552$	

Tafel V b.

Primärstrom und Primärspannung	Primärleistung und primärerAusnützungsfaktor C_p	Typenleistg. des Transformators und Ausnützungsfaktor	Wellenform des Netzstromes	Netzstrom und Netzspannung	Netzleistung und Leistungsfaktor C_n	Grundwelle der Spannung an der Glättungs- oder Saugdrossel
$t_2/t_1\,J$ $1{,}11\,t_1/t_2\,G$	$1{,}11\,JG$ $C_p = 0{,}90$	$1{,}34\,JG$ $C_t = 0{,}746$	Gleich dem Primärstrom	Gleich dem Primärstrom	$C_n = 0{,}90$	$2 \times$ Netzfrequenz 0,471 G eff. W.
$\dfrac{\sqrt{2}\,t_2}{3\,t_1}J$ $0{,}855\,t_1/t_2\,G$	$1{,}209\,JG$ $C_p = 0{,}827$	$1{,}345\,JG$ $C_t = 0{,}743$	($\frac{2\pi}{3}$, 2π, $\frac{t_2 J}{t_1}$)	$\dfrac{\sqrt{2}\,t_2}{\sqrt{3}\,t_1}J$ $0{,}855\,t_1/t_2\,G$	$1{,}209\,JG$ $C_n = 0{,}827$	$3 \times$ Netzfrequenz 0,1767 G eff. W.
$\dfrac{t_2}{\sqrt{3}\,t_1}J$ $0{,}785\,t_1/t_2\,G$	$1{,}11\,JG$ $C_p = 0{,}90$	$1{,}34\,JG$ $C_t = 0{,}746$	Gleich dem Primärstrom	Gleich dem Primärstrom	$C_n = 0{,}90$	$4 \times$ Netzfrequenz 0,0943 G eff. W.
$\dfrac{t_2}{\sqrt{3}\,t_1}J$ $0{,}741\,t_1/t_2\,G$	$1{,}283\,JG$ $C_p = 0{,}780$	$1{,}5485\,JG$ $C_t = 0{,}646$	($\frac{2\pi}{3}$, 2π, $\frac{t_2 J}{t_1}$)	$\dfrac{\sqrt{2}\,t_2}{\sqrt{3}\,t_1}J$ $0{,}741\,t_1/t_2\,G$	$1{,}047\,JG$ $C_n = 0{,}955$	$6 \times$ Netzfrequenz 0,0404 G eff. W.
$\dfrac{t_2}{\sqrt{6}\,t_1}J$ $0{,}855\,t_1/t_2\,G$	$1{,}047\,JG$ $C_p = 0{,}955$	$1{,}264\,JG$ $C_t = 0{,}792$	($\frac{\pi}{3}$, $\frac{t_2 J}{2t_1}$, $\frac{t_2 J}{t_1}$)	$\dfrac{t_2}{\sqrt{2}\,t_1}J$ $0{,}855\,t_1/t_2\,G$	$1{,}047\,JG$ $C_n = 0{,}955$	Saugdrossel 3×Netzfrequenz 0,1767 G (je Wicklung) Glättungsdrossel 6×Netzfrequenz 0,0404 G
$\dfrac{t_2}{3\,t_1}J$ $1{,}11\,t_1/t_2\,G$	$1{,}11\,JG$ $C_p = 0{,}90$	$1{,}34\,JG$ $C_t = 0{,}746$	($\frac{2\pi}{3}$, 2π, $\frac{2t_2 J}{3t_1}$)	$\dfrac{2\sqrt{2}\,t_2}{3\sqrt{3}\,t_1}J$ $1{,}11\,t_1/t_2\,G$	$1{,}047\,JG$ $C_n = 0{,}955$	Saugdrossel 2×Netzfrequenz 0,471 G (je Wicklung) Glättungsdrossel 6×Netzfrequenz 0,0404 G
$\dfrac{t_2}{\sqrt{6}\,t_1}J$ $0{,}855\,t_1/t_2\,G$	$1{,}047\,JG$ $C_p = 0{,}955$	$1{,}264\,JG$ $C_t = 0{,}792$	Gleich dem Primärstrom	$\dfrac{t_2}{\sqrt{6}\,t_1}J$ $1{,}482\,t_1/t_2\,G$	$1{,}047\,JG$ $C_n = 0{,}955$	$6 \times$ Netzfrequenz 0,0404 G eff. W.
$\dfrac{\sqrt{2}\,t_2}{\sqrt{3}\,t_1}J$ $0{,}428\,t_1/t_2\,G$	$1{,}047\,JG$ $C_p = 0{,}955$	$1{,}4185\,JG$ $C_t = 0{,}705$	Gleich dem Primärstrom	$\dfrac{\sqrt{2}\,t_2}{\sqrt{3}\,t_1}J$ $0{,}741\,t_1/t_2\,G$	$1{,}047\,JG$ $C_n = 0{,}955$	$6 \times$ Netzfrequenz 0,0404 G eff. W.
$\dfrac{\sqrt{2}\,t_2}{3\,t_1}J$ $0{,}741\,t_1/t_2\,G$	$1{,}047\,JG$ $C_p = 0{,}955$		Gleich dem Primärstrom	$\dfrac{\sqrt{2}\,t_2}{3\,t_1}J$ $1{,}283\,t_1/t_2\,G$	$1{,}047\,JG$ $C_n = 0{,}955$	$6 \times$ Netzfrequenz 0,0404 G eff. W.

Der Leistungsfaktor jeder Primärwicklung des Transformators ist dann im betrachteten Idealfall das $\sqrt{2}$ fache des Ausnützungsfaktors seiner Sekundärwicklungen C_s oder gleich

$$\frac{2\sqrt{p}}{\pi} \sin \frac{\pi}{p} \quad \ldots \ldots \ldots \ldots \quad (12)$$

Bei einem Mehrphasennetz, welches mit Sinusströmen symmetrisch belastet ist, ist der Leistungsfaktor des ganzen Systems gleich dem einer einzelnen Wicklung. Ein Mehrphasensystem von Primärwicklungen eines Gleichrichtertransformators kann jedoch einen besseren Leistungsfaktor haben, als die einzelnen Wicklungen, denn viele der harmonischen Komponenten des Stromes, die innerhalb der Wicklungen fließen, brauchen nur zum Teil oder gar nicht aus der Stromquelle entnommen werden. Die Primärströme eines Gleichrichters können nicht als gegen die zugehörigen Spannungen verschobene Sinusströme angesehen werden. Im besonderen kann die Blindleistungsaufnahme eines Gleichrichters nicht algebräisch zur Blindleistungsaufnahme einer induktiven Maschine addiert werden; denn alle harmonischen Komponenten sind unter Berücksichtigung ihrer Frequenz und Phasenlage zu addieren. Schließt man einen Gleichrichter an eine Leitung an, die einigermaßen beträchtliche Blindleistungen von rotierenden Maschinen führt, so wird ihr Leistungsfaktor verbessert, denn die Wirkleistung des Gleichrichters addiert sich direkt zu der schon vorhandenen, während die Blindleistung des Gleichrichters, welche aus einem weiten Bereich verschiedener Harmonischer besteht, keine beträchtliche Vergrößerung der vorhandenen Blindleistung ergibt.

Tafeln der Kenngrößen von Gleichrichtern. Die Tafeln Va und Vb zeigen eine Anzahl von Gleichrichterschaltungen und ihre Eigenschaften im Idealfall, d. h. bei widerstands- und streuungslosem Transformator. Aus Tafel Vc ist der Einfluß der Streuung zu erkennen. Die Besprechung dieser Tafel folgt im nächsten Kapitel.

Hinsichtlich der Sechsphasenschaltungen in den Tafeln sind einige Erklärungen notwendig. Diese Schaltungen bezwecken die Erzielung eines hohen Ausnützungsfaktors und kleiner Welligkeit der gelieferten Spannung, um kleine Transformatoren und Glättungs-Drosselspulen zu erhalten.

Doppel-Dreiphasenschaltung[1]). Diese Schaltung ergibt den höchstmöglichen Ausnützungsfaktor. Die verwendeten sechs Sekundärwicklungen sind in zwei Dreiphasensternen angeordnet, welche parallel arbeiten. Die beiden mit einer Primärwicklung verketteten Sekundärwicklungen haben gegeneinander 180° Phasenverschiebung und gehören verschiedenen Dreiphasensystemen an, wodurch erreicht wird, daß in

---

[1]) Kübler (BBC) DRP 309593.

Tafel Vc.

	Anfangsneigung der Belastungs-kennlinie Die Konstante A in der Gleichung (17b)			Abgegebene Gleichspannung G am Ende des ersten geraden Teiles der Belastungskennlinie			Kurzschlußstrom		
	Blindwiderstand in den			Blindwiderstand in den			Blindwiderstand in den		
	Anoden-zuleitungen	Primär-wicklungen	Netz-leitungen	Anoden-zuleitungen	Primär-wicklungen	Netz-leitungen	Anoden-zuleitungen	Primär-wicklungen	Netz-leitungen
Einphasen-Gleichrichter[1]	1	1	1	0	0	0	J_k	J_k	J_k
Dreiphasen-Gleichrichter	$\sqrt{3}$	$\sqrt{3}$	$\sqrt{3}$	$0{,}366\,G_0$	$0{,}366\,G_0$	$0{,}366\,G_0$	J_k	J_k	J_k
Vierphasen-Gleichrichter (Zweiphasen-Gleichrichter mit 4 Anoden) . . .	$2\sqrt{2}$	$\sqrt{2}$	$\sqrt{2}$	$0{,}620\,G_0$	$0{,}500\,G_0$	$0{,}500\,G_0{}^1)$	J_k	$0{,}707\,J_k$	$0{,}707\,J_k$
Sechsphasen-Gleichrichter	6	3	1	$0{,}823\,G_0$	$0{,}823\,G_0$	$0{,}75\,G_0$	J_k	$0{,}667\,J_k$	$0{,}577\,J_k$
Doppel-Dreiphasen-Gleichrichter[2] . .	$\sqrt{3}$	$\dfrac{\sqrt{3}}{2}$	$\dfrac{\sqrt{3}}{2}$	$0{,}366\,G_0$	$0{,}75\,G_0$	$0{,}75\,G_0$	J_k	$0{,}667\,J_k$	$0{,}667\,J_k$
Dreifach-Einphasen-Gleichrichter . .	1	1	$\dfrac{2}{3}$	0	0	$0{,}75\,G_0$	J_k	J_k	$0{,}866\,J_k$
Stern-Sechsphasenstern-Schaltung . .	$\sqrt{3}$	$\dfrac{\sqrt{3}}{2}$	$\dfrac{\sqrt{3}}{2}$	$0{,}75\,G_0$	$0{,}75\,G_0$	$0{,}75\,G_0$	J_k	$0{,}667\,J_k$	$0{,}667\,J_k$
Stern-Doppelzickzack-Schaltung[3] . .	6	$\dfrac{2}{\sqrt{3}}$	$\dfrac{2}{\sqrt{3}}$	$0{,}823\,G_0$	$0{,}75\,G_0$	$0{,}75\,G_0$	J_k	$0{,}500\,J_k$	$0{,}500\,J_k$
Stern-Sechsphasenstern-Schaltung mit Tertiärwicklung	6	1	1	$0{,}823\,G_0$	$0{,}75\,G_0$	$0{,}75\,G_0$	J_k	$0{,}577\,J_k$	$0{,}577\,J_k$

[1] Die Kennlinie besteht aus 2 Teilen, die in einer Geraden liegen, und die abgegebene Gleichspannung fällt längs dieser Linie auf Null.

[2] Die Primärwicklung kann entweder in Dreieck oder in Stern geschaltet sein; im letzten Fall ist eine Tertiärwicklung in Dreieckschaltung vorzusehen.

[3] Bei der Stern-Doppelzickzack-Schaltung sind die zur Berechnung von J_k verwendeten Kurzschlußströme nicht gleichmäßig über die Wicklungen verteilt, wenn die Primärwicklungen Blindwiderstand besitzen.

der Primärwicklung jeweils zwei um 180° phasenverschobene Stromstöße entgegengesetzter Richtung aufeinander folgen.

Im Gleichstromkreis werden zwei Drosselspulen verwendet. Die eine ist eine gewöhnliche Glättungs-Drosselspule und hält den abgegebenen Gesamtstrom konstant. Die andere, die sogenannte Saugdrossel, sieht einem Spartransformator mit Anzapfung in der Mitte ähnlich. Die Sternpunkte der beiden Dreiphasengruppen werden an die Wicklungsenden der Saugdrossel angeschlossen und der Gleichstrom in der Mitte der Wicklung entnommen. Hierdurch wird die gleichmäßige Verteilung der Stromlieferung zwischen den beiden Wicklungsgruppen gesichert; denn die Momentanwerte der Spannungen der beiden Dreiphasengruppen sind infolge ihrer verschiedenen Phasenlage ungleich und die Saugdrossel verhindert, daß die Gesamtbelastung von einer Dreiphasengruppe auf die andere verschoben wird. Da der Gleichstrom in den beiden Teilen der Saugdrosselwicklung in entgegengesetzter Richtung fließt, wird die Saugdrossel nicht durch ein Gleichstromfeld vorgesättigt und erfordert daher nur einen kleinen Materialaufwand.

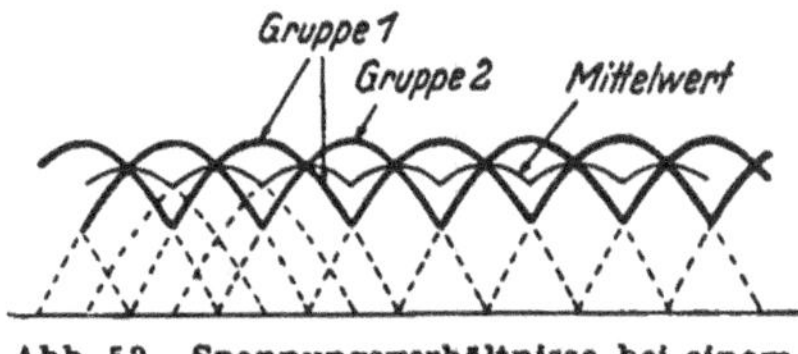

Abb. 53. Spannungsverhältnisse bei einem Doppeldreiphasen-Gleichrichter.

An der Saugdrossel wirkt die momentane Spannungsdifferenz der beiden Phasengruppen. In Abb. 53 ist die Spannung jeder Gruppe durch eine starke Linie dargestellt. Die Saugdrossel nimmt den Unterschied der Spannungen der beiden Dreiphasengruppen auf und liefert dem Gleichstromkreis über die Gleichstromdrossel den augenblicklichen Mittelwert der Spannung. Dieser in Abb. 53 eingezeichnete Mittelwert hat denselben Verlauf wie die abgegebene Spannung eines gewöhnlichen Sechsphasengleichrichters. Durch die Gleichstromdrossel wird die Welligkeit noch weiter herabgesetzt.

Die Gleichspannung ist der Mittelwert der Spannung jeder Dreiphasengruppe, da an den Drosselspulen keine Gleichspannung liegen kann. Die Komponenten der Oberwellenspannung, welche auf die Glättungsdrosselspule wirkt, können nach Gleichung (7) bestimmt werden. Die Spannung, welche jede der Dreiphasengruppen liefert, enthält einige Komponenten, die durch die Saugdrossel zurückgehalten werden, und andere, die zur Gleichstromdrossel gelangen. Der Hauptanteil der Oberwellenspannung mit der dreifachen Frequenz der Wechselstromquelle wirkt sich in der Saugdrossel aus. Infolge der Phasenverschiebung der Sekundärspannungen sind die dritten Oberwellen für die beiden Gruppen in Gegenphase und die an der Saugdrossel wirksame Spannung dreifacher Frequenz ist das doppelte der von einer Gruppe gelieferten, welche nach Gleichung (7) berechnet werden kann.

Die Doppel-Dreiphasenschaltung ist besonders wirtschaftlich, weil sie nicht nur den Transformator auf das vorteilhafteste ausnützt, sondern auch eine Ersparnis durch Verwendung kleiner Drosselspulen ermöglicht. Die Saugdrossel erfordert verhältnismäßig wenig Material, weil in ihr keine Gleichstromvorsättigung auftritt und die Gleichstromdrossel, in der eine Vorsättigung auftritt, braucht nur eine kleine Induktivität zu haben, da an ihr nur eine kleine Spannung mit der sechsfachen Frequenz des speisenden Drehstromnetzes wirkt.

Die Dreifach-Einphasenschaltung. Auf dieselbe Art, wie zwei Dreiphasen-Gleichrichter mittels einer einphasigen Saugdrossel zusammengeschaltet werden können, können drei Einphasen-Gleichrichter mittels einer dreiphasigen Saugdrossel zusammenarbeiten. Die Gleichspannung G und die verschiedenen Ausnützungsfaktoren sind dieselben wie beim Einphasengleichrichter; die von der Anordnung gelieferte Gleichspannung hat jedoch die Kurvenform der Spannung eines Sechsphasen-Gleichrichters. Daß dies so ist, geht aus der Abb. 54 hervor. Indem man die volle Periode in sechs Abschnitte von je 60⁰ teilt, wie in der Abbildung ersichtlich, erkennt man, daß sich die mittlere augenblickliche Spannung in Abständen von 60⁰ wiederholt, daß also die Wellenform der Spannung tatsächlich

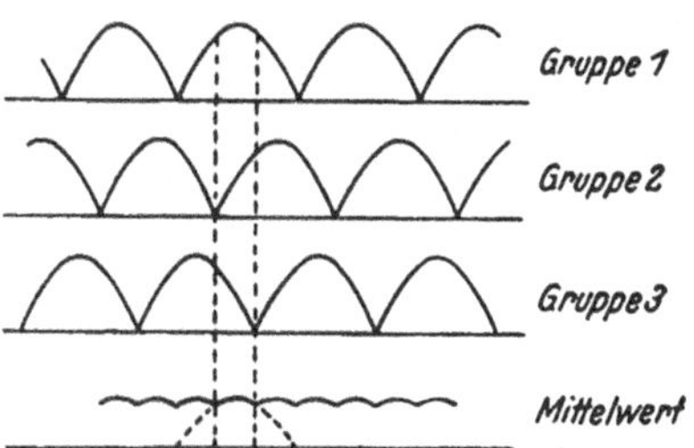

Abb. 54. Spannungsverhältnisse bei einem Dreifach-Einphasen-Gleichrichter mit dreiphasiger Saugdrossel.

die gleiche ist, wie bei gewöhnlicher Sechsphasenschaltung.

In diesem Falle fehlt die Symmetrie der Doppel-Dreiphasenschaltung mit einphasiger Saugdrossel und die Spannung an der Saugdrossel muß daher geradzahlige Oberwellen enthalten. Dies wird durch harmonische Analyse der Spannungen der Einphasengruppen bestätigt. Der Hauptanteil der Saugdrosselspannung hat die doppelte Frequenz des speisenden Netzes, hingegen ist die Grundwelle der Spannung in der Gleichstromdrossel von der sechsfachen Netzfrequenz. Diese beiden Spannungen können nach Gleichung (7) berechnet werden.

Stern-Doppelsternschaltung. (Bei dieser Schaltung soll keine magnetische Kopplung zwischen den Phasen bestehen; die Wicklungen dürfen daher nicht auf einem dreischenkeligen Eisenkern sitzen.)

Die als Stern-Doppelsternschaltung bezeichnete Schaltanordnung ist von Interesse, weil sie ohne Verwendung einer Saugdrossel zu dem gleichen Ergebnis wie die Doppel-Dreiphasenschaltung führt. Um von einer Netzleitung zu anderen zu gelangen, muß der Strom die Primärwicklungen zweier Phasen durchfließen. Abgesehen von dem verhältnismäßig kleinen Magnetisierungsstrom müssen die beiden zugehörigen Sekundärphasen gleichzeitig gleich große Belastungsströme führen und, damit das möglich ist, müssen deren Anoden gleiche Spannung haben. Aus der Gleichheit der Spannungen der Sekundärwicklungen folgt, daß die beiden Primärwicklungen die Netzspannung untereinander gleichmäßig aufteilen müssen, und daher haben die Sinuswellen der Sekundärspannungen während der Brennzeit eine Amplitude, welche $\frac{\sqrt{3}}{2}$ mal so groß ist, wie im stromlosen Zustand. Jedes Paar von Netzleitungen liefert durch 60 elektrische Grade Strom in einer Richtung, und zwar angefangen von 30° vor dem Scheitelwerte der zwischen ihnen auftretenden Wechselspannung bis 30° nach diesem Scheitelwerte. Während dieser Zeit ist das Verhältnis des Mittelwertes zum Scheitelwerte der Phasenspannung das gleiche, wie beim gewöhnlichen Sechsphasen-Gleichrichter; wenn E die sekundäre Phasenspannung gegen den Nullpunkt ist, so ist

$$G = \frac{\sqrt{3}}{2}\sqrt{2} \cdot E \frac{6}{\pi} \sin\frac{\pi}{6} = \frac{3\sqrt{3}}{\sqrt{2}\cdot\pi} E \quad\ldots\ldots \quad (13)$$

Daraus folgt

$$E = \frac{\sqrt{2}\,\pi}{3\sqrt{3}} G.$$

Die Primärspannungen und die Netzspannungen sind $\frac{t_1}{t_2}$ bzw. $\sqrt{3}\,\frac{t_1}{t_2}$ mal so groß. Die Wellenformen sind in Abb. 55 graphisch dargestellt.

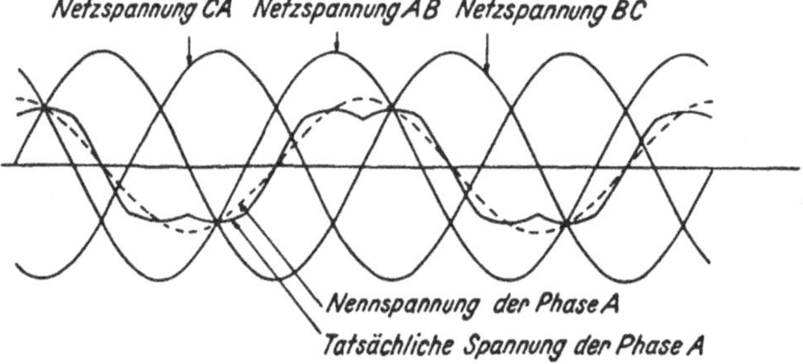

Abb. 55. Spannungsverhältnisse bei der Stern-Doppelsternschaltung.

Die Stern-Doppelsternschaltung hat einen ebenso guten Ausnützungsfaktor wie die Doppel-Dreiphasenschaltung und braucht weniger Drosselspulen. Es kann jedoch gegen sie eingewendet werden, daß, wenn der Gleichrichter zu arbeiten aufhören sollte, ein in Stern geschalteter Transformator ohne Vorkehrung gegen die Ausbildung einer dritten Harmonischen am Netz angeschlossen bliebe. Die Doppel-Dreiphasenschaltung ist daher beliebter.

Stern-Doppelzickzackschaltung. Die Stern-Doppelzickzackschaltung wird hauptsächlich in Deutschland angewendet. Ihr Ausnützungsfaktor ist ein wenig besser als der der einfachen Sechsphasenschaltung und ihre

Spannungsregelung ist bequem zu bewerkstelligen. Sie erfordert jedoch einen sehr komplizierten Transformator und es kann auch gegen sie eingewendet werden, daß infolge der in Stern geschalteten Primärwicklung keine Stromwege für den Ausgleich der dritten Harmonischen vorhanden sind.

Stern-Doppelsternschaltung mit Tertiärwicklung. Die Stern-Doppelsternschaltung mit Tertiärwicklung hat den Nachteil eines schlechten Ausnützungsfaktors; sie ist jedoch frei von Störungen durch Oberwellen, weil die dritten Harmonischen in der Tertiärwicklung fließen können. Sie ist auch hinsichtlich des Spannungsabfalles günstiger als die einfache Sechsphasenschaltung mit in Dreieck geschalteter Primärwicklung, wie in einem späteren Abschnitte gezeigt werden soll.

Vergleich der wirklichen mit den idealen Gleichrichtern. Der Fall, daß die Wechselstromkreise frei von Wirk- und Blindwiderständen sind und daß eine unendlich große Drosselspule im Gleichstromkreis vorhanden ist, kann naturgemäß in der Praxis niemals verwirklicht werden. Diese praktisch nicht erfüllbare Annahme ist jedoch eine ziemlich gute erste Annäherung bei der Auslegung großer Mehrphasengleichrichter, besonders wenn man den Lichtbogenabfall durch Hinzufügung von 15 bis 20 V zur gewünschten Gleichspannung berücksichtigt. Der schwerste Fehler dieser Annäherung betrifft den Spannungsabfall. Die Wirk- und Blindwiderstände der Transformatorwicklungen verursachen Spannungsabfälle bei Belastung auf der Gleichstromseite und dies wird Gegenstand der Auseinandersetzungen in den folgenden Kapiteln sein.

<h2 style="text-align:center">8. Kapitel.</h2>

<h1 style="text-align:center">Verfahren zur Bestimmung des durch die Streuung des Transformators verursachten Spannungsabfalles.</h1>

Der Ohmsche Widerstand in den Stromkreisen eines Gleichrichters hat naturgemäß einen Spannungsabfall bei Belastung auf der Gleichstromseite zur Folge. Da die Wellenform von Strom und Spannung durch den Wirkwiderstand nicht ernstlich gestört wird, ist es jedoch in den meisten Fällen möglich, den durch den Wirkwiderstand verursachten Spannungsabfall mit einfachen Mitteln zu berechnen. Hingegen ist der durch die Blindwiderstände verursachte Spannungsabfall auf die Störung der Wellenform der abgegebenen Gleichspannung zurückzuführen, die durch die Induktivität der Stromkreise verursacht wird; da die meisten Wechselstromkreise mehr Blindwiderstand als Wirkwiderstand besitzen, ist die Berechnung des vom Blindwiderstand verursachten Spannungsabfalles von großer Wichtigkeit.

Die Umschaltung der Anodenströme. Im vorangegangenen Kapitel wurde angenommen, daß nur jene Anode brennt, welche die höchste positive Spannung aufweist. Dies ergibt rechteckige Stromkurven, wie aus den Abb. 46 und 48 hervorgeht. Es ist jedoch offensichtlich, daß in der Praxis solche Wellenformen nicht erreicht werden können, denn sie verlangen eine unendlich große Änderungsgeschwindigkeit des Stromes während der Zeit, wo er von einer Anode zur anderen übergeht;

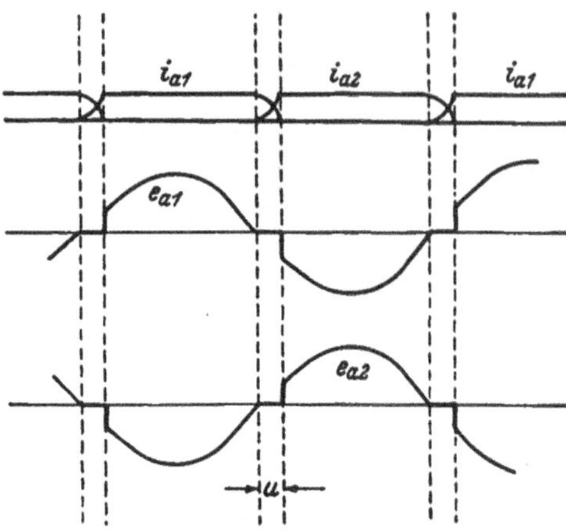

Abb. 56. Einfluß des Umschaltvorganges auf die Strom- und Spannungswellen bei einem Einphasen-Gleichrichter mit Blindwiderstand. i_{a1}, i_{a2} ... Anodenströme, e_{a1}, e_{a2} ... Anodenspannungen, $u =$ Umschaltzeit.

wenn nur irgendein Blindwiderstand in den Transformatorwicklungen und im speisenden Netz vorhanden ist, wird bei einer derartigen augenblicklichen Änderung eine enorme Gegenspannung induziert. Es muß also die Stromübertragung von einer Anode auf die andere mit mäßiger Geschwindigkeit vor sich gehen. Die induktiven Gegenspannungen, welche sich der Stromänderung widersetzen, müssen durch eine treibende Spannung überwunden werden. Die Vorgänge bei der Umschaltung der Anodenströme in einem Einphasen-Gleichrichter nach dem Schaltbild Abb. 45 sind unter Berücksichtigung der Streuung des Transformators in Abb. 56 dargestellt.

So lange keine Stromänderung stattfindet, sind die Anodenspannungen wie im Leerlauf gleich den induzierten sekundären Phasenspannungen des Transformators. Es schreiten also bis zu dem Moment, wo die beiden Anodenspannungen einander gleich sind, die Spannungswellen ungestört fort. In diesem Zeitpunkte würde der Strom augenblicklich von einer Anode auf die andere überspringen, wenn keine Streuung vorhanden wäre; tatsächlich erfordert aber der Übergang des Stromes von einer Anode zur anderen einige Zeit. Während der Umschaltung wird der Unterschied der induzierten Phasenspannungen der gleichzeitig stromführenden Phasen dazu verwendet, um die induktiven Gegenspannungen der Transformatorwicklungen zu überwinden. Der Transformator ist vorübergehend kurzgeschlossen. Zwischen den gleichzeitig brennenden Anoden fließt ein Wechselstrom. Dieser Strom muß jedoch mit Rücksicht auf die Gleichrichterwirkung die Bedingung erfüllen, daß er keinen negativen Wert annehmen kann, der größer ist als der Gleichstrom, welchem er überlagert ist. In dem Zeitpunkte, wo der Augenblickswert des Kurzschlußstromes dem Gleichstrome einer Anode gleich und entgegengesetzt ist, hört der Umschaltvorgang auf. Die Anode, welche früher den ganzen Laststrom führte, ist nun stromlos. Der Laststrom fließt über die andere Anode. Der Kurzschlußstrom selbst ist in Abb. 57 dargestellt. Da er durch eine Sinusspannung erzeugt wird, ist er sinusförmig, und, wenn kein Wirkwiderstand vorhanden ist, eilt er der Spannung um 90° nach. Er schwingt über einer verschobenen Nullinie, da sein Scheitelwert festliegt und ebenso der Zeitpunkt, in dem er einsetzt sowie der Wert, den er zu dieser Zeit haben muß. Die verschobene Nulllinie stellt einen Gleichstromanteil des Kurzschlußstromes dar. Durch den Wirkwiderstand erfährt das Gleichstromglied eine Dämpfung, von der jedoch zunächst abgesehen werden soll. (In Abb. 57 ist die Dämpfung berücksichtigt.)

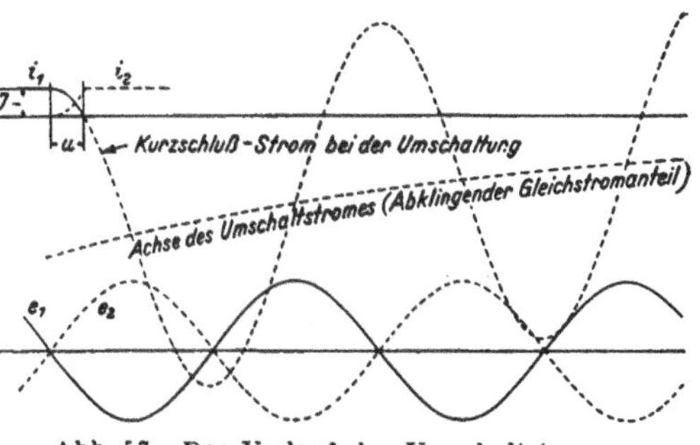

Abb. 57. Der Verlauf des Umschaltstromes.

Wenn der Gleichrichter mehr als zwei Anoden hat, geht die Umschaltung in genau derselben Weise vor sich, wie beim Einphasen-Gleichrichter (siehe Abb. 58). Die Umschaltung beginnt, wenn die Spannung der hinzukommenden Phase ebenso groß ist, wie die der stromführenden Phase, und erfordert eine Umschaltzeit u, während welcher die beiden beteiligten Phasen gleiche Spannung aufweisen, und zwar den arithmetischen Mittelwert ihrer induzierten Spannungen.

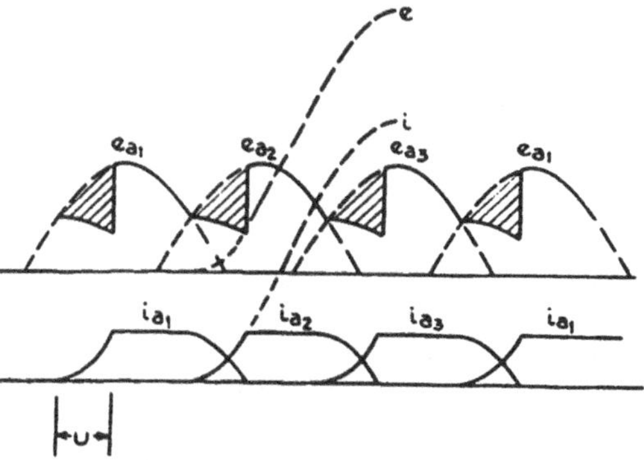

Abb. 58. Einfluß des Blindwiderstandes auf die Wellenformen bei einem Dreiphasen-Gleichrichter.
e_{a1}, e_{a2}, e_{a3} ... Anodenspannungen; i_{a1}, i_{a2}, i_{a3} ... Anodenströme, i = Umschaltstrom, e = Umschaltspannung.

Wirkung der Umschaltung auf die Gleichspannung. Die Gleichspannung ist der über die Brennzeit einer Anode gebildete Mittelwert der augenblicklichen Anodenspannungen. Änderungen der Wellenform der Anodenspannung, wie sie während der Umschaltung eintreten, beeinflussen die Gleichspannung; der Spannungsverlust ist der schraffierten Fläche in Abb. 58 oder der Fläche, die dem fehlenden Teil der Sinuslinie in Abb. 56 entspricht, proportional. Diese Fläche ist gleich dem zwischen den Grenzen 0 und u gebildeten Integral des halben Unterschiedes der induzierten Spannungen der beiden gleichzeitig brennenden Phasen. Da dieser Unterschied den Wert $2\sqrt{2}\,E\sin\dfrac{\pi}{p}$ besitzt, wenn E der Effektivwert der Phasenspannung und p die Phasenzahl ist (siehe

Abb. 59), wird der gleichstromseitige Spannungsabfall durch folgenden Ausdruck dargestellt:

$$e_R = \frac{p}{2\pi} \int_0^u \sqrt{2}\, E \sin\frac{\pi}{p} \sin\Theta\, d\Theta = \frac{p}{2\pi} \sqrt{2}\, E \sin\frac{\pi}{p} (1 - \cos u) \quad (14)$$

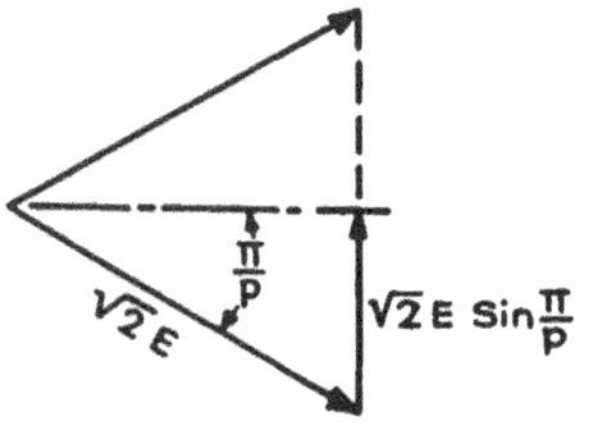

Die Leerlaufspannung auf der Gleichstromseite wurde bereits im letzten Kapitel berechnet.

$$G_0 = \sqrt{2}\, E \frac{p}{\pi} \sin\frac{\pi}{p} \quad \ldots \quad (6a)$$

Es ergibt sich also die Spannung bei Belastung

$$G = G_0 - e_R = G_0 \left(1 - \frac{1 - \cos u}{2}\right) \quad (15)$$

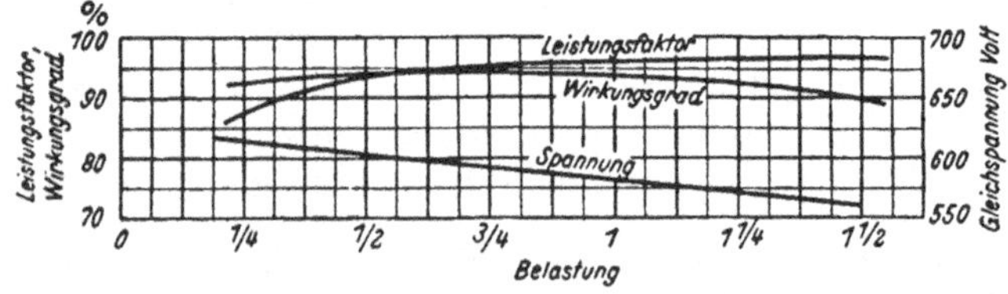

Abb. 59. Leerlaufspannungen zweier aufeinanderfolgender Phasen eines Mehrphasen-Gleichrichters.

Der Winkel u kann aus dieser Gleichung eliminiert werden, denn er ist eine Funktion des Umschaltstromes, des Blindwiderstandes je Phase und des Belastungsstromes J. Der Scheitelwert des Umschaltstromes ist $\dfrac{\sqrt{2}\,E}{X} \sin\dfrac{\pi}{p}$; die Umschaltung ist vollendet, wenn

$$\frac{\sqrt{2}\,E}{X} \sin\frac{\pi}{p} (1 - \cos u) = J \text{ ist} \quad \ldots \ldots \quad (16)$$

Durch Einsetzung des aus vorstehender Gleichung berechneten Wertes von $1 - \cos u$ in Gleichung (15) erhält man

$$G = G_0 \left(1 - \frac{J \cdot X}{2\sqrt{2}\,E \sin\pi/p}\right) \quad \ldots \ldots \quad (17)$$

Gleichung (17) entspricht einer geradlinigen Belastungskennlinie. Daß die Belastungskennlinien der Quecksilberdampf-Gleichrichter zwischen Leerlauf und Vollast tatsächlich Gerade sind, geht aus der in Abb. 60 dargestellten experimentell bis zum eineinhalbfachen Normalstrom aufgenommenen Belastungskennlinie eines Großgleichrichters hervor.

Um die Belastungskennlinien der verschiedenen in Tafel V enthaltenen Gleichrichterschaltungen zu vergleichen, ist es üblich, von dem

Abb. 60. Belastungskennlinie, Leistungsfaktor und Wirkungsgrad eines Großgleichrichters. Der abgegebene Gleichstrom ist als Vielfaches des Vollaststromes aufgetragen.

Stromwert $J_k = \dfrac{p\sqrt{2}\,E}{X}$ Gebrauch zu machen, das ist der Scheitelwert des Wechselstromes, welchen eine Phase bei vollständigem Kurzschluß liefert, multipliziert mit der Phasenzahl. Er wird als Nennkurzschlußstrom bezeichnet aus Gründen, die später angegeben werden. Setzt man diesen Wert in Gleichung (17) ein, so erhält man

$$G = G_0\left[1 - \frac{p}{2\sin \pi/p}\cdot\frac{J}{J_k}\right] \quad\ldots\ldots\ldots \quad (17\,\mathrm{a})$$

oder

$$G = G_0\left(1 - A\,\frac{J}{J_k}\right) \quad\ldots\ldots\ldots\ldots \quad (17\,\mathrm{b})$$

Gleichung (17a) gilt für irgendeine Phasenzahl, wenn der Blindwiderstand in den Sekundärwicklungen liegt; bei Einphasen- und Dreiphasen-Gleichrichtern ist die Gleichung 17a auch dann anwendbar, wenn eine andere Verteilung der Blindwiderstände vorliegt. In anderen Fällen gilt die Gleichung (17a) nicht, aber die Gleichung (17b) kann noch angewendet werden, wenn der richtige Wert von A bekannt ist. Die Tafel Vc gibt die Anfangsneigungen der Belastungskennlinien für die verschiedenen in Tafel V enthaltenen Schaltungen, wobei verschiedene Annahmen bezüglich des Sitzes des Blindwiderstandes getroffen wurden. Die Tafel Vc enthält außerdem den Spannungsbereich, für welchen diese Anfangsneigung gilt. Auch die Kurzschlußströme sind in Tafel Vc angegeben. Da man mehrere verschiedene Formen der Belastungskennlinien erhalten kann, ist der bei gewöhnlichen Wechselstromrechnungen übliche Begriff der perzentuellen Kurzschlußspannung nicht mehr ausreichend. Anderseits ist kein veränderlicher Leistungsfaktor zu berücksichtigen, so daß die Abhängigkeit der Belastungskennlinien von der Phasenlage der Belastung wegfällt.

Der Blindwiderstand des Transformators. Der Blindwiderstand, den ein Transformator im Gleichrichterbetrieb aufweist, hat gewöhnlich einen anderen Wert, als jener Blindwiderstand, der beim Betrieb des gleichen Transformators mit Wechselstrom gemessen werden kann. Dieser Unterschied hat seinen Grund nicht in einer Änderung der Streuungsverhältnisse, sondern in der Verschiedenheit der Stromwege, welche die Kurzschlußströme in den beiden Fällen nehmen. Bei einem Mehrphasentransformator gelten die gewöhnlichen Angaben über den Blindwiderstand für einen Kurzschluß sämtlicher Sekundärwicklungen. Da der Umschaltstrom eines Gleichrichters jedoch nur durch zwei Sekundärwicklungen verschiedener Phasen fließt, tritt keine Verkettung kurzgeschlossener Sekundärwicklungen auf dem gleichen Kern ein. Es wirkt dann jener Blindwiderstand, den man erhalten würde, wenn nur die beiden betroffenen Wicklungen kurzgeschlossen wären. Das heißt, man erhält den Blindwiderstand je Phase, indem man die halbe Leerlaufspannung zwischen den Phasen durch den Kurzschlußstrom dividiert, der auftritt, wenn man zwei Anoden verbindet.

In den Transformatoren, welche für die üblichen Übertragungsspannungen gewickelt sind, liegt fast der ganze Blindwiderstand zwischen den Primär- und Sekundärwicklungen, so daß im wesentlichen die gleichen sekundären Amperewindungen auftreten, ob nun eine oder zwei Sekundärwicklungen kurzgeschlossen werden. Schließt man nur eine Wicklung kurz, so tritt in ihr ein doppelt so großer Strom auf, wie bei Kurzschluß von zwei Wicklungen. Der bei der Umschaltung wirksame Scheinwiderstand einer Spule ist also im wesentlichen halb so groß wie der Scheinwiderstand bei vollständigem Kurzschluß des Transformators.

Wenn der Überlappungswinkel u anwächst, fällt die mittlere Spannung der stromführenden Anoden, bis es zum gleichzeitigen Brennen von drei Anoden kommt, indem die Spannung einer dritten Anode den Wert der erwähnten mittleren Spannung der beiden stromführenden Anoden erreicht, worauf diese dritte Anode Strom übernimmt, bevor die erste Anode erloschen ist. Nunmehr treffen die Annahmen, auf denen die Gleichung (17) aufgebaut ist, nicht mehr zu. Der Fall des gleichzeitigen Brennens von mehr als zwei Anoden wird später behandelt werden.

Die Wirkung der Umschaltung auf den Effektivwert des Anodenstromes. Die Effektivwerte der tatsächlich auftretenden Anodenströme sind kleiner als bei den Rechtecksströmen, denn die Anodenstromwellen werden infolge des Blindwiderstandes der Transformatorwicklungen verbreitert, so daß sich ihr Effektivwert bei gleichbleibendem Mittelwert verringert.

Bezeichnet man den Höchstwert des Umschaltstromes mit i und den Überlappungswinkel mit u, so ist der Stromwärmeverlust in der Sekundärwicklung während des Anwachsens des Anodenstromes proportional dem Ausdruck

$$\frac{1}{2\pi} \int_0^u i^2 (1 - \cos \Theta)^2 \, d\Theta.$$

Bezeichnet man ferner den abgegebenen Gleichstrom mit J, so ist der Kupferverlust während der Abnahme des Anodenstromes proportional dem Ausdruck

$$\frac{1}{2\pi} \int_0^u [J - i (1 - \cos \Theta)]^2 \, d\Theta.$$

Die Zeit, während welcher die Anode den vollen abgegebenen Gleichstrom führt, vermindert sich um den Überlappungswinkel u und hierdurch tritt eine Verkleinerung des Stromwärmeverlustes um $\dfrac{1}{2\pi}\displaystyle\int_0^u J^2\,d\Theta$ ein.

Die tatsächliche Verminderung des Verlustes ist also

$$\varDelta V = \frac{1}{2\pi}\int_0^u J^2\,d\Theta - \frac{1}{2\pi}\int_0^u i^2\,(1-\cos\Theta)^2\,d\Theta -$$

$$-\frac{1}{2\pi}\int_0^u [J - i\,(1-\cos\Theta)]^2\,d\Theta = \frac{1}{2\pi}\left[2\,J\,i\,(u-\sin u) - \right.$$

$$\left. - 2\,i^2\left(\frac{3\,u}{2} - 2\sin u + \frac{1}{4}\sin 2\,u\right)\right]$$

oder, da $i = \dfrac{J}{1-\cos u}$ ist

$$\varDelta V = \frac{1}{2\pi}\cdot\frac{2\,J^2}{(1-\cos u)^2}\cdot\left(\sin u - \frac{u}{2} - u\cos u + \frac{1}{4}\sin 2\,u\right).$$

Der durch die Rechteckswellen verursachte Verlust ist proportional dem Ausdruck $V = \dfrac{J^2}{p}$ und daher ist die relative Verringerung der Verluste

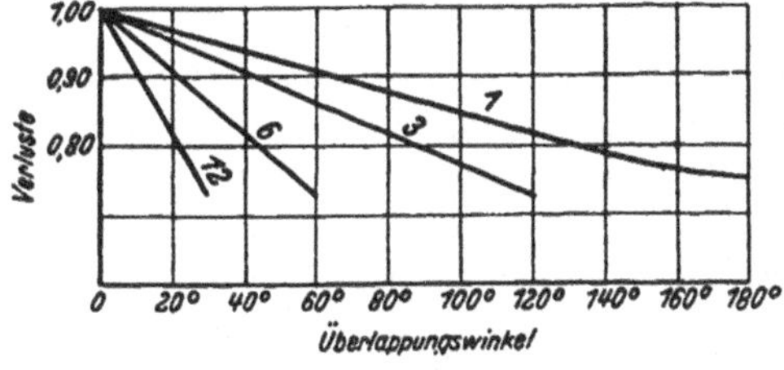

Abb. 61. Die Verringerung der Verluste in den Sekundärwicklungen des Transformators durch die Überlappung der Anodenströme. (*1* ... beim Einphasen-Gleichrichter, *3* ... beim Dreiphasen-Gleichrichter, *6* ... beim Sechsphasen-Gleichrichter, *12* ... beim Zwölfphasen-Gleichrichter.)

$$\frac{\varDelta V}{V} = \frac{p}{\pi\,(1\cos u)^2}\left(\sin u - \frac{u}{2} - u\cos u + \frac{1}{4}\sin 2\,u\right). \quad\quad (18)$$

Der Wert $1 - \dfrac{\varDelta V}{V}$, der die verhältnismäßige Abnahme der Kupferverluste durch die Verbreiterung der Anodenstromwellen ausdrückt, ist für verschiedene Gleichrichterschaltungen in Abb. 61 als Funktion des Überlappungswinkels aufgetragen. Die Kurven der Abb. 61 beziehen sich auf die Sekundärwicklungen, sie gelten aber auch für die Primärwicklungen in jenen Fällen, wo eine Primärwicklung zwei Sekundärwicklungen speist.

Verfahren zur Berechnung des Spannungsabfalles. Da zur Berechnung des Spannungsabfalles schon in dem verhältnismäßig einfachen Falle, der zu Beginn dieses Kapitels behandelt wurde, ein größerer Arbeitsaufwand erforderlich war, ist zu erwarten, daß die Schwierigkeiten noch zunehmen, wenn die Spannungsabfallkennlinie für jenen Belastungsbereich bestimmt werden soll, wo mehrere Anoden gleichzeitig brennen. Zur Lösung dieser Aufgabe ist die Einführung neuer Begriffe erforderlich, um zu vermeiden, daß die Berechnungen durch eine Unmenge von Ziffern erdrückt werden, ohne ein brauchbares Ergebnis zu liefern. Es ist notwendig, eine klare physikalische Vorstellung zu gewinnen und alle geeigneten Abkürzungen der mathematischen Entwicklung heranzuziehen.

Der Vorteil, den man durch Rückführung der Schaltung auf eine gleichwertige unter Weglassung der augenblicklich nicht verwendeten Stromwege erzielen kann, ist schon durch verschiedene Beispiele erläutert worden. Eine andere große Hilfe bei den Berechnungen besteht darin, daß man die Spannung in mehrere Teilspannungen zerlegt, für jede dieser Spannungskomponenten getrennt den Strom ermittelt und dann diese Teilströme addiert, um den Gesamtstrom zu erhalten. Jede Spannungskomponente liefert eine entsprechende Stromkomponente, so als ob im Stromkreis keine anderen Spannungen und Ströme auftreten würden. (Gesetz der Übereinanderlagerung.)

Wenn man die vorstehend angeführten Grundsätze anwendet, sind keine neuen mathematischen Ableitungen erforderlich, um verwickelte Spannungsabfallberechnungen durchzuführen. Der ganze Vorgang kann damit verglichen werden, daß man die üblichen Gleichungen mit verschiedenfarbigen Tinten anschreibt, so daß bei Ausdrücken, die in naher Beziehung zueinander stehen, diese Beziehung sofort zu erkennen ist. Durch eine derartige Unterteilung wird oft eine beträchtliche Vereinfachung der Aufgabe erreicht und ihre physikalische Seite steht mit größerer Klarheit vor uns, wodurch die Fehlermöglichkeiten verringert werden.

Eine Anwendung dieser Methode wird bei der Berechnung von Gleichrichtern für Akkumulatorenladung gezeigt.

Ladegleichrichter für Akkumulatorenbatterien. Diese Gleichrichter sind ihrem Verwendungszweck angepaßte, nur für diesen Zweck geeignete Sonderausführungen. Sie sind durch das Fehlen einer Kathodendrossel im Gleichstromkreis und durch die selbsttätige Regelung der Ladespannung in Abhängigkeit vom Ladestrome mittels Drosselspulen auf der Primärseite des Transformators (Primärdrosseln) oder in den Anodenzuleitungen (Anodendrosseln) gekennzeichnet. Da keine Gleichstrom-Drosselspule vorhanden ist, liefern sie einen ziemlich welligen Gleichstrom, was aber für Batterieladezwecke unwesentlich ist. Die Schaltung eines solchen Gleichrichters einschließlich Hilfserregung und selbsttätiger Kippzündung zeigt Abb. 62.

Wirkungsweise der selbsttätigen Kippzündung. Wenn der Gleichrichter außer Betrieb ist, sind die Kontakte des Unterbrecherrelais U und des Kippmagneten KM geschlossen. Zwischen der Quecksilberkathode K und der Zündanode Z besteht keine Verbindung. Sobald nun durch Schließung des Hebelschalters H der Transformator T (Einphasen-Spartransformator mit Erregerwicklung) an das Wechselstromnetz angeschlossen wird, fließt auf dem nachstehend angeführten Stromwege durch die Spule des Kippmagneten ein Strom. Stromweg: Vom Mittelpunkte m zum Ende 1 der Erregerwicklung, dann nach 3, über den Kontakt u des Unterbrecherrelais zum Punkte 4, durch die Spule des Kippmagneten KM, über den am Kippmagneten angebauten Selbstunterbrecherkontakt s zum Punkte 5 und weiter über 6 zurück zum Mittelpunkte m der Erregerwicklung. Die Spule des Kippmagneten KM zieht ihren Kern an. Dadurch wird der Kolben gekippt, so

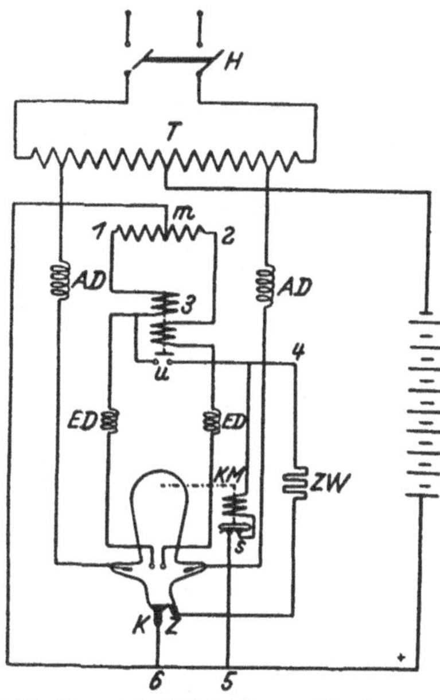

Abb. 62. Schaltbild eines Einphasen-Ladegleichrichters mit selbsttätiger Kippzündung.

daß eine Verbindung zwischen der Kathode K und der Zündanode Z zustandekommt. Nunmehr fließt parallel zum Spulenstrom des Kippmagneten der Zündstrom auf folgendem Wege: Punkt 4, Zündwiderstand ZW, Zündanode Z, Kathode K, Punkt 6. Durch das Anziehen des Kernes wird aber auch der am Kippmagneten angebrachte Selbstunterbrecherkontakt s unterbrochen, so daß der Kern des Kippmagneten abfällt, wodurch sich der Kolben aufrichtet und zwischen Kathode und Zündanode der Zündfunke entsteht. Setzt die Erregung nunmehr ein, so fließen die Erregeranodenströme durch die beiden Spulen des Unterbrecherrelais U, welches seinen Kontakt unterbricht und damit den Kippmagneten und die Zündanode endgültig abschaltet. War die Zündung nicht erfolgreich, so bleibt

Abb. 63. Tragbarer Quecksilberdampf-Gleichrichter für Akkumulatorenladung. Rückansicht bei abgenommenem Schutzblech (Elin).

der Kontakt *u* geschlossen; durch das Zurückfallen des Kippmagnetkernes schließt sich auch der Kontakt *s* und die Kippung wird wiederholt, bis die Erregung brennt.

Arbeitsweise eines Ladegleichrichters mit Anodendrosselspulen. Es empfiehlt sich, zunächst einen Gleichrichter zu betrachten, bei dem der gesamte Blindwiderstand in die Anodenzuleitungen verlegt ist. Wenn die Batterie zu einem Zeitpunkte an den Gleichrichter angeschlossen wird, wo die Spannung jeder Hälfte der Transformator-Sekundärwicklung kleiner ist als die Batteriespannung, so fließt kein Strom. Erst bis der Momentanwert der Wechselspannung einer Hälfte der Sekundärwicklung auf den Betrag der Batteriespannung angewachsen ist, setzt der Strom ein und fließt durch die Transformatorwicklung, die zugehörige Anodendrosselspule, den Kolben und die Batterie. Er wird von dem Überschuß der Anodenwechselspannung über die Batteriespannung erzeugt und durch den Blindwiderstand der Anodendrosselspule begrenzt. Die Spannungen sind in Abb. 64 dargestellt. Jede Anode brennt während

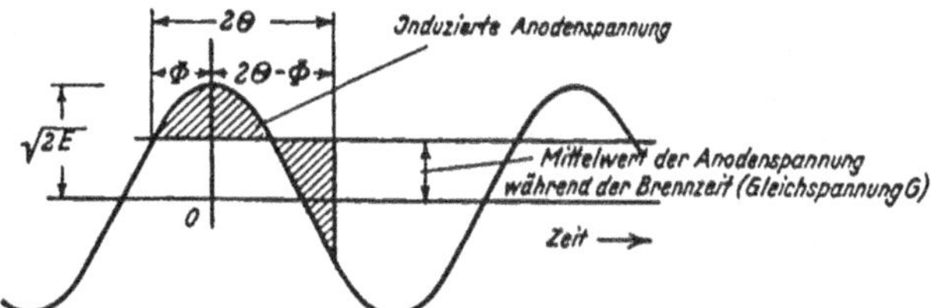

Abb. 64. Spannungsverhältnisse bei einem Ladegleichrichter.

eines durch den Winkel 2Θ dargestellten Zeitraumes. Der über die Brennzeit gebildete Mittelwert der Anodenwechselspannung muß die abgegebene Gleichspannung G sein, denn der Anodenstrom beginnt mit dem Werte 0 und nimmt am Ende der Brennzeit wieder auf 0 ab. Der Mittelwert der an der Anodendrosselspule wirksamen Spannung ist Null.

Die Stromführung beginnt in dem Augenblick, wo die Anodenspannung gleich der Batteriespannung ist. Es besteht offenbar eine Beziehung zwischen dem Phasenwinkel zu Beginn der Brennzeit $-\Phi$ und der Brennzeit 2Θ. Der Ausgangspunkt für die Messung der Phasenwinkel ist jener Zeitpunkt, wo die Anodenwechselspannung ihren Scheitelwert erreicht. Der Mittelwert der Wechselspannung, welcher nach vorstehendem gleich der Batteriespannung ist, ergibt sich durch Integration über die Brennzeit:

$$G = \frac{1}{2\Theta} \int_{-\Phi}^{2\Theta-\Phi} \sqrt{2}\,E \cos\Theta\, d\Theta = \frac{E}{\sqrt{2}\,\Theta}\,[\sin(2\Theta-\Phi)+\sin\Phi] =$$

$$= \frac{\sqrt{2}\,E}{\Theta}\sin\Theta\cos(\Theta-\Phi) \quad\ldots\ldots\ldots\ldots\ldots\quad (19)$$

Zu Beginn der Brennzeit ist der Augenblickswert der Wechselspannung gleich der Batteriespannung.

$$G = \sqrt{2}\, E \cos \Phi \qquad \ldots \ldots \ldots \quad (20)$$

Also ist $\sqrt{2}\, E \cos \Phi = \dfrac{\sqrt{2}\, E}{\Theta} \sin \Theta \cos (\Theta - \Phi),$

woraus folgt

$$\operatorname{tg} \Phi = \frac{\dfrac{\Theta}{\sin \Theta} - \cos \Theta}{\sin \Theta} \qquad \ldots \ldots \ldots \quad (21)$$

Diese Beziehung zwischen Φ und Θ ist in Abb. 65 graphisch dargestellt.

Nachdem die Beziehungen zwischen den Spannungen und den Winkeln Θ und Φ nunmehr bekannt sind, ist es möglich, den Strom zu berechnen.

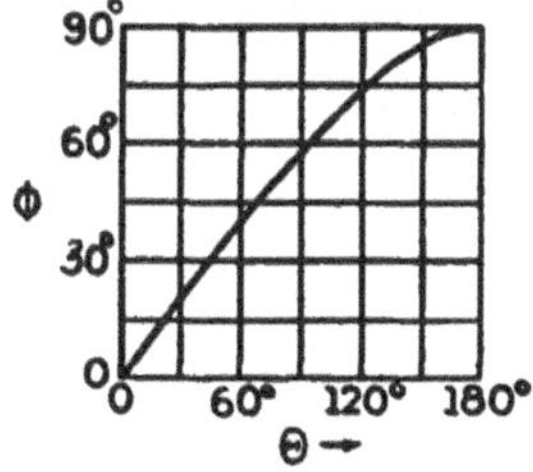

Abb. 65. Abhängigkeit des Beginnes der Brennzeit von ihrer Dauer bei einem Ladegleichrichter.

Diese Rechnung wird an Hand der Abb. 66 durchgeführt. In der Transformatorwicklung wird eine Sinusspannung induziert, wie dies Abb. 66a zeigt. Zu Beginn der Brennzeit wird diese Spannung gleichzeitig mit der Gegenspannung der zu ladenden Batterie (siehe Abb. 66b) an der im Stromkreis liegenden Drosselspule wirksam. Es wird angenommen, daß die beiden Spannungen zwei verschiedene Ströme durch die Anodendrossel schicken. Abgesehen von den Anfangsbedingungen verursacht die Wechselspannung einen Sinusstrom (Abb. 66c). Dieser Sinusstrom hat zu Beginn der Brennzeit einen von Null verschiedenen Wert und da der Anodenstrom mit dem Werte Null einsetzt, muß ein dem Anfangswert des Sinusstromes entgegenge-

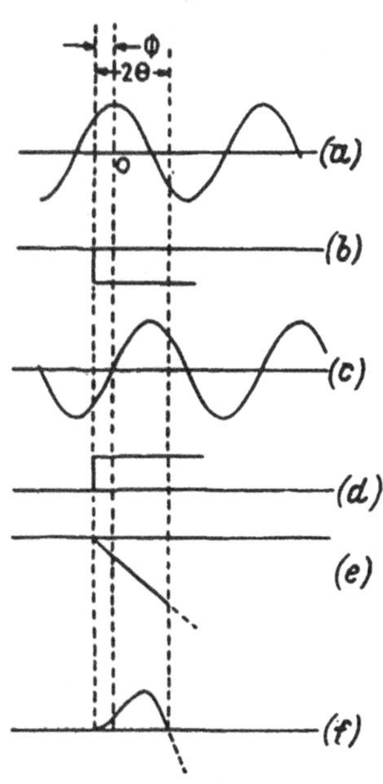

Abb. 66. Die Komponenten des Anodenstromes bei einem Ladegleichrichter.
a) Induzierte Sekundärspannung. b) Gleichstromseitige Gegenspannung. c) Durch die Drosselspule fließender Wechselstrom (stationärer Zustand). d) Durch das Einsetzen des Wechselstromes hervorgerufener Ausgleichsstrom. e) Von der gleichstromseitigen Gegenspannung in der Drosselspule erzeugter Strom. f) Gesamtstrom einer Anode.

setzt gleicher konstanter Ausgleichsstrom angenommen werden, der im selben Augenblick wie der Sinusstrom zu fließen beginnt (Abb. 66d). Dieser Ausgleichsstrom kompensiert den Anfangswert der Sinuswelle; er braucht zu seiner Aufrechterhaltung keine Spannung, da die Wirkwiderstände vernachlässigt werden. Die Gegenspannung der Batterie erzeugt naturgemäß einen mit der Zeit gleichförmig ansteigenden negativen Strom (siehe Abb. 66e) und durch Übereinanderlagerung aller dieser Teilströme erhält man den Gesamtstrom einer Anode (Abb. 66f).

Berechnung der Ladestromstärke. Der Momentanwert des Anodenstromes kann nun sehr leicht angeschrieben werden. Bezeichnet man die Kreisfrequenz $2\pi f$ mit ω, so ist der von der Wechselspannung erzeugte Stromanteil $\dfrac{\sqrt{2}\,E}{\omega L}\sin\omega t$ und der durch das Einsetzen des Stromes verursachte Ausgleichsstrom ist $\dfrac{-\sqrt{2}\,E}{\omega L}\sin(-\varPhi)$. Die Gleichspannung ist $\sqrt{2}\,E\cos\varPhi$ und der von ihr erzeugte Stromanteil

$$-\sqrt{2}\cos\varPhi\,\frac{t+\varPhi/\omega}{L}\,.$$

Durch Addition dieser Ströme erhält man:

$$i=\frac{\sqrt{2}\,E}{\omega L}\sin\omega t+\frac{\sqrt{2}\,E}{\omega L}\sin\varPhi-\sqrt{2}\,E\cos\varPhi\,\frac{t+\varPhi/\omega}{L}\,. \tag{22}$$

Der Ladestrom je Anode wird dann durch folgenden Ausdruck dargestellt:

$$\frac{J}{p}=\frac{\omega}{2\pi}\int_{\omega t=-\varPhi}^{\omega t=2\varTheta-\varPhi} i\,dt,$$

wobei J der Ladestrom und p die Anodenzahl ist.

$$\frac{J}{p}=\frac{1}{2\pi}\int_{-\varPhi}^{2\varTheta-\varPhi}\left[\frac{\sqrt{2}\,E\sin\omega t}{\omega L}+\frac{\sqrt{2}\,E\sin\varPhi}{\omega L}-\sqrt{2}\,E\cos\varPhi\cdot\frac{\omega t+\varPhi}{\omega L}\right]d\omega t=$$

$$=\frac{\sqrt{2}\,E}{2\pi\omega L}\left[-\cos\omega t+\omega t\sin\varPhi-\frac{1}{2}(\omega t+\varPhi)^2\cos\varPhi\right]_{-\varPhi}^{2\varTheta-\varPhi}=$$

$$=\frac{\sqrt{2}\,E}{2\pi\omega L}\left[-\cos(2\varTheta-\varPhi)+\cos(-\varPhi)+2\varTheta\sin\varPhi-2\varTheta^2\cos\varPhi\right]=$$

$$=\frac{\sqrt{2}\,E}{\pi\omega L}\left[\sin(\varTheta-\varPhi)\sin\varTheta+\varTheta\sin\varPhi-\varTheta^2\cos\varPhi\right]\ \ldots\ldots \tag{23}$$

Die Abhängigkeit des Ladestromes und der Ladespannung vom Winkel $\varTheta$. Die Gleichungen (20), (21) und (23) drücken die Beziehung zwischen der Ladespannung und dem Ladestrom aus. Φ ist eine Funktion von Θ, G und J sind Funktionen von Φ und Θ und können durch Ausdrücke mit Θ als Parameter dargestellt werden. Wenn man es wünscht,

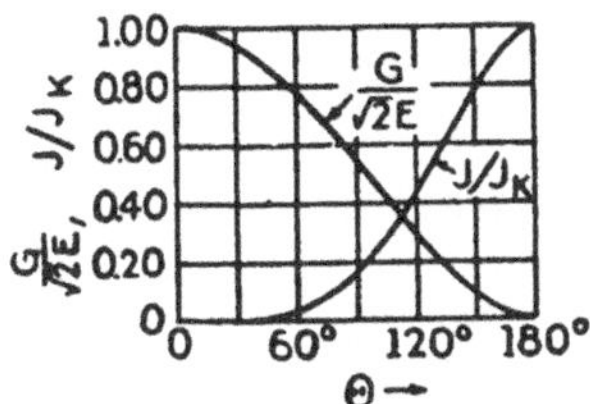

Abb. 67. Gleichspannung und Gleichstrom eines Ladegleichrichters in Abhängigkeit von der Brennzeit.

kann die Beziehung zwischen G und J ohne Verwendung von Θ ausgedrückt werden. Aber es liegt kein praktischer Grund vor, Θ zu eliminieren. Die Abb. 67 zeigt, wie G und J sich mit Θ ändern. Die Spannung wird als Bruchteil des Scheitelwertes der induzierten Wechselspannung $\sqrt{2}\,E$ darge-

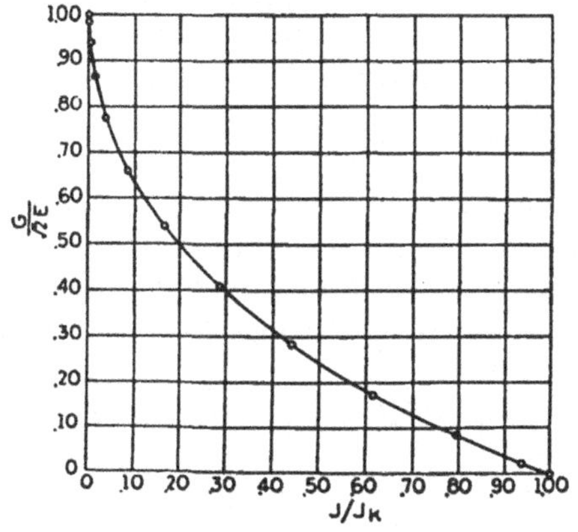

Abb. 68. Belastungskennlinie eines Ladegleichrichters mit Anodendrosselspulen.

$$\frac{G}{\sqrt{2}\,E} = \frac{\text{Gleichspannung}}{\text{Höchstwert der Phasenspannung.}}$$

$$\frac{J}{J_k} = \frac{\text{Gleichstrom}}{\text{Gleichstromseitiger Nennkurzschlußstrom.}}$$

stellt, hingegen der Strom als Bruchteil des Nennkurzschlußstromes J_k, der praktisch nur dann erreicht werden könnte, wenn tatsächlich der gesamte Blindwiderstand in den Anodenzuleitungen vereinigt wäre. $J_k = \dfrac{\sqrt{2}\,E \cdot p}{X}$, wobei X der Blindwiderstand in jeder Sekundärleitung bei einem mehrphasigen Wechselstromkurzschluß ist. Abb. 68 zeigt $\dfrac{G}{\sqrt{2}\,E}$ in Abhängigkeit von $\dfrac{J}{J_k}$. Die Punkte auf der Kurve entsprechen Werten von Θ, zwischen denen jeweils Winkel von 15^0 liegen.

Gleichstromseitiger Kurzschluß. Man erhält den tatsächlichen Kurzschlußstrom auf der Gleichstromseite, indem man in Gleichung (23) die für den Kurzschlußfall passenden Werte $\Theta = 180^0$, $\Phi = 90^0$ einsetzt. Es stellt sich heraus, daß in diesem Falle der tatsächliche Kurzschlußstrom gleich dem Nennkurzschlußstrom ist. Die Abb. 69 zeigt die Form der Anodenstromkurve im Kurzschluß. Jede Anode führt einen Wechselstrom und einen

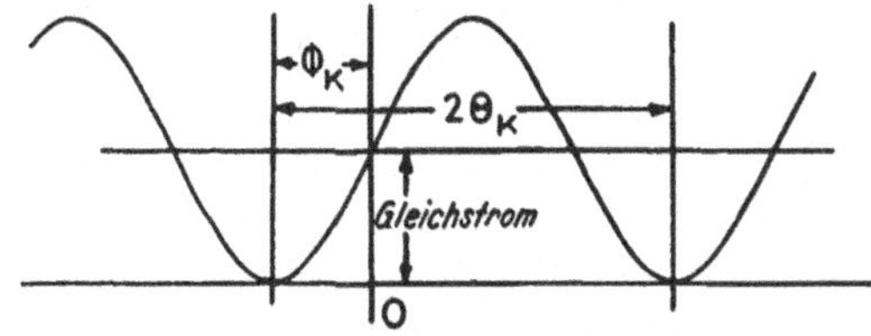

Abb. 69. Anodenstrom im Kurzschluß bei einem Ladegleichrichter mit Anodendrosselspulen.

überlagerten Gleichstrom, der dem Scheitelwerte des Wechselstromes gleich ist. Es ist jetzt kein Stromanteil vorhanden, der mit der Zeit ansteigt, weil keine gleichstromseitige Gegenspannung wirksam ist, die einen solchen Strom erzeugen würde. Jede Anode brennt dauernd; dies muß so sein, damit der über die Brennzeit gebildete Mittelwert der Wechselspannung Null ist. Der Scheitelwert des Wechselstromanteiles des Stromes ist $\dfrac{\sqrt{2}\,E}{\omega L}$ und dies ist auch der Beitrag, der von jeder Phase zu dem gleichstromseitigen Kurzschlußstrom geliefert wird. Die Wellenform des Anodenstromes im Kurzschlußfall nach Abb. 69 wird als Bezugsgrundlage für alle folgenden Überlegungen angenommen und der zugehörige Gleichstrom wird als gleichstromseitiger Nennkurzschlußstrom bezeichnet.

Bei p Phasen ist der gleichstromseitige Nennkurzschlußstrom

$$J_k = \frac{\sqrt{2}\,E \cdot p}{\omega L} \qquad \ldots \ldots \ldots \ldots \quad (24)$$

Der tatsächlich auftretende Kurzschlußstrom ist nur dann gleich dem Nennkurzschlußstrome, wenn entweder der gesamte Blindwiderstand in den Anodenleitungen liegt oder wenn keine gegenseitige Beeinflussung der Phasen eintritt.

Verwendet man die Gleichung (24), um in Gleichtung (23) E, p und $\omega \cdot L$ zu eliminieren, so erhält man:

$$\frac{J}{J_k} = \frac{1}{\pi}\left[\sin(\Theta - \Phi)\sin\Theta + \Theta\sin\Phi - \Theta^2\cos\Phi\right] \quad . \ . \quad (25)$$

Dies ist die in Abb. 67 dargestellte Abhängigkeit.

Wirkungsweise von Drosselspulen auf der Primärseite des Transformators. Bisher ist angenommen worden, daß der Blindwiderstand des Gleichrichterstromkreises in den Anodenzuleitungen vereinigt ist (Anodendrosselspulen). Nunmehr sollen die Wirkungen einer anderen Verteilung des Blindwiderstandes untersucht werden. Bei geringen Belastungen, wobei die Brennzeit jeder Anode des Einphasen-Ladegleichrichters kleiner als 180° ist, beeinflußt die Anordnung des Blindwiderstandes auf der Primär- oder Sekundärseite des Transformators weder die abgegebene Spannung, noch die Wellenform des Stromes. Jedoch ist bei Verwendung primärer Ladedrosseln der Blindwiderstand, welcher bei der Umschaltung des Anodenstromes auftritt, nur halb so groß wie derjenige, welcher den Nennkurzschlußstrom J_k bestimmt.

Falls die Brennzeit einer Anode 180° oder mehr beträgt, ist eine besondere Untersuchung anzustellen. Betrachten wir den Fall, daß der gesamte Blindwiderstand entweder in der Primärwicklung eines Transformators mit getrennten Wicklungen oder in den Netzanschlußleitungen eines Spartransformators liegt. In diesem Falle kann die Brennzeit einer Anode 180⁰ nicht übersteigen, denn wenn die eine Anode Strom führt, hat sie die Batteriespannung und die andere Anode weist eine gleich große negative Spannung auf. Daher kann immer nur eine Anode Strom führen und die Brennzeit ist kleiner oder gleich 180⁰.

Die Wellenformen des Anodenstromes und der Anodenspannung, die man unter diesen Umständen erhält, zeigt Abb. 70. Sie weichen in doppelter Hinsicht erheblich von den Wellenformen bei sekundärem Blindwiderstand ab. Zunächst ist in dem Zeitpunkte, wo eine Anode Strom zu führen beginnt, die induzierte Anodenspannung nicht gleich der Batteriespannung. Die Brennzeit der einen Anode beginnt, nachdem die der anderen beendet ist, weil nunmehr die Spannung der erstgenannten Anode höher

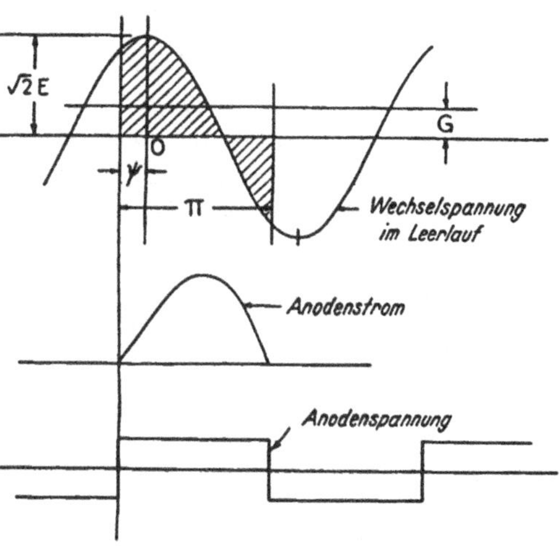

Abb. 70. Spannungs- und Stromwellenformen bei einem Ladegleichrichter mit Primärdrosselspulen.

ist, als die Batteriespannung, wenn man von der während des Stromanstieges in der Primärdrosselspule auftretenden Gegenspannung absieht. Dieses rasche Einsetzen des Anodenstromes ist ein Unterschied gegenüber dem Verhalten des Gleichrichters mit sekundärem Blindwiderstand, wo die Geschwindigkeit des Stromanstieges zu Beginn der Brennzeit gleich Null ist. Ein weiterer Unterschied ist das Verhalten im Kurzschluß. Bei Verwendung einer Primärdrosselspule ist die Kurzschluß-Stromwelle die Hälfte einer Sinuswelle (Abb. 71) und erstreckt sich nur über 180⁰, während bei Verwendung von Anodendrosselspulen, wie erwähnt,

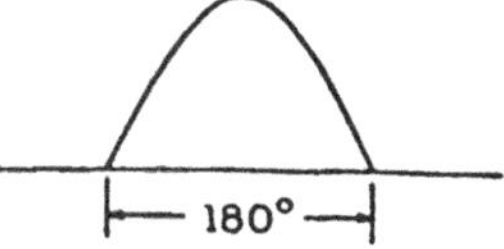

Abb. 71. Anodenstrom im Kurzschluß bei einem Ladegleichrichter mit Primärdrosselspulen.

sämtliche Anoden im Kurzschlußfalle dauernd brennen, also eine Brennzeit von 360⁰ aufweisen.

Spannungsabfall-Kennlinie eines Batterielade-Gleichrichters mit Primärdrosselspule. Die Spannungsabfallkurve eines Gleichrichters, dessen gesamter Blindwiderstand auf der Primärseite des Transformators liegt, verläuft ähnlich wie bei einem Gleichrichter mit sekundärem Blindwiderstand, dessen Brennzeit kleiner als 180⁰ ist; es besteht jedoch ein wichtiger Unterschied. Da nunmehr die Sekundärwicklungen einander gegenseitig beeinflussen, ist der scheinbare sekundäre Blindwiderstand je Wicklung bei einem Kurzschluß, der beide Sekundärwicklungen betrifft, doppelt so groß als beim Kurzschluß einer einzigen Wicklung.

Bei Berechnung des Nenn-Kurzschlußstromes ist das Doppelte jenes Blindwiderstandes einzusetzen, der für die Berechnung des Spannungsabfalles gilt. Das Verhältnis J/J_k hat bei gleichem Spannungsabfall den doppelten Wert wie bei Verwendung von Anodendrosselspulen.

Die Spannungsabfall-Kennlinie von dem Punkte an, wo die Brennzeit einer Anode 180° beträgt, bis zum Kurzschluß kann in ähnlicher Weise berechnet werden, wie der erste Teil der Linie. Wenn der Anodenstrom bei einem Winkel ψ vor Erreichung des Höchstwertes der Leerlaufswechselspannung einsetzt, ist

$$G = \frac{\sqrt{2}\,E}{\pi} \int_{-\psi}^{\pi-\psi} \cos \Theta\, d\Theta = \frac{\sqrt{2}\,E}{\pi} \left[\sin \Theta \right]_{-\psi}^{\pi-\psi} = \frac{2\sqrt{2}\,E \sin \psi}{\pi} \ . \quad (26)$$

Der von der Wechselspannung erzeugte Wechselstromanteil des Stromes ist $\dfrac{\sqrt{2}\,E}{\omega L} \sin \omega t$ und der entsprechende Ausgleichsstrom $\dfrac{\sqrt{2}\,E \sin \psi}{\omega L}$.

Der von der Gegenspannung erzeugte Strom ist $-\dfrac{2\sqrt{2}\,E \sin \psi}{\pi} \cdot \dfrac{t + \psi/\omega}{L}$.

Daher ergibt sich der Anodenstrom

$$i = \frac{\sqrt{2}\,E}{\omega L} \left[\sin \omega t + \sin \psi - \frac{2 \sin \psi}{\pi} (\omega t + \psi) \right] \quad . \ . \quad (27)$$

und der Mittelwert des Anodenstromes ist

$$\frac{J}{p} = \frac{\sqrt{2}\,E}{2 \pi \omega L} \int_{-\psi}^{\pi-\psi} \left[\sin \omega t + \sin \psi - \frac{2 \sin \psi}{\pi} (\omega t + \psi) \right] d\,(\omega t) =$$

$$= \frac{\sqrt{2}\,E}{2 \pi \cdot \omega L} \left[- \cos (\omega t) + \omega t \sin \psi - \frac{2 \sin \psi}{\pi} \frac{(\omega t + \psi)^2}{2} \right]_{-\psi}^{\pi-\psi} =$$

$$= \frac{\sqrt{2}\,E}{2 \pi \omega L} \left[2 \cos \psi + \pi \sin \psi - \pi \sin \psi \right] = \frac{\sqrt{2}\,E \cos \psi}{\pi \omega L} \ . \quad (28)$$

Der zweite Abschnitt der Spannungsabfall-Kennlinie kann auch durch Betrachtung der Abb. 72, welche aus Abb. 66 durch die Annahme $2\Theta = \pi$ entsteht, bestimmt werden. Die Wechselspannung ist wie früher $e = \sqrt{2}\,E \cos \omega t$. Der Wechselstromanteil ist $i_a = \dfrac{\sqrt{2}\,E}{\omega L} \sin \omega t$.

Der Ausgleichsstrom i_c und der von der Gegen-EMK erzeugte Strom i_d sind entgegengesetzt gerichtet und zu addieren, wodurch die in Abb. 72

eingezeichnete Gerade i_d entsteht, deren Schnittpunkte mit der Sinuslinie i_a diejenigen Punkte sind, wo der Strom den Wert Null hat (Anfangs- und Endpunkt der Brennzeit einer Anode). Die Gerade i_d liegt symmetrisch zur Abszissenachse, so daß der Strom i_d den Mittelwert des Gesamtstromes nicht beeinflußt, welcher vielmehr vollständig durch den Mittelwert der Sinuskomponente, das ist der Mittelwert einer Sinuswelle von 180°, bestimmt ist.

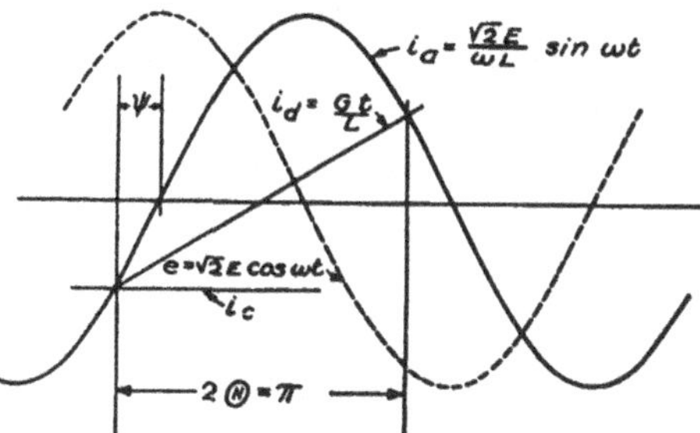

Abb. 72. Die Komponenten des Anodenstromes bei einem Ladegleichrichter mit Primärdrosselspulen. e = Anodenspannung, i_a = von der Anodenspannung erzeugter Wechselstrom, i_c = Ausgleichsstrom, hervorgerufen durch das Einsetzen von i_a, i_d — von der gleichstromseitigen Gegenspannung erzeugter Strom.

$$\frac{J}{p} = \frac{\sqrt{2}\,E}{X} \cdot \frac{1}{2\pi} \cdot \int_{-\psi}^{-\psi+\pi} \sin \omega t \, d(\omega t) = \frac{\sqrt{2}\,E}{X} \cdot \frac{1}{\pi} \cos \psi.$$

Die Änderung von i_d während der Zeit π ist

$$\frac{2\sqrt{2}\,E}{X} \sin \psi = \frac{G \dfrac{\pi}{\omega}}{L} = \frac{\pi G}{X}$$

oder

$$G = \frac{2\sqrt{2}\,E}{\pi} \sin \psi.$$

Es ist somit die früher auf anderem Wege abgeleitete Gleichung (26) bestätigt.

Der vom Gleichrichter gelieferte Strom und die gelieferte Gleichspannung sind Sinus- und Cosinus-Funktionen einer und derselben Veränderlichen; d. h. die Spannungsabfall-Kennlinie ist ein Teil einer Ellipse. Der Nennkurzschlußstrom je Phase ist

$$\frac{J_k}{p} = \frac{\sqrt{2}\,E}{\omega L'} \quad \ldots \ldots \ldots \ldots \quad (29)$$

wobei $\omega L'$ der Blindwiderstand bei vollständigem Kurzschluß ist. Es wurde schon früher gefunden, daß L' das Doppelte von L ist. Es ist also

$$\frac{J}{J_k} = \frac{2 \cos \psi}{\pi} \quad \ldots \ldots \ldots \ldots \quad (30)$$

welches Verhältnis den Höchstwert $\dfrac{2}{\pi}$ bei $\psi = 0$ hat.

Die vollständige Spannungsabfall-Kennlinie eines Ladegleichrichters mit Primärdrosselspule zeigt Abb. 73. Die Linie liegt günstiger als bei sekundärem Blindwiderstand für solche Anwendungen, wo der Kurzschlußstrom nur ein geringes Vielfaches des bei normaler Betriebsspannung auftretenden Stromes betragen soll (Ladung mit praktisch konstantem Strom).

Spannungsabfall von Ladegleichrichtern mit verteiltem Blindwiderstand. Der Spannungsabfall eines Ladegleichrichters, dessen Blindwiderstand auf die Primär- und Sekundärseite des Transformators verteilt ist, kann für eine Brennzeit kleiner als 180° schnell berechnet werden. Durch Messung des scheinbaren Blindwiderstandes der Sekundärwicklungen, wobei immer nur eine Wicklung kurzgeschlossen wird, erhält man einen Wert, der in den Rechnungen als in den Anodenleitungen liegend verwendet werden kann. Setzt man diesen bei einphasigem statt bei vollständigem Kurzschluß erhaltenen Blindwiderstand in die Gleichung für den Nennkurzschlußstrom ein, so erhält man eine besondere Größe, als deren Bruchteil der gelieferte Gleichstrom ausgedrückt werden kann, ebenso wie er im Falle ausschließlich sekundären Blindwiderstandes als Bruchteil von J_k ausgedrückt wurde. Die Spannungsabfall-Kennlinie entspricht also wie im vorerwähnten Falle der Abb. 68 mit der Ausnahme, daß J als Bruchteil der eben definierten Sondergröße gemessen wird, statt als Bruchteil von J_k.

Sobald die Brennzeit 180° überschreitet, darf dieses Verfahren nicht mehr angewendet werden. Dieser Fall ist jedoch von so geringem praktischen Interesse, daß er nicht weiter behandelt werden soll.

Bauart der Transformatoren für Ladegleichrichter. Drosselspulen in den Anodenzuleitungen sind teuer, weil sie der Vorsättigung durch den Gleichstrom unterliegen; dies ist ein weiterer Grund für die Verwendung von Primärdrosselspulen, außer für den Erregerstromkreis, wo eine starke Stromüberlappung von größter Wichtigkeit ist. Der primäre Blindwiderstand muß jedoch nicht eine getrennte Drosselspule sein, es ist vielmehr nur nötig, die Primärwicklungen von den Sekundärwicklungen so abzusondern, daß zwischen ihnen eine beträchtliche Streuung auftritt. Die auf diese Weise entstandene Streureaktanz kann als primärer Blindwiderstand angesehen werden. Die beiden Sekundär-

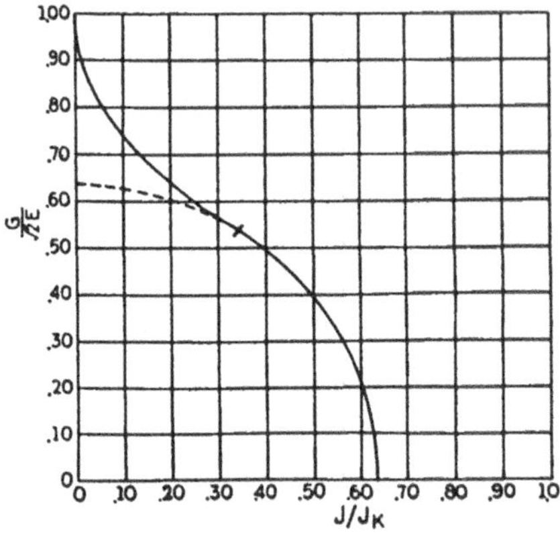

Abb. 73. Belastungskennlinie eines Ladegleichrichters mit Primärdrosselspulen.

$$\frac{G}{\sqrt{2\,E}} = \frac{\text{Gleichspannung}}{\text{Höchstwert der Phasenspannung.}}$$

$$\frac{J}{J_k} = \frac{\text{Gleichstrom}}{\text{Gleichstromseitiger Nennkurzschlußstrom.}}$$

wicklungen müssen jedoch so angeordnet werden, daß zwischen ihnen praktisch keine Streuung auftritt.

Die Spannung eines Ladegleichrichters hängt von der Art der Belastung ab. Es ist interessant, daß die von einem Ladegleichrichter der besprochenen Bauart gelieferten Gleichspannung von der Gegen-EMK der angeschlossenen Batterie abhängt. Wenn die Batterie durch einen Widerstand ersetzt wird, der imstande ist, dieselbe Leistung bei der Batteriespannung aufzunehmen, fällt die Spannung des Gleichrichters. Der Gleichrichter liefert bei Batterieladung bloß während eines Teiles der Periode Strom, so lange nämlich die von ihm abgegebene Spannung größer ist als die Gegenspannung der Batterie; während der stromlosen Pause wird die Klemmenspannung des Gleichrichters durch die Batterie aufrecht erhalten. Wenn die Batterie durch einen Widerstand ersetzt wird, ist dieser nicht nur außerstande, eine konstante Spannung aufrecht zu erhalten, sondern er entnimmt auch fortwährend Strom, und zwar von jener Anode, welche die höchste positive Spannung hat, und vermindert daher den Mittelwert der Spannung durch Verlängerung der Brennzeit.

Ladegleichrichter für Blei-Akkumulatoren-Batterien. Bei der Ladung von Blei-Akkumulatoren liegt die Aufgabe vor, eine bestimmte Zahl von Amperestunden innerhalb der verfügbaren Zeit in die Batterie hineinzuschicken. Wenn die Batterie nahezu entladen ist, kann mit einem ziemlich hohen Anfangsstrom geladen werden, aber in dem Maße, als sich die Batterie auflädt, muß der Ladestrom herabgesetzt werden, weil sonst statt der gewünschten chemischen Veränderung der Platten Gasentwicklung und Erwärmung eintritt. Ferner steigt bei der Ladung der Batterie ihre Gegenspannung und es ist eine höhere Ladespannung notwendig, auch dann, wenn der Ladestrom herabgesetzt wird. Der Verlauf der Ladespannung und des Ladestromes einer Blei-Akkumulatoren-Batterie, welche in üblicher Weise geladen wird, ist in Abb. 74 dargestellt.

Es ist möglich, einen Ladegleichrichter so zu bemessen, daß sich der Ladestrom bei fortschreitender Ladung und steigender Gegenspannung selbsttätig auf den richtigen Wert vermindert, so daß jede Nachregelung entfällt. Hierzu muß man der in Abb. 68 oder 73 dargestellten Spannungsabfall-Kennlinie die erforderliche Neigung geben. Um die Anwendung zu erleichtern, wählt man sowohl für den

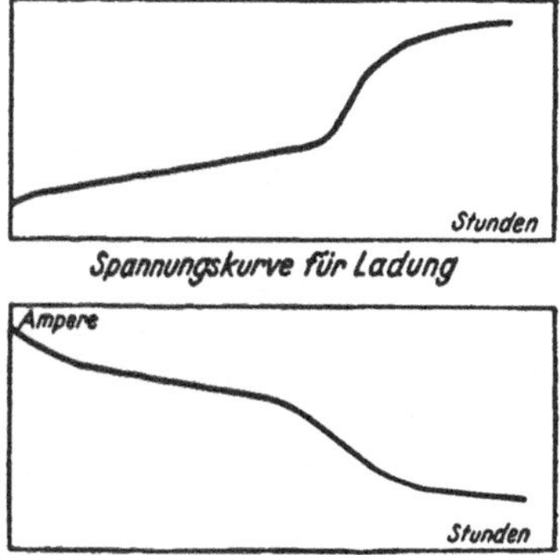

Abb. 74. Verlauf des Ladestromes und der Ladespannung bei der Akkumulatorenladung.

Ladestrom als auch für die Ladespannung logarithmische Maßstäbe und erhält durch Umzeichnung der Abb. 68 und 73 die Abb. 75. Man wählt ein passendes Verhältnis der Ladeströme am Anfang und Ende der Ladung (in dem in der Abbildung angedeuteten Beispiele $J_1/J_2 = 3,5$) und trägt die diesem Verhältnis entsprechende Strecke auf der Abszissenachse auf. Die Spannungen am Anfang und am Ende der Ladung sind ebenfalls bekannt und ihr Verhältnis wird durch eine bestimmte Strecke auf der Ordinatenachse dargestellt (beispielsweise $G_2/G_1 = 1,085$). Nun verbindet man die auf der Abszissen- und Ordinatenachse erhaltenen Punkte miteinander und erhält die Neigung, welche die logarithmische Belastungskennlinie haben muß, damit sich die gewählten Verhältnisse der Ladeströme und Ladespannungen am Anfang und am Ende der Ladung ergeben. Man findet auf zeichnerischem Wege die Sehnen der in Abb. 75 eingezeichneten Kennlinien, welche mit der vorerwähnten Verbindungsstrecke parallel und gleich sind. Die Ordinaten der Endpunkte dieser Sehnen sind die Werte des Verhältnisses $\dfrac{G}{\sqrt{2E}}$ am Anfang und Ende der Ladung. Es ist demnach der Effektivwert der Anodenspannung E bereits bestimmt.

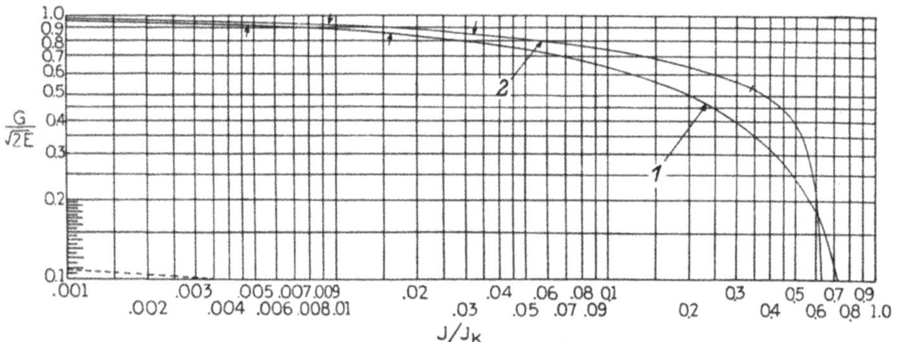

Abb. 75. Belastungskennlinien von Ladegleichrichtern mit logarithmischen Maßstäben. Kurve 1 ... für Gleichrichter mit Anodendrosselspulen, Kurve 2 ... für Gleichrichter mit Primärdrosselspulen. Diese Abbildung dient der graphischen Berechnung von Ladegleichrichtern.

Die Wirkung des Lichtbogenabfalles. Der Lichtbogenabfall ist bis jetzt vernachlässigt worden; er muß aber bei der praktischen Anwendung Berücksichtigung finden. Da er im wesentlichen konstant ist, kann er als Teil der Batteriespannung behandelt werden. Die Spannung G besteht dann aus der Batteriespannung, vermehrt um den Lichtbogenabfall.

Ein Beispiel für die Berechnung eines Ladegleichrichters. Nehmen wir an, daß die Vollaufladung einer bestimmten Blei-Akkumulatoren-Batterie mit einem Anfangsladestrome gleich dem 3,5 fachen des Stromes am Ende der Ladung in 8 Stunden durchzuführen ist und daß während der Ladung die Spannung einer Zelle von 2,21 auf 2,48 V steigt. Wenn die Batterie 16 Zellen hat und der Lichtbogenabfall des Gleichrichters

15 V beträgt, ist die Spannung am Anfang der Ladung $G_1 = (16 \times 2,21)$ $+ 15 = 50,36$ V und die Spannung am Ende der Ladung $G_2 = (16 \times 2,48)$ $+ 15 = 54,68$ V. Das Verhältnis dieser Spannungen ist 1,085. Es ergibt sich auf die im Vorstehenden auseinandergesetzte Art die in der linken unteren Ecke der Abb. 75 eingezeichnete geneigte Strecke. Die Pfeile in der Abbildung zeigen auf die Punkte der beiden Spannungsabfall-Kennlinien, zwischen denen Strecken dieser Länge und Richtung liegen. Man erkennt, daß der Wert $\dfrac{G}{\sqrt{2E}}$ am Anfang der Ladung gleich 0,848 und am Ende der Ladung gleich 0,92 ist. Demnach ist der Effektivwert der sekundären Phasenspannung

$$E = \frac{G_1}{\sqrt{2} \cdot 0,848} = \frac{G_2}{\sqrt{2} \cdot 0,92} = 42\,\text{V}.$$

In Abb. 75 sind die Ströme als Bruchteile des gleichstromseitigen Nennkurzschlußstromes aufgetragen. Da die Ladeströme J_1 und J_2 und deren Verhältnisse zum Nennkurzschlußstrom J_k bekannt sind, ist auch der letztere bekannt und der erforderliche Blindwiderstand aus den Gleichungen (24) oder (29) bestimmbar.

Der Effektivwert des Anodenstromes. Man kann den Effektivwert des Anodenstromes erhalten, indem man seine nach Gleichung (22) bestimmten Momentanwerte quadriert, integriert, den Mittelwert der Stromquadrate bildet und dann die Quadratwurzel zieht. Dies ist ein ziemlich zeitraubendes und ungenaues Verfahren. Die Ergebnisse zeigt Abb. 76. Das Verhältnis des Effektivwertes zum Mittelwert ist ungefähr das Eineinviertelfache der Quadratwurzel aus dem reziproken Wert der Brennzeit ist. Dies ist nicht verwunderlich, denn für Rechteckswellen ist das Verhältnis des Effektivwertes zum Mittelwerte

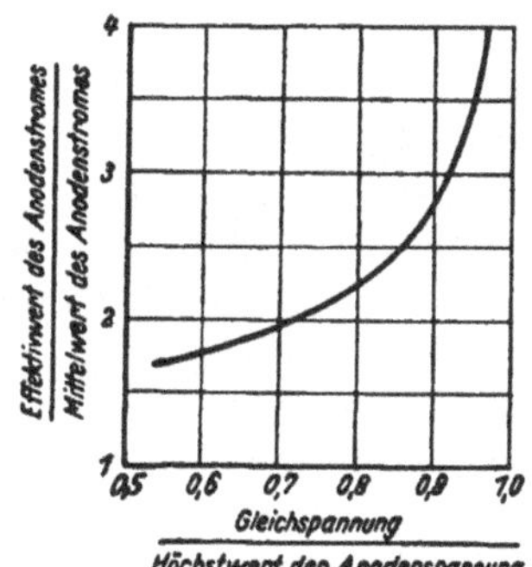

Abb. 76. Das Verhältnis des Effektivwertes des Anodenstromes zu seinem Mittelwert bei Ladegleichrichtern.

genau gleich der Quadratwurzel aus dem reziproken Wert der Brennzeit. (Die Beziehung zwischen der Brennzeit und dem Spannungsverhältnisse $\dfrac{G}{\sqrt{2E}}$ ist in Abb. 67 dargestellt.) Die Abb. 76 bezieht sich nur auf Brennzeiten kleiner als 180°. Bei Gleichrichtern dieser Art ist die primäre Scheinleistung in Voltampere gleich dem $\dfrac{1}{\sqrt{2}}$-fachen der Summe der Scheinleistungen der Sekundärwicklungen.

Ladung von Stahl-Nickel-Akkumulatoren. Obwohl die vorgeführten Beispiele sich auf Blei-Akkumulatoren beziehen, können die Kurven

und Gleichungen ebensogut für Stahl-Nickel-Akkumulatoren (Edison-
oder Jungner-Akkumulatoren, letztere auch Nife-Akkumulatoren genannt) verwendet werden. Bei Blei-Akkumulatoren ist es günstig, den
Ladestrom im Verlauf der Ladung stark abnehmen zu lassen, während
der unempfindliche Stahl-Nickel-Akkumulator am besten mit fast konstantem Strom geladen wird. Man gibt also der Belastungskennlinie eines
Ladegleichrichters für Stahl-Nickel-Akkumulatoren eine viel größere
Neigung als derjenigen eines Ladegleichrichters für Blei-Akkumulatoren,
wodurch man eben erreicht, daß hier die erforderliche Steigerung der Ladespannung bei verhältnismäßig kleinem Rückgang des Ladestromes eintritt.

9. Kapitel.

Spannungsabfall von Gleichrichtern, deren gesamter Blind-
widerstand in den Sekundärwicklungen liegt[1]).

Wir fanden im vorigen Kapitel bei der Berechnung der Wirkungsweise von Batterie-Ladegleichrichtern, welche ausschließlich in den
Anodenzuleitungen Blindwiderstand besitzen, eine Lösung, die sich später
als mit geringen Abänderungen auch für andere Verhältnisse anwendbar
erwies. Bei der Besprechung von Gleichrichtern mit Drosselspulen im
Gleichstromkreis soll mit der gleichen Annahme begonnen werden, denn
obwohl in der Praxis Gleichrichter, welche nur auf der Sekundärseite des
Transformators Blindwiderstand besitzen, nicht vorkommen, sind die
unter dieser Annahme ermittelten Ergebnisse doch wertvoll. Es wird angenommen, daß der Lichtbogenabfall und die Wirkwiderstände so klein
sind, daß ihr Einfluß auf die Wellenform vernachlässigt werden kann.
Man braucht sie erst am Ende der Rechnungen in Betracht zu ziehen, wo
sie durch eine einfache Korrektur berücksichtigt werden können. Wir sehen
also den Spannungsabfall als hauptsächlich durch die Blindwiderstände
der Transformatorwicklungen verursacht an, was durch die Tatsachen
vollkommen gerechtfertigt wird, wenn man ganz kleine Transformatoren
mit unverhältnismäßig hohen Wirkwiderständen außer Betracht läßt.
Gleichrichter mit unendlicher Phasenzahl. Es empfiehlt sich, von
einem hypothetischen Gleichrichter mit unendlicher Phasenzahl auszu-
gehen. Außer bei Leerlauf brennt hier immer eine ganze Reihe von
Anoden gleichzeitig. Jede Phase übernimmt zu Beginn ihrer Brennzeit
langsam Strom und gibt ihn am Ende ihrer Brennzeit an andere Phasen
mit höherer induzierter Spannung ab. Es brennt daher eine Phase nicht
nur so lange, als sie im Vergleich mit den anderen Phasen die höchste
induzierte Spannung aufweist, sondern sie führt auch noch Strom, nachdem ihre induzierte Spannung unter diejenigen einiger nachfolgender
Phasen gefallen ist. In Abb. 77 sind die Sekundärwicklungen in Stern ge-

---

[1]) Die Darstellung in diesem Kapitel folgt, wie im Vorworte erwähnt, der Arbeit
von Dällenbach und Gerecke.

schaltet und das freie Ende jeder Wicklung mit einer Anode verbunden zu denken. Der Strom fließt von diesen Anoden zu einer gemeinsamen Kathode, dann durch den Gleichstromkreis und zurück zum Sternpunkt. Jede Sekundärwicklung soll eine Induktivität L besitzen, welche, abgesehen von der Gleichstrom-Drosselspule, die ganze in Rechnung zu ziehende Induktivität sein soll. Die Gleichstrom-Drosselspule soll genügend groß sein, um jede Welligkeit des Gleichstromes zu unterdrücken. Die Phasengruppe, welche in einem bestimmten Augenblick Strom führt, umfaßt einen Winkel 2Θ und das bedeutet, daß die induzierten Spannungen der zu irgendeinem Zeitpunkte stromführenden Wicklungen untereinander Phasenver-

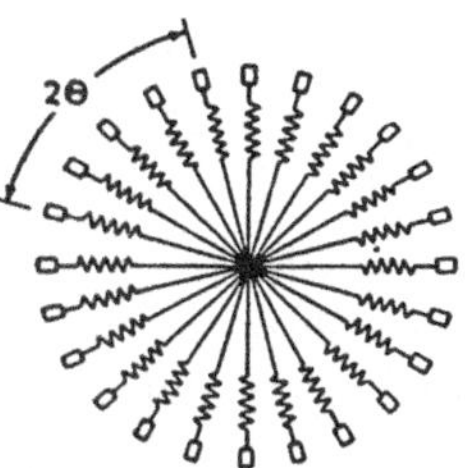

Abb. 77. Gleichrichter mit unendlicher Phasenzahl. 2Θ = Brennzeit, zugleich Ausdehnung der stromführenden Phasengruppe.

schiebungen bis zur Größe dieses Winkels aufweisen und daß die Brennzeit jeder einzelnen Anode gleich 2Θ ist.

Spannung der stromführenden Phasengruppe. Obwohl die induzierten Spannungen der zu irgendeinem Zeitpunkte stromführenden Wicklungen nicht gleich sind, kann sich dieser Unterschied an den Anoden nicht zeigen. Die stromführenden Anoden sind in bezug auf die Kathode im wesentlichen alle auf dem gleichen Potential, denn der Lichtbogenabfall ist nicht nur klein, sondern auch praktisch konstant. Der bei irgendeiner Wicklung auftretende Unterschied zwischen der Klemmenspannung und der induzierten Spannung wird dazu verwendet, um eine Änderung des Stromes dieser Wicklung zu bewirken. Wenn also g das Potential der stromführenden Phasengruppe ist und die induzierte Phasenspannung für die Phase a gleich ist $\sqrt{2}\,E \sin(\omega t + \psi_a)$, so ist die Differenz dieser beiden Spannungen gleich $L\,\dfrac{d\,i_a}{d\,t}$.

Da die Summe der Anodenströme durch die Gleichstrom-Drosselspule konstant gehalten wird, muß die Summe ihrer Änderungen gleich Null sein. Wenn man die Spannungen der verschiedenen Anoden addiert, findet man die Spannung der Gruppe als Mittelwert der in den stromführenden Wicklungen induzierten Spannungen.

$$\sqrt{2}\,E \sin(\omega t + \psi_1) - L\,\frac{d\,i_1}{d\,t} = g$$

$$\sqrt{2}\,E \sin(\omega t + \psi_2) - L\,\frac{d\,i_2}{d\,t} = g$$

$$\sqrt{2}\,E \sin(\omega t + \psi_3) - L\,\frac{d\,i_3}{d\,t} = g$$

$$\cdots \cdots \cdots \cdots \cdots \cdots \cdots \cdots$$

$$\Sigma\sqrt{2}\,E \sin(\omega t + \psi_a) - \Sigma L\,\frac{d\,i_a}{d\,t} = ng.$$

wobei n die Zahl der gleichzeitig stromführenden Anoden ist. Da

$$\Sigma L \frac{d\,i_a}{d\,t} = 0$$

ist, so ergibt sich

$$g = \frac{1}{n}\, \Sigma \sqrt{2}\, E \sin(\omega t + \psi_a) \qquad \ldots \ldots (31)$$

Im Falle einer unendlichen Phasenzahl tragen immer so viele Phasen zur Bildung von g bei, daß diese Spannung keine Welligkeit aufweist und den Wert der konstanten Gleichspannung G besitzt.

Die Drosselspule im Gleichstromkreis ist also in diesem Falle überflüssig. Ferner kann in Gleichung (31) statt der Summe ein Integral gesetzt werden. Dieses Integral weist dann den höchsten Wert auf, wenn die induzierte Spannung der Wicklung in der Mitte der stromführenden Gruppe ihren Scheitelwert besitzt. Der Höchstwert des Integrals ist:

$$g_{\text{max}} = \frac{1}{2\Theta} \int_{-\Theta}^{+\Theta} \sqrt{2}\, E \cos(\omega t)\, d(\omega t) = \frac{\sqrt{2}\, E \sin\Theta}{\Theta} \qquad \ldots (32)$$

Da die mittlere induzierte Spannung einer bestimmten Wicklungsgruppe die Summe von sinusförmigen Spannungen einer einzigen Frequenz ist, so ist sie selbst sinusförmig und von der gleichen Frequenz. Ihr Höchstwert g_{max} ist phasengleich mit der induzierten Spannung der Wicklung in der Mitte der Gruppe. Auf diese Weise ist es möglich, die Spannung der Gruppe stromführender Phasen zu berechnen, wenn die Größe der Gruppe 2Θ und die Phasenlage der in der mittleren Wicklung induzierten Spannung bekannt ist.

Der Eintritt einer Phase in die stromführende Gruppe. Eine Phase tritt dann in die stromführende Gruppe ein, wenn ihre induzierte Spannung den Wert der mittleren induzierten Spannung der Gruppe (siehe

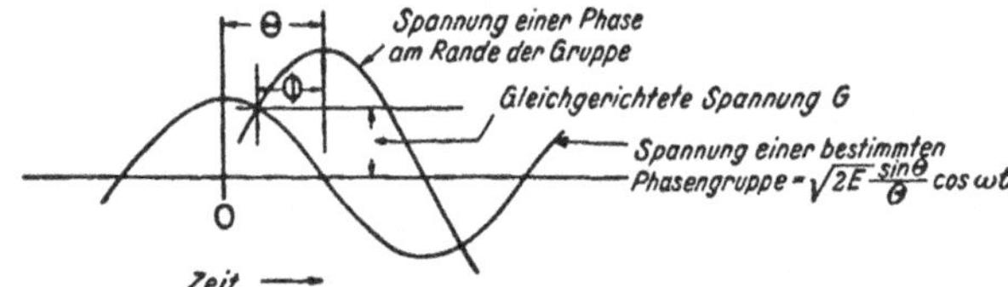

Abb. 78. Spannungsverhältnisse im Augenblick des Hinzutretens einer neuen Phase zur stromführenden Gruppe bei einem Gleichrichter mit unendlicher Phasenzahl.

Abb. 78) erreicht; so lange ihre induzierte Spannung größer ist als die der Gruppe, wächst ihr Strom andauernd. Nachdem sie während einer Zeit in der stromführenden Gruppe verweilt, fällt ihre induzierte Spannung unter die der Gruppe und dann nimmt ihr Strom ständig ab, bis er den Nullwert erreicht; in diesem Augenblick verläßt die betrachtete Phase die stromführende Gruppe.

Eigenschaften eines Gleichrichters mit unendlicher Phasenzahl. Der über die Brennzeit einer Phase gebildete Mittelwert ihrer induzierten Spannung muß ebenso groß sein wie die mittlere induzierte Spannung aller gleichzeitig stromführenden Phasen; diese ist aber gleich der abgegebenen Spannung G. Daher muß die abgegebene Spannung eines Gleichrichters mit unendlicher Phasenzahl ebenso groß sein, wie die eines Ladegleichrichters bei gleicher Brennzeit. Denn in beiden Fällen beginnt die Stromführung, wenn die induzierte Spannung dem Mittelwerte während der Brennzeit gleich ist und diese mittlere Spannung ist die abgegebene Spannung. Ferner werden den Sekundärwicklungen in beiden Fällen dieselben Spannungen aufgedrückt und es müssen ähnliche Stromwellen entstehen. Aus diesen Gründen ist die Belastungskennlinie eines Gleichrichters mit unendlich vielen Phasen die gleiche, wie die in Abb. 68 dargestellte Belastungskennlinie eines Ladegleichrichters mit sekundärem Blindwiderstand.

Das gleichzeitige Brennen mehrerer Anoden. Es sollen nunmehr die Verhältnisse betrachtet werden, wenn bei endlicher Phasenzahl mehrere Anoden gleichzeitig brennen. Beim Ladegleichrichter haben wir gesehen, wie der Anodenstrom dadurch bestimmt werden kann, daß man die in der Phase auftretenden Spannungen voneinander trennt und den von jeder Teilspannung verursachten Strom gesondert berechnet. In dem jetzt betrachteten Falle beginnt die Brennzeit einer Anode ebenfalls dann, wenn die induzierte Spannung der zugehörigen Wicklung gleich dem Mittelwerte der induzierten Spannungen aller stromführenden Wicklungen ist. Dieser Mittelwert kann jedoch infolge der durch die beschränkte Phasenzahl verursachten Welligkeit nicht mehr als andauernd ebenso groß, wie die abgegebene Gleichspannung angesehen werden. Vielmehr muß der Mittelwert besonders berechnet werden.

Die Bedingungen für den Eintritt einer Phase in die stromführende Gruppe. Die Brennzeit einer Anode beginnt, wenn ihre positive induzierte Spannung größer wird, als die mittlere Spannung der stromführenden Anoden. Wenn beispielsweise in Abb. 79 die Anode t allein Strom führt,

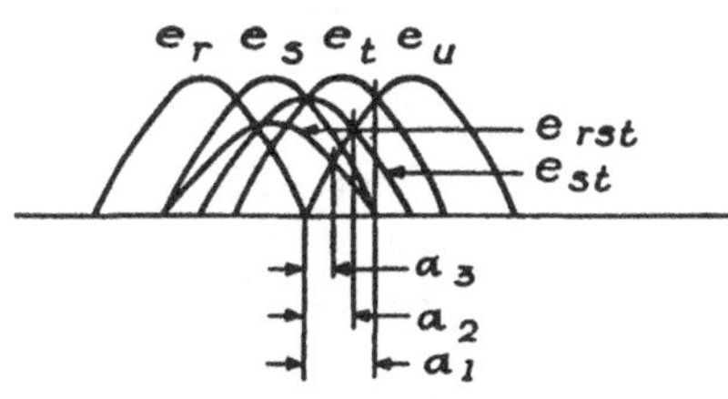

Abb. 79. Spannungsverhältnisse im Augenblick des Hinzutretens einer neuen Phase zur stromführenden Gruppe bei einem Gleichrichter mit endlicher Phasenzahl. e_r, e_s, e_t, e_u ... Phasenspannungen. e_{st} ... Gruppenspannung bei 2 gleichzeitig brennenden Phasen. e_{rst} ... Gruppenspannung bei 3 gleichzeitig brennenden Phasen.

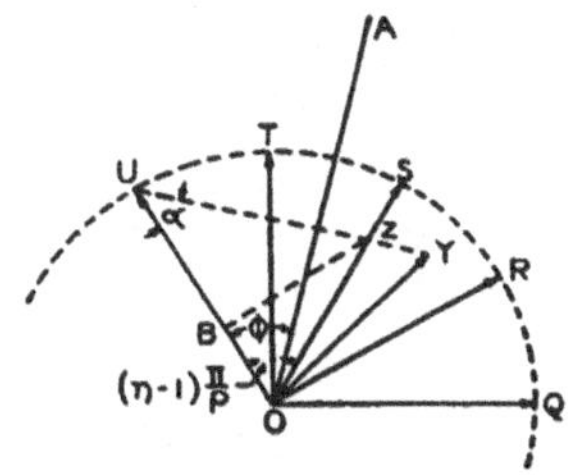

Abb. 80. Vektordiagramm für den Zeitpunkt des Eintrittes einer Phase in die stromführende Gruppe. Q, R, S, T ... Phasenspannungen der brennenden Phasen. Y ... Mittelwert (Spannung der stromführenden Gruppe). A ... Phasenlage der Gruppenspannung nach Erlöschen von Q und Beginn der Brennzeit von U.

beginnt die Umschaltung bei α_1, wo e_u größer wird als e_t. Wenn die Anoden s und t Strom führen, braucht e_u nur deren mittlere Spannung e_{st} zu übersteigen, was bei α_2 der Fall ist und so fort. Die Werte von α für die Schnittpunkte der Spannungskurven können nach Art der Abb. 79 einzeln bestimmt werden. Ein besseres Verfahren ist jedoch die Vektordarstellung der Spannungen in Abb. 80. Die induzierten Spannungen von $(n-1)$ Phasen q, r, s und t, welche bereits Strom führen, werden durch die Vektoren OQ, OR, OS und OT dargestellt. Ihr Mittelwert ist OY. Der Vektor OU entspricht der Spannung der hinzukommenden Phase u. Der tatsächliche Wert einer Spannung zu irgendeinem Zeitpunkte ist deren Projektion auf eine Gerade, welche gegen die Spannungsvektoren eine Winkelgeschwindigkeit $2\,\pi f$ hat. Die hinzukommende Phase nimmt von dem Augenblick an der Stromführung teil, wo der Vektor der Gruppenspannung und jener, der die Spannung der hinzukommenden Phase darstellt, gleiche Projektionen auf die Bezugsgerade besitzen. Die Bezugsgerade OA ist in diesem Zeitpunkte senkrecht auf UY. Der Winkel Φ zwischen OU und OA ist dann jener Winkel, um den die Spannung der Phase u von ihrem Scheitelwerte entfernt ist, während der Winkel α die Entfernung der Spannung e_u vom Nullwerte angibt. Beide Winkel sind von der Belastung unabhängig, abgesehen davon, daß die Belastung die Zahl der stromführenden Anoden beeinflußt. Nachdem die Phase u zur stromführenden Gruppe hinzugekommen ist, enthält diese n Phasen. Die mittlere Spannung der Gruppe wird nun durch den Vektor OZ dargestellt, der die gleiche Projektion auf OA haben muß wie OU und OY, denn durch das Hinzutreten der Phase u, deren Spannung gleich der mittleren Spannung der restlichen $(n-1)$ stromführenden Phasen ist, ändert sich diese mittlere Spannung nicht.

Eine bequem zu berechnende Funktion des Winkels α ist seine Tangente

$$\operatorname{tg}\alpha = \frac{BZ}{UB} = \frac{OZ \sin (n-1)\,\dfrac{\pi}{p}}{OU - OZ \cos (n-1)\,\dfrac{\pi}{p}}\,.$$

Nimmt man OU gleich $\sqrt{2}\,E$ an, so findet man den Wert von OZ an Hand der Abb. 81, in der die Vektoren der n Phasenspannungen unter Berücksichtigung ihrer Phasenlage aneinandergereiht sind.

$$OZ = \frac{\sqrt{2}\,E \sin n\,\dfrac{\pi}{p}}{n \sin \dfrac{\pi}{p}}\,.$$

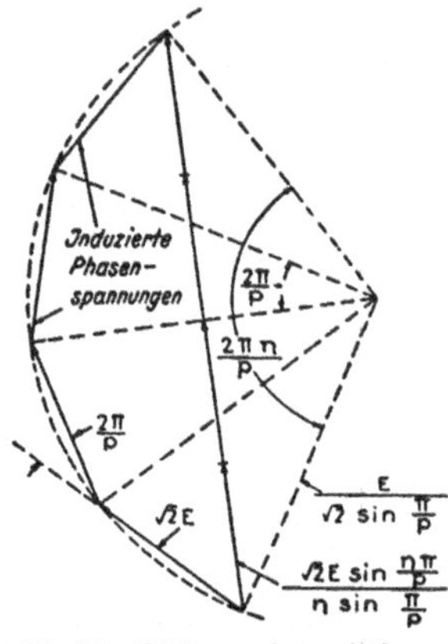

Abb. 81. Bildung der mittleren Spannung der stromführenden Gruppe durch Addition der Vektoren der induzierten Phasenspannungen.

Wenn man diese Werte in den Ausdruck für tg α einsetzt, erhält man:

$$\operatorname{tg} \alpha = \frac{\sin \dfrac{n\pi}{p} \sin (n-1) \dfrac{\pi}{p}}{n \sin \dfrac{\pi}{p} - \sin \dfrac{n\pi}{p} \cos (n-1) \dfrac{\pi}{p}} \quad \ldots \ldots \quad (33)$$

Der Winkel α ändert sich mit der Belastung, aber nur bei großen Last-änderungen, die eine Veränderung in der Zahl der gleichzeitig brennen-den Anoden bewirken. Kleinere Stromänderungen beeinflussen den Winkel α nicht, sondern verursachen bloß ein allmähliche Verschiebung der Brennzeit der einzelnen Anoden. Die Tafel VI zeigt die Werte von α unter verschiedenen Betriebsbedingungen.

Tafel VI.

Phasenzahl p	Gleichzeitig stromführende Phasen n	tg α	sin α	cos α	α
2	2	0	0	1	0^0
3	2	$\dfrac{1}{\sqrt{3}}$	$\dfrac{1}{2}$	$\dfrac{\sqrt{3}}{2}$	30^0
3	3	0	0	1	0^0
6	2	$\sqrt{3}$	$\dfrac{\sqrt{3}}{2}$	$\dfrac{1}{2}$	60^0
6	3	$\dfrac{\sqrt{3}}{2}$	$\sqrt{\dfrac{3}{7}}$	$\dfrac{2}{\sqrt{7}}$	$40^0\ 54'$
6	4	$\dfrac{\sqrt{3}}{4}$	$\sqrt{\dfrac{3}{19}}$	$\dfrac{4}{\sqrt{19}}$	$23^0\ 25'$
6	5	$\dfrac{\sqrt{3}}{11}$	$\dfrac{1}{2}\sqrt{\dfrac{3}{31}}$	$\dfrac{11}{2\sqrt{31}}$	$8^0\ 57'$
6	6	0	0	1	0^0

Wellenform der Spannung, wenn mehrere Anoden gleichzeitig Strom führen (Abb. 82). Die Brennzeit der Phase u beginnt, wenn ihre indu-zierte Spannung der mittleren induzierten Spannung von $(n-1)$ Phasen, welche bereits Strom führen, gleich ist. Dieser Zeitpunkt ist um den' Winkel α später als der Nulldurchgang der Phasenspannung u. Die Welle der gleichgerichteten Spannung folgt dann der mittleren induzierten Spannung der n Phasen (einschließlich u), bis die voraneilende Phase der Gruppe aufhört, Strom zu führen, was nach einer durch den Winkel β dargestellten Zeit eintritt. Die gleichgerichtete Spannung steigt dann auf den Mittelwert von $(n-1)$ Phasen, aber die stromführende Gruppe enthält nun die Phase u und die Spannungskurve ist daher keine Fortsetzung der früheren Spannungskurve für (n—1) Phasen, sondern eine Wiederholung mit einer Phasenverschiebung von $\dfrac{2\pi}{p}$, wobei p die Phasenzahl ist. Die abgegebene Spannung folgt dieser Kurve, bis die der Phase u nacheilende Phase v in die stromführende Gruppe eintritt, wobei dann die Spannung wieder gleich dem Mittelwert der Spannung von n Anoden wird, welche dann gleichzeitig brennen. Die irgendeiner Phase während ihrer Brennzeit aufgedrückte Spannung besteht also aus der in der Phase induzierten Wechselspannung, der gleichstromseitigen Gegen-EMK und der Oberwellenspannung, die in einem Zeitraum von $\dfrac{2\pi}{p}$ eine volle Periode durchläuft.

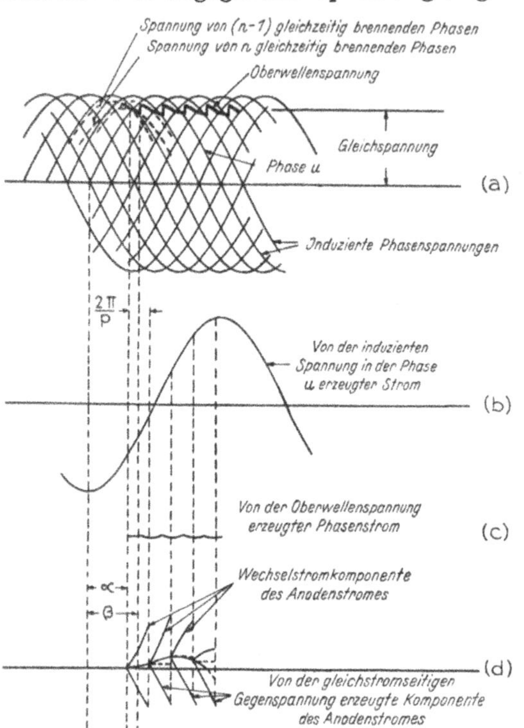

Abb. 82. Spannungs- und Stromwellenformen, die beim gleichzeitigen Brennen mehrerer Anoden auftreten.
a) Die Wellenform der abgegebenen Gleichspannung. b) Von der induzierten Phasenspannung verursachter Wechselstrom in der Phase u. c) Von der Oberwellenspannung erzeugter Phasenstrom. d) Die Komponenten des Anodenstromes. e) Gesamtstrom einer Anode.

Berechnung der Anodenstromkurve. Die der Phase aufgedrückten Wechsel- und Gleichspannungen erzeugen einen Wechselstrom mit 90° Phasenverschiebung, einen konstanten Ausgleichstrom, welcher durch das Einsetzen des Wechselstromes verursacht ist, und einen gleichmäßig ansteigenden Strom. Außerdem tritt ein Strom infolge der Oberwellen der gleichgerichteten Spannung auf. Dieser Strom ist im allgemeinen ganz klein und hat die Frequenz der Oberwellenspannung.

Der abgegebene Gleichstrom kann auf verschiedene Arten berechnet werden. Ein naheliegendes Verfahren ist die Integration des Momentanwertes des Anodenstromes über die Brennzeit und die Bildung des Mittelwertes aus diesem Integral. Hierbei muß jedoch auch der Oberwellenstrom integriert werden und dies ist recht unangenehm durchzuführen. Ein zweites Verfahren besteht in der Berechnung der Summe aller Anodenströme in einem bestimmten Augenblicke. Diese ist offenbar der augenblicklich abgegebene Strom und auch bereits der gesuchte konstante Gleichstrom. Diese Rechnung kann ohne Berücksichtigung des Oberwellenstromes durchgeführt werden. Nehmen wir an, daß eine Anode eben Strom zu führen beginnt; alle anderen stromführenden Anoden haben bereits Brennzeiten hinter sich, welche ganzzahlige Vielfache von $\dfrac{2\pi}{p}$ sind. Der Mittelwert der Oberwellenspannung für jeden solchen Zeitraum ist gleich Null; daher ist in diesem Zeitpunkte auch die von der Oberwellenspannung erzeugte Stromkomponente gleich Null.

Bezeichnet man den Strom der eben in die stromführende Gruppe eintretenden Anode mit i_1 und die Ströme der vorangehenden Anoden mit $i_2,\ i_3,\ i_4 \ldots i_n$, so ist

$$i_1 = 0$$

$$i_2 = i_1 + \frac{1}{L}\int\limits_{\omega t=\alpha}^{\omega t=\alpha+\frac{2\pi}{p}} (\sqrt{2}\,E \sin \omega t - G)\,dt$$

$$i_3 = i_2 + \frac{1}{L}\int\limits_{\omega t=\alpha+\frac{2\pi}{p}}^{\omega t=\alpha+\frac{4\pi}{p}} (\sqrt{2}\,E \sin \omega t - G)\,dt$$

$$i_4 = i_3 + \frac{1}{L}\int\limits_{\omega t=\alpha+\frac{4\pi}{p}}^{\omega t=\alpha+\frac{6\pi}{p}} (\sqrt{2}\,E \sin \omega t - G)\,dt$$

$$\cdot \ \cdot \ \cdot \ \cdot \ \cdot \ \cdot \ \cdot \ \cdot \ \cdot \ \cdot \ \cdot \ \cdot \ \cdot \ \cdot \ \cdot$$

$$i_n = i_{n-1} + \frac{1}{L}\int\limits_{\omega t=\alpha+(n-2)\frac{2\pi}{p}}^{\omega t=\alpha+(n-1)\frac{2\pi}{p}} (\sqrt{2}\,E \sin \omega t - G)\,dt$$

$$J = i_1 + i_2 + i_3 + \ldots\ldots + i_n =$$

$$= \frac{1}{\omega L}\sum_{k=1}^{k=n-1} (n-k) \int\limits_{\alpha+(k-1)\frac{2\pi}{p}}^{\alpha+k\frac{2\pi}{p}} (\sqrt{2}\,E \sin \omega t - G)\,d\omega t =$$

$$= \frac{1}{\omega L}\sum_{k=1}^{k=n-1} (n-k) \left[-\sqrt{2}\,E \cos \omega t - G \omega t \right]_{\omega t=\alpha+(k-1)\frac{2\pi}{p}}^{\omega t=\alpha+k\frac{2\pi}{p}}$$

$$= \frac{1}{\omega L}\sum_{k=1}^{k=n-1} (n-k) \left\{ \sqrt{2}\,E \cos\left[\alpha+(k-1)\frac{2\pi}{p}\right] - \right.$$

$$\left. - \sqrt{2}\,E \cos\left[\alpha+k\frac{2\pi}{p}\right] - G\frac{2\pi}{p} \right\}$$

$$J\omega L = \sum_{k=1}^{k=n-1} (n-k)\left[2\sqrt{2}\,E \sin\left(\alpha+\frac{2k-1}{p}\pi\right)\sin\frac{\pi}{p}\right] - \frac{2\pi}{p}\frac{n(n-1)}{2}G \quad (34)$$

Die Abb. 82d stellt die vorstehende Berechnungsweise der Anodenströme graphisch dar; dort ist auch ersichtlich, warum jeder Strom durch solche Ströme ausgedrückt werden kann, welche durch längere Zeit gar nicht fließen. Der von der Oberwellenspannung erzeugte Strom bleibt hierbei unberücksichtigt. Er ist sehr klein, gibt aber der Anodenstromkurve die in Abb. 62e ersichtliche Gestalt.

Vorzeitige Stromlieferung einer Anode. Es ist möglich, daß eine Anode in die stromführende Gruppe eintritt, sie nach kurzer Zeit wieder verläßt und dann durch längere Zeit brennt. Wie dies vor sich geht, zeigt Abb. 83. Vor Erreichung des Punktes A war die Belastung auf die Phasen r, s, t verteilt und die abgegebene Gleichspannung war die mittlere induzierte Spannung dieser Phasen. Im Punkte A wird die Spannung der Phase u ebenso groß und es führen dann die Phasen r, s, t und u Strom. Im Punkte B endet die Brennzeit der Phase r und die gleichgerichtete Spannung steigt auf die mittlere induzierte Spannung der Phasen s, t und u (Punkt C). Die Spannung der Phase u ist nun niedriger als die der Gruppe und sie verliert ihren Strom, der im Punkte D auf Null sinkt. Die gleichgerichtete Spannung steigt dann auf den Mittelwert der Phasenspannungen von s und t und folgt dieser

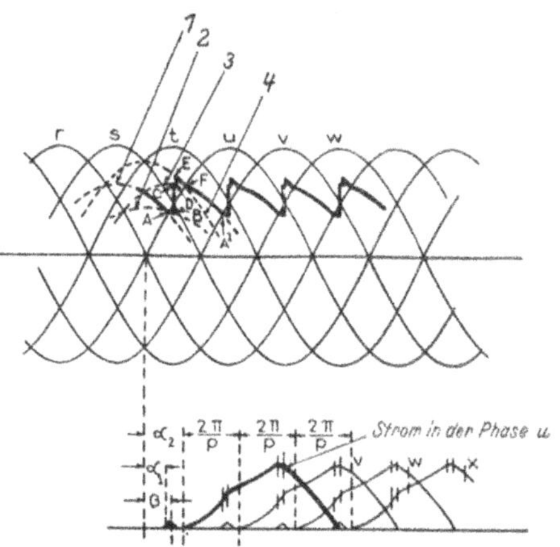

Abb. 83. Wellenformen bei vorzeitigem Einsetzen des Anodenstromes. r, s, t, u, v, w ... induzierte Phasenspannungen:

1.	Mittlere Spannung der strom-		r, s, t
2.	führenden Gruppe		r, s, t, u
3.	bei gleichzeitigem Brennen der		s, t, u
4.	Phasen.		s, t

Kurve, bis die Phase u im Punkte F wieder in die stromführende Gruppe eintritt. Nun entspricht die gleichgerichtete Spannung dem Mittelwerte der Phasenspannungen s, t und u. Bei A' beginnt die Phase v Strom zu führen. Daher ist der Zeitraum AA' eine volle Periode der Oberwellenspannung.

Die Erscheinung, daß die hinzutretenden Anoden vorzeitig brennen, erlöschen und dann erst für längere Zeit in die stromführende Gruppe eintreten, verursacht zusätzliche Unregelmäßigkeiten in der Anodenstromwelle; die Gleichung (34) für den abgegebenen Strom gilt jedoch noch immer, wobei für n die Zahl der stromführenden Anoden in jenem Zeitpunkte einzusetzen ist, wenn die hinzukommende Anode zum zweiten Male in die stromführende Gruppe eintritt. Es geschieht dies, weil dann die Ströme derjenigen Anoden, die in der Hauptgruppe arbeiten, in gleicher Weise wie früher berechnet werden können. In dem für die Berechnung gewählten Zeitpunkte tritt kein vorzeitiges Brennen irgendeiner Anode auf.

Belastungskennlinie vom Leerlauf bis zum Kurzschluß. Abb. 84 zeigt die Belastungskennlinien einiger Gleichrichter. Sie besteht aus einigen schrägen Geraden, deren jeder eine andere Zahl gleichzeitig brennender Anoden entspricht. Die in Tafel VII enthaltenen Gleichungen dieser Linien findet man durch Einsetzung der jeweiligen Werte von n, p und α in Gleichung (34). Beim Übergang von einer Geraden zur anderen tritt die besprochene Erscheinung der vorzeitigen und unterbrochenen Stromlieferung der hinzutretenden Anode auf. Betrachten wir einen Gleichrichter, der abwechselnd mit n und $(n-1)$ Phasen

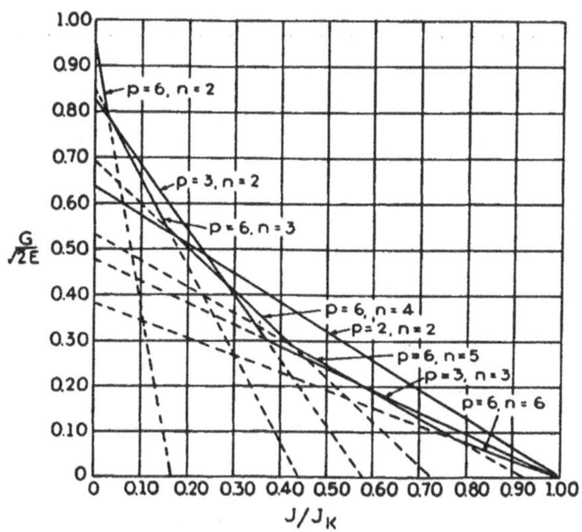

Abb. 84. Belastungskennlinien von Gleichrichtern mit Blindwiderstand in den Anodenleitungen.

$$\frac{G}{\sqrt{2}\,E} = \frac{\text{Gleichspannung}}{\text{Induzierte Phasenspannung}}$$

$$\frac{J}{J_k} = \frac{\text{Gleichstrom}}{\text{Gleichstromseitiger Nennkurzschlußstrom.}}$$

arbeitet. Wenn die Belastung abnimmt, rückt der Zeitpunkt, wo die Phasen die stromführende Gruppe verlassen, vor. Bald wird jener Zustand erreicht, wo die induzierte Spannung der hinzukommenden Phase kleiner ist als der Mittelwert der Gruppe, nachdem die ausscheidende Phase stromlos geworden ist. Unter diesen Bedingungen verliert die hinzukommende Phase einen Teil ihres Stromes und gewinnt ihn dann wieder durch den Anstieg ihrer Spannung. Wenn die Belastung weiter abnimmt, sinkt der Strom der hinzukommenden Anode auf Null, bevor er neuerlich anzusteigen beginnt. Dies ist der Übergangspunkt. Bei höheren Belastungen arbeitet der Gleichrichter mit n und $(n-1)$ Anoden. Bei niedrigeren Belastungen besteht die Anodenstromwelle aus zwei Teilen und die Belastungskennlinie entspricht dem Betrieb mit $(n-1)$ und $(n-2)$ Anoden. In dem Falle, daß nur eine oder zwei Anoden

Tafel VII.

$$p = 2,\ n = 2 \qquad \frac{G}{\sqrt{2}\,E} = \frac{2}{\pi}\left[1 - \frac{J}{J_k}\right]$$

$$p = 3,\ n = 2 \qquad \frac{G}{\sqrt{2}\,E} = \frac{3\sqrt{3}}{2\pi}\left[1 - \sqrt{3}\,\frac{J}{J_k}\right]$$

$$p = 3,\ n = 3 \qquad \frac{G}{\sqrt{2}\,E} = \frac{3}{2\pi}\left[1 - \frac{J}{J_k}\right]$$

$$p = 6,\ n = 2 \qquad \frac{G}{\sqrt{2}\,E} = \frac{3}{\pi}\left[1 - 6\,\frac{J}{J_k}\right]$$

$$p = 6,\ n = 3 \qquad \frac{G}{\sqrt{2}\,E} = \frac{\sqrt{7}}{\pi}\left[1 - \frac{6}{\sqrt{7}}\,\frac{J}{J_k}\right]$$

$$p = 6,\ n = 4 \qquad \frac{G}{\sqrt{2}\,E} = \frac{\sqrt{19}}{2\pi}\left[1 - \frac{6}{\sqrt{19}}\cdot\frac{J}{J_k}\right]$$

$$p = 6,\ n = 5 \qquad \frac{G}{\sqrt{2}\,E} = \frac{3\sqrt{31}}{10\pi}\left[1 - \frac{6}{\sqrt{31}}\,\frac{J}{J_k}\right]$$

$$p = 6,\ n = 6 \qquad \frac{G}{\sqrt{2}\,E} = \frac{6}{5\pi}\left[1 - \frac{J}{J_k}\right]$$

brennen, scheint die für n gleichzeitig stromführende Anode abgeleitete Gleichung (34) wegen der Wirkung der Gleichstrom-Drosselspule nicht ohne weiteres anwendbar zu sein. Leitet man jedoch für diese einfachen Fälle die entsprechenden Ausdrücke besonders ab, so findet man tatsächlich die Gleichungen, welche durch Einsetzung der besonderen Werte in die allgemeine Gleichung (34) entstehen.

Ein anderes Verfahren zur Ermittlung der Belastungs-Kennlinien. Die geraden Belastungs-Kennlinien nach Gleichung (34) können auch zeichnerisch bestimmt werden, indem man von der Beobachtung Gebrauch macht, daß man die Oberwellenströme vernachlässigen kann, wenn die Messungen, ausgehend von einem Zeitpunkte, wo der Oberwellenstrom Null ist, wie im Augenblicke des Einsetzens des Stromes an einer Anode, in Zeitabständen von $\dfrac{2\pi}{p}$ vorgenommen werden. Die Gleichung (34) wurde durch Addition von i_1, i_2 usw., also der verschiedenen gleichzeitig fließenden Anodenströme erhalten. Die gleichzeitig fließenden Anodenströme sind aber ebenso groß, wie die Werte des Anodenstromes einer Anode in Zeitabständen von $\dfrac{2\pi}{p}$. Der Strom einer Anode ohne den Oberwellenanteil ist die Summe zweier Ströme, wie dies

Abb. 82 zeigt. In Abb. 85 sind diese beiden Komponenten in größerem Maßstabe dargestellt. Die Gerade, welche dem von der gleichstromseitigen Gegenspannung erzeugten Strom entspricht, ist in Abb. 85 mit der entgegengesetzten Neigung eingezeichnet, wie in Abb. 82d, so daß die Schnittpunkte dieser Geraden mit der Sinuslinie direkt Anfang und Ende der Brennzeit ergeben und die senkrechten Abstände der beiden Linien in Zeitabständen von $\dfrac{2\pi}{p}$ die Anodenströme darstellen. Die ver-

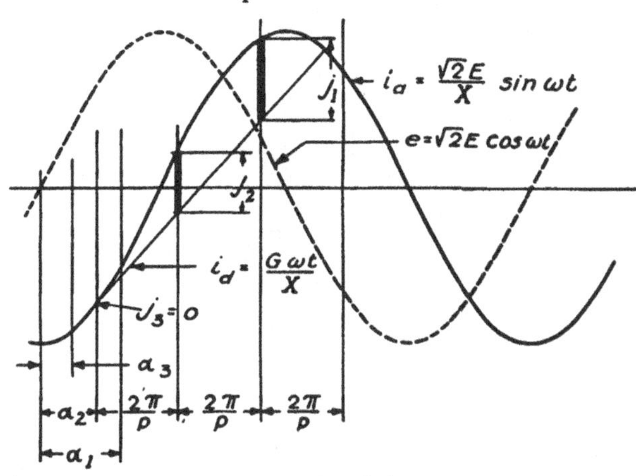

Abb. 85. Berechnung der Belastungskennlinie aus der Anodenstromkurve.

schiedenen Zeitpunkte für das Einsetzen des Stromes, welche in Tafel VI angegeben wurden, sind bei α_1, α_2.... angedeutet. Nehmen wir an, daß $i_d = \dfrac{G}{X}\,\omega t$, der von der gleichstromseitigen Gegenspannung erzeugte Strom, durch einen Punkt auf der Linie der Wechselstromkomponente j_a hindurchgeht, der dem Winkel α_2 entspricht. Im Zeitpunkte α_2 brennen zwei Anoden und die Brennzeit einer dritten Anode beginnt eben. Die Neigung der Geraden i_d hängt von der gleichstromseitigen Gegenspannung ab. Der Strom J ist die Summe von $j_3 = 0$, j_2 und j_1, welche Ströme ausgehend vom Punkte α_2 in Abständen von $\dfrac{2\pi}{p}$ gemessen werden. Nach der Abbildung nehmen j_2 und j_1 linear zu, wenn G abnimmt, da sich hierbei die Neigung der Geraden i_d verringert. Es muß also eine geradlinige Spannungsabfall-Kennlinie vorhanden sein, deren Gleichung durch Bewertung der graphischen Lösung gefunden werden kann. In ähnlicher Weise kann man eine neue Linie i_d einzeichnen, welche die Linie i_a in einem anderen möglichen Stromeinsatzpunkte α_n schneidet; m verschiedene Werte von j in Zeitabständen von $\dfrac{2\pi}{p}$ gemessen, nehmen dann ebenfalls bei Abnahme von G linear zu

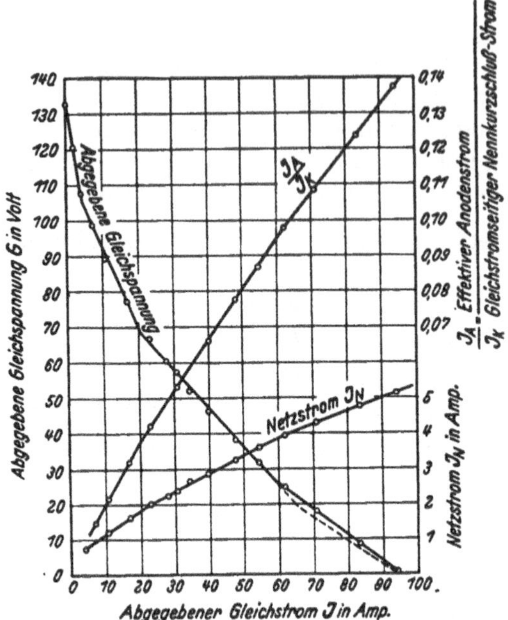

Abb. 86. An einem Sechsphasen-Gleichrichter mit Blindwiderstand in den Anodenleitungen aufgenommene Belastungskennlinie. Unter Vernachlässigung des Lichtbogenabfalles und der Wirkwiderstände berechneter gleichstromseitiger Kurzschlußstrom 152,6 A. Sekundäre Phasenspannung 110 V. Die gestrichelte Kurve ist die voraus berechnete Belastungskennlinie.

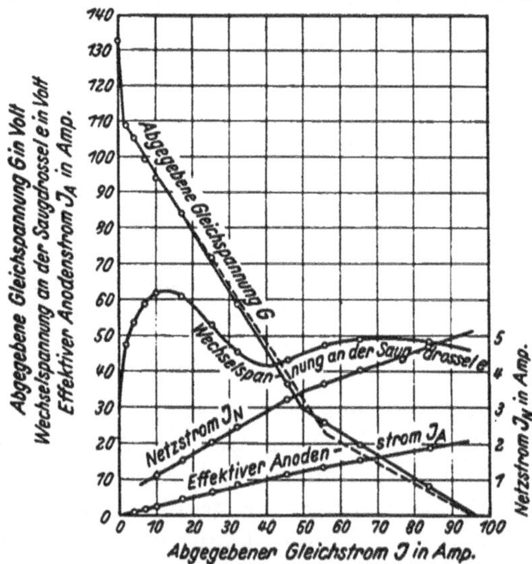

Abb. 87. An einem Doppel Dreiphasen-Gleichrichter mit Blindwiderstand in den Anodenleitungen aufgenommene Belastungskennlinie. Unter Vernachlässigung des Lichtbogenabfalles und der Wirkwiderstände berechneter gleichstromseitiger Kurzschlußstrom 152,6 A. Sekundäre Phasenspannung 110 V. Die gestrichelte Kurve ist die voraus verrechnete Belastungskennlinie.

und es ergibt sich eine entsprechende gerade Belastungskennlinie. Die erhaltenen Geraden sind naturgemäß dieselben Linien, welche auch auf Grund der Gleichung (34) bestimmt werden können. Da es sich um Gerade handelt, genügt es, von jeder Linie willkürlich zwei Punkte zu berechnen. Von den verschiedenen Geraden ist jeweils diejenige zu beachten, welche für die betreffende Belastung die höchste abgegebene Spannung ergibt.

Berücksichtigung des Lichtbogenabfalles und der Ohmschen Widerstände. Die abgegebene Gleichspannung eines Quecksilberdampf-Gleichrichters verringert sich um den Lichtbogenabfall, der im wesentlichen konstant ist. Der Fehler, der durch die Vernachlässigung des Widerstandes der Transformatorwicklungen entsteht, kann nicht so leicht beseitigt werden, denn die Wirkwiderstände verursachen eine Veränderung der Wellenformen. Man darf daher den in den Wirkwiderständen auftretenden Spannungsabfall nicht einfach von der abgegebenen Gleichspannung abziehen. Ein in den meisten Fällen anwendbares Verfahren für die Korrektur des Einflusses der Wirkwiderstände besteht darin, daß man die Verluste in den Wirkwiderständen berechnet, den Gesamtverlust durch den abgegebenen Gleichstrom dividiert und den so erhaltenen Wert von der abgegebenen Gleichspannung abzieht. Dieses Verfahren wäre streng richtig, wenn in den Transformatorwicklungen Sinusströme ohne Phasenverschiebung gegen die zugehörigen Spannungen fließen würden, denn dann wären die Wellenformen vom Widerstand unbeeinflußt.

Die Abb. 86 zeigt die berechneten und gemessenen Spannungsabfallinien für einen kleinen Sechsphasengleichrichter mit ausschließlich sekundärem Blindwiderstand. Bei der berechneten Kurve sind die Korrekturen für die Wirkwiderstände und den Lichtbogenabfall berücksichtigt. Die Abb. 87 zeigt ähnliche Kurven für die Arbeitsweise eines Doppel-Dreiphasengleichrichters mit ebenfalls auf der Sekundärseite vereinigtem Blindwiderstand.

10. Kapitel.

Der Spannungsabfall von Doppel-Dreiphasen-Gleichrichtern mit Blindwiderstand in den Primärwicklungen oder Netzleitungen.

Wenn man zwei Dreiphasengleichrichter derart vereinigt, daß ein Doppel-Dreiphasengleichrichter entsteht, ändert sich bei ausschließlich sekundärem Blindwiderstand der Spannungsabfall nicht. In dem häufiger vorkommenden Falle, daß der Blindwiderstand ausschließlich in den Primärwicklungen oder in den Netzleitungen liegt, verringert sich beim Übergang zur Doppel-Dreiphasenschaltung die Anfangsneigung der Belastungskennlinie auf die Hälfte, da die gegenseitige Beeinflussung der

Phasen, welche bei einem mehrphasigen Wechselstrom-Kurzschluß besteht, beim Umschaltvorgang nicht auftritt. Infolgedessen hat der Umschaltstrom nur die Hälfte jenes Blindwiderstandes zu überwinden, der bei vollständigem Kurzschluß auftritt. Hierbei wird der abgegebene Gleichstrom als Bruchteil des Nenn-Kurzschlußstromes ausgedrückt.

Solange der Überlappungswinkel u kleiner als 60° ist, bleibt die Brennzeit einer Anode kleiner als 180° und die beiden von der gleichen Primärphase gespeisten Anoden führen nicht gleichzeitig Strom. Solange diese Bedingung erfüllt ist, beeinflussen sich die Phasengruppen gegenseitig nicht und für die abgegebene Spannung gilt die Gleichung

$$G = G_0\left(1 - \frac{\sqrt{3}}{2}\,\frac{J}{J_k}\right),$$

die aus Tafel Vc für den Fall, daß der gesamte Blindwiderstand in den Primärwicklungen oder Netzleitungen liegt, zu entnehmen ist. Wenn die Umschaltzeit 60° erreicht, so ist die Zeit, während welcher jede Anode einen konstanten Strom führt, ebenfalls 60°. In einer Dreiphasengruppe führt eine Phase konstanten Strom, während in der anderen Dreiphasengruppe die Umschaltung zwischen zwei Phasen erfolgt. Die Phase, welche den konstanten Strom führt, liegt auf einem anderen Transformatorschenkel wie die beiden in Umschaltung begriffenen Phasen; sie kann daher keinen induktiven Spannungsabfall erleiden. Jene nicht stromführenden Phasen, deren Wicklungen auf den gleichen Transformatorschenkeln liegen wie die Wicklungen der in Umschaltung begriffenen Phasen, erfahren Spannungsabfälle; da aber die Spannungen dieser stromlosen Phasen ohnehin niedriger sein müssen als die der stromführenden Phasen, so wird durch die in ihnen auftretenden Spannungsabfälle die Stromverteilung nicht beeinflußt. Bei der Besprechung der Wellenformen kommen wir auf diese Tatsache noch zurück.

Spannungsanstieg bei sehr geringer Belastung. Wenn die Belastung des Gleichrichters sehr klein ist und etwa nur aus einem Voltmeter oder einigen Signallampen besteht, so ist der abgegebene Strom kleiner als der Erregerstrom der Saugdrossel und daher ist diese nicht imstande, die beiden Dreiphasengruppen elektrisch getrennt zu halten. Es liegt dann die Arbeitsweise eines in Doppelstern geschalteten Sechsphasen-Gleichrichters vor, wobei die Induktivität der Saugdrossel die Geschwindigkeit der Stromumschaltung zwischen den Anoden verringert. Auf eine stromführende Anode einer Dreiphasengruppe folgt eine Anode der anderen Gruppe.

Der Spannungsverlauf unter diesen Verhältnissen wird durch die Gleichung (17) für den im sechsphasigen Stern geschalteten Gleichrichter dargestellt, wobei der Blindwiderstand einer Hälfte der Saugdrossel zum Blindwiderstand einer Phase hinzuaddiert wird. Der Blindwiderstand der Saugdrossel ist gewöhnlich so hoch im Verhältnis zu jenem der Netzleitungen oder der Primärwicklungen, daß diese letzteren bei vorliegender Rechnung vernachlässigt werden können.

Es ergibt sich eine Spannungserhöhung bei sehr geringer Belastung, wie dies Abb. 87 zeigt. Wenn die Stromentnahme den sogenannten kritischen Strom erreicht, fällt die Spannung auf den normalen, der Dreiphasenschaltung entsprechenden Wert. In der Praxis ist es leicht, den Spannungsanstieg im Leerlauf zu beseitigen, indem man einige der Hilfsapparate so anordnet, daß sie immer auf der Gleichstromseite angeschlossen bleiben.

Spannungsabfall bei sehr großer Belastung. Unter Verwendung von Transformatoren normaler Streuung erreicht man bei der Doppel-Dreiphasenschaltung den Vollaststrom mit einem verhältnismäßig kleinen Spannungsabfall. Bei der Nennleistung kommt es in der Regel nicht vor, daß eine Anode Strom zu führen beginnt, während die beiden vorhergehenden Anoden noch brennen; auch eine Beeinflussung der Spannung stromführender Anoden durch Umschaltvorgänge zwischen anderen Anoden tritt bei der Nennleistung noch nicht ein. Daher ist es leicht, die Werte des Spannungsabfalles für den gewöhnlichen Betrieb zu berechnen. Sie sind in Tafel Vc angegeben. Es können jedoch Betriebsbedingungen vorkommen, welche eine Kenntnis der Belastungskennlinie bis zum Kurzschluß erfordern, wobei nicht angenommen werden kann, daß der Blindwiderstand des Gleichrichter-Stromkreises in den Anodenzuleitungen vereinigt ist. Das Verhalten im Kurzschlußfall kann man auch für einen Gleichrichter mit verteiltem Blindwiderstand genügend genau bestimmen, wenn die Belastungskennlinie für den Fall bekannt ist, daß der Blindwiderstand in den Primärwicklungen oder Netzleitungen liegt. Es kann die Aufgabe vorliegen, einen Gleichrichter zu bauen, der einen annähernd konstanten Strom liefert; in diesem Falle ist der Blindwiderstand so anzuordnen, daß man ihn als ausschließlich in den Primärwicklungen oder Netzleitungen vorhanden ansehen kann.

Doppel-Dreiphasengleichrichter mit primärem Blindwiderstand. Wenn man die Belastungskennlinie eines Doppel-Dreiphasengleichrichters über die gerade Linie im Gebiete der normalen Belastungen hinaus verfolgen will, so kann man hierbei den Vorgang einhalten, daß man zuerst die auftretenden Wellenformen betrachtet und dann ein analytisches Verfahren anwendet, um den gleichstromseitigen Spannungsabfall zahlenmäßig zu erfassen.

Abb. 88 zeigt das Schaltbild eines Doppel-Dreiphasengleichrichters mit in Dreieck geschalteter Primärwicklung, welche den gesamten Blindwiderstand enthält. Bei geringer Belastung ergeben sich die Spannungs- und Stromwellenformen nach Abb. 89. Wenn man für eine Dreiphasengruppe die positiven Spannungen nach oben aufträgt und für die andere Gruppe nach unten, kann man alle sechs Anodenspannungen so darstellen, daß jede von den in Abb. 89 enthaltenen drei Sinuslinien in ihrem oberen Teil die Spannung einer Anode der einen Dreiphasengruppe und in ihrem unteren Teile die Spannung einer Anode der anderen Gruppe darstellt. Dies ist möglich, weil die induktiven Spannungsabfälle in allen auf den gleichen Schenkel des Transformators gewickelten Sekundärwicklungen in gleicher Weise auftreten. Die Stromumschaltung einer Phase beeinflußt wohl die Spannung jener Sekundärwicklung, die auf dem gleichen Schenkel angeordnet ist; da aber die Umschaltung zu einer Zeit stattfindet, wo die betreffende Sekundärwicklung stromlos ist, entsteht hierdurch kein Spannungsabfall auf der Gleichstromseite. Daher wird bei geringer Belastung die Anodenstromwelle nicht von der bei ausschließlich sekundärem Blindwiderstand auftretenden abweichen und das Vorhandensein zusätzlicher Einkerbungen in den Spannungskurven der Phasen zu Zeiten, wo die betreffenden Phasen keinen Strom führen, beeinflußt weder die abgegebene Spannung, noch den Strom.

Dies gilt so lange, bis eine Umschaltzeit von 60^0 erreicht wird (siehe Abb. 90). Dann übernimmt die hinzutretende Phase den Belastungsstrom während der Umschaltzeit von 60^0 von der vorhergehenden Phase derselben Gruppe, führt den Strom allein durch 60^0 und verliert ihn während eines weiteren Zeitraums von 60^0 infolge Übergabe an die folgende Phase. Unmittelbar, bevor irgendeine Phase Strom zu führen beginnt, verliert die zweite auf dem gleichen Transformatorschenkel befindliche Phase ihren Strom durch Beendigung der Übergabe an eine andere Phase und besitzt daher ein Potential, welches höher ist als ihre Leerlaufspannung. Die Spannung der hinzukommenden Phase wird entsprechend herabgedrückt, so daß diese Phase erst in dem Augenblick, wo sie mit der Stromlieferung beginnen soll, eine ebenso große Spannung erhält wie die bereits stromführende Phase der gleichen Dreiphasengruppe. Bis zu diesem Zeitpunkte ist ihre Spannung durch die Umschaltung der auf dem gleichen Schenkel befindlichen Nachbarphase, die der anderen Dreiphasengruppe angehört, herabgesetzt worden. Diese Umschaltung ist erst zu Ende, wenn die betrachtete Phase ihre Spannung braucht, um die Belastung zu übernehmen.

Es ist augenscheinlich, daß bei dem vorerwähnten Zustande die größte Leistung geliefert wird, bei der noch keine erkennbare Änderung der Wellenformen eintritt. Bei kleinen Belastungen beginnt die Umschaltung im gleichen Zeitpunkte innerhalb der Wechselstromperiode ohne Rücksicht auf die Belastung und die Umschaltzeit wächst mit der Last. Die Umschaltzeit kann jedoch nicht über 60^0 steigen, denn das würde bedeuten, daß eine Phase mit der Stromführung zu beginnen hat, bevor ihre der anderen Dreiphasengruppe angehörige Nachbarphase auf dem gleichen Transformatorschenkel ihre Brennzeit beendet hat, oder daß beide genannten Phasen gleichzeitig positiv sein müßten; es werden in ihnen aber gleich große, einander entgegengesetzte Spannungen induziert. Sie können also nicht gleichzeitig positiv sein. Die Umschaltzeit von 60⁰ bleibt daher auch bei größeren Belastungen aufrecht, hingegen verzögert sich der Beginn der Brennzeit der hinzutretenden Phase. Der diese Verzögerung des Einsetzens des Anodenstromes darstellende Winkel wächst mit der Belastung, bis er 30⁰ erreicht.

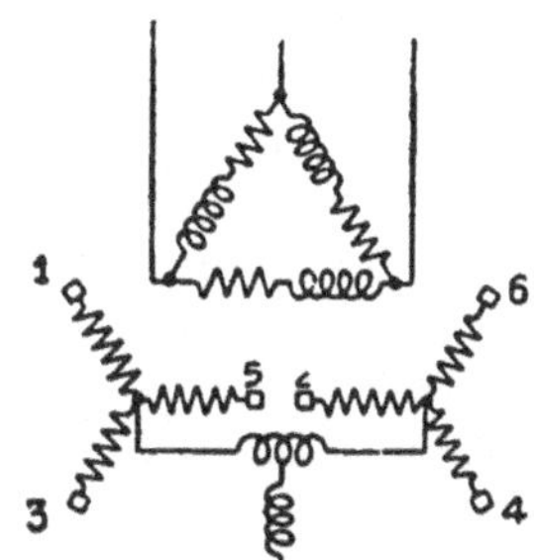

Abb. 88. Schaltbild eines Doppel-Dreiphasen-Gleichrichters mit Blindwiderstand in der in Dreieck geschalteten Primärwicklung.

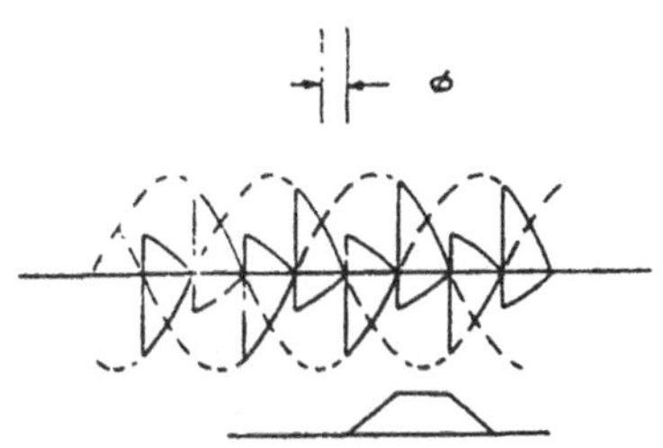

Abb. 91. Der Beginn der Brennzeit ist gegenüber dem Zeitpunkt, in dem die induzierten Spannungen gleich groß sind, um den Winkel ϑ verzögert.

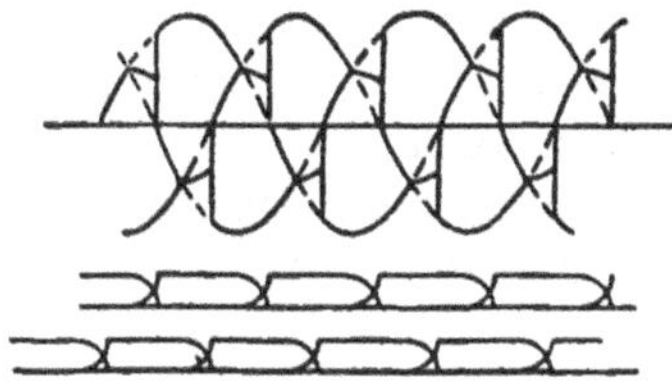

Abb. 89. Es brennen abwechselnd eine und zwei Anoden.

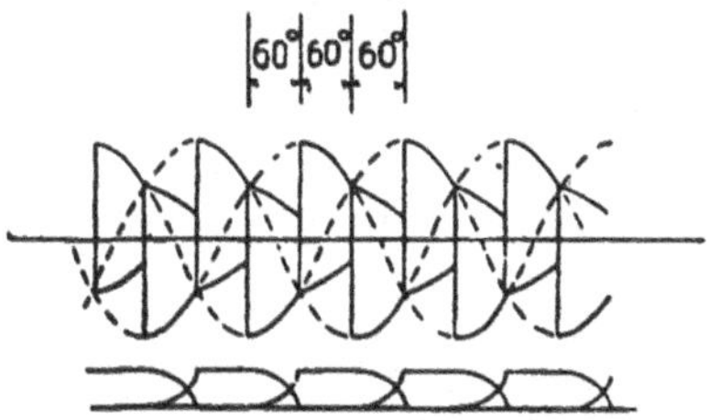

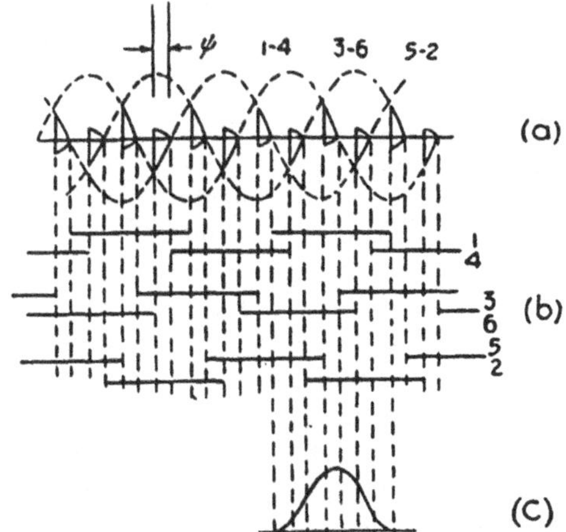

Abb. 90. Das Ende des geraden Teiles der Belastungskennlinie. Umschaltzeit 60⁰.

Abb. 92. Spannungswellen und Wellenform des Anodenstromes beim Betrieb mit zeitweiligen Kurzschlüssen.

Die Abb. 89 bis 92 geben die Strom- und Spannungswellen dieses Gleichrichters bei verschiedenen Belastungen wieder.

Die Abb. 91 zeigt die Spannungs- und Stromformen unter diesen Verhältnissen. Es zeigt sich, daß die Spannung einer stromführenden Phase in zwei Punkten für einen Augenblick gleich Null wird. Gleichzeitig sind die Spannungen der nicht stromführenden Phasen ebenfalls auf den Wert Null gestiegen. Dies setzt dem Wachstum des Verzögerungswinkels eine Grenze. Es ist notwendig, nach anderen Vorgängen Aus-

8*

schau zu halten, um die Wellenformen im Kurzschluß zu bestimmen. Der Winkel des Beginnes der Brennzeit der hinzutretenden Anode behält den in Abb. 91 ersichtlichen Wert und bei weiterer Belastungssteigerung verlängert sich die Brennzeit jeder Anode. Nun führen zwei Wicklungen auf dem gleichen Schenkel des Transformators gleichzeitig Strom, was möglich ist, da während der Zeit der gleichzeitigen Stromführung dieser beiden Wicklungen ein Kurzschluß eintritt und alle Phasen die gleiche Spannung haben, nämlich Null. Die Abb. 92 und 93 lassen die Arbeitsweise des Gleichrichters unter diesen Verhältnissen erkennen. Abb. 92a zeigt die Phasenspannungen, wobei die Linien der Phasenspannungen *4*, *6* und *2* der Einfachheit halber nach abwärts gezeichnet sind. Die Zeiträume, während welcher die einzelnen Phasen Strom führen, sind durch horizontale Striche in Abb. 92b gekennzeichnet und die Stromwelle der Anode *1* ist in Abb. 92c dargestellt.

Abb. 93 zeigt den Stromverlauf beim Kurzschluß der Phasen während eines Teiles der Periode. Betrachten wir den Zeitraum knapp vor dem Beginn der Brennzeit der Phase *1*. Die Phasen *4* und *6* in der einen und die Phase *5* in der anderen Dreiphasengruppe sind stromführend. Die Spannung der Phase *1* ist negativ, da sie gleich und entgegengesetzt derjenigen von Phase *4* ist, welche in der anderen Gruppe gemeinsam mit Phase *6*

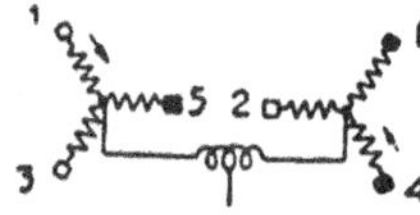

Abb. 93. Verlauf des Kurzschlußstromes in den Sekundärwicklungen beim zeitweiligen Kurzschluß.

Strom liefert. Die Spannungen der Phasen *4* und *6* sind positiv. Wenn die Spannung der Phase *4* auf Null fällt, nähert sich die Spannung der Phase *1* diesem Werte von der negativen Seite her. Die Phase *5* ist positiv und nähert sich ebenfalls der Spannung Null. Alle Phasenspannungen erreichen im gleichen Augenblicke den Nullwert und nun beginnt die Brennzeit der Phase *1*; die Spannungen ändern sich nicht mehr wie früher, es tritt vielmehr ein Kurzschluß ein, wobei die ganze den Primärwicklungen aufgedrückte Spannung in deren Blindwiderständen verzehrt wird.

Da nur zwei Phasen in jeder Gruppe während des Kurzschlusses Strom führen, so leuchtet es nicht unmittelbar ein, daß dieser Kurzschluß ein vollständiger ist. Abb. 93 gibt die Erklärung. Die Phasen *5*, *4* und *6* sind Sekundärwicklungen aller drei Primärwicklungen und, wenn diese drei Phasen uneingeschränkt Strom führen können, ist der Kurzschluß vollständig. Bevor die Phase *1* Strom führt, kann sich wegen der Induktivität im Gleichstromkreise und in der Saugdrossel der Strom der Phase *5* nicht ändern. Man kann sich vorstellen, daß, sobald die Brennzeit der Phase *1* beginnt, der Strom von Phase *5* um ebensoviel abnimmt, wie der von Phase *1* zunimmt; dem Strom von Phase *1* entspricht ein gleicher und entgegengesetzter Strom in Phase *4*, welcher sich zu dem Strom dieser Phase addiert. Dieser zusätzliche Strom hat keinen induktiven Widerstand zu überwinden, da die gleichgroßen Stromänderungen in den Phasen *1* und *4* einander in ihrer magnetisierenden Wirkung aufheben und kein entsprechender Strom auf der Primärseite fließt. In den drei Wicklungen der rechten Dreiphasengruppe fließen dann folgende Ströme: Die normalen Kurzschlußströme der Phasen *4* und *6* und der umgekehrte normale Kurzschlußstrom der Phase *5*, der in die Anode *4* eintritt. Diese drei veränderlichen Ströme überlagern sich den konstanten Strömen in den Wicklungen. Sie sind um 120⁰ phasenverschoben, und ihre Summe muß mit Rücksicht auf die Glättungsdrosselspule konstant sein. In der linken Dreiphasengruppe führt die Phase *1* einen Strom, welcher dem der Phase *5* entgegengesetzt gleich ist, so daß die Summe der Ströme in dieser Gruppe konstant ist.

Der Kurzschluß dauert an, bis der Gesamtstrom einer Anode gleich Null wird, indem ihr veränderlicher Strom den entgegengesetzten Wert ihres konstanten Stromes erreicht. Diese Anode hört dann zu brennen auf, und damit ist der vollständige Kurzschluß beendet. Da die Anode *1* ohne konstanten Strom in die stromführende Gruppe eintritt, ist es nötig, daß ihr veränderlicher Strom am Anfange ihrer Brennzeit nicht abnimmt. Tatsächlich erreicht der Strom der Phase *5* zu Beginn der Brennzeit von Phase *1* seinen Scheitelwert und beginnt abzunehmen; infolgedessen steigt der Strom der Phase *1* an. Wenn die Belastung im Gleichstromkreise noch größer wird, dauern die vorübergehenden Kurzschlüsse immer länger an, bis endlich die Gleichspannung verschwindet und ein dauernder Kurzschluß besteht. Die Anodenstromwelle hat dann die in Abb. 94 ersichtliche Gestalt. Die Brenndauer beträgt 240⁰ und die Stromwelle kann in vier Abschnitte zu 60⁰ geteilt werden, von denen jeder einen Teil einer Sinuswelle gleicher Amplitude darstellt. Auch andere Wellenformen würden den Kurzschlußbedingungen entsprechen, da infolge des Fehlens von Wirk- und Blindwiderständen auf der Sekundärseite der Stromverlauf nicht festgelegt ist. Der Anodenstrom nähert sich jedoch bei Steigerung der Belastung bis zum gleichstromseitigen Kurzschluß der in Abb. 94 dargestellten Wellenform, welche daher die richtige ist. Dies beweisen durchgeführte Versuche, deren Ergebnisse aus dem Oszillogramm Abb. 105 zu entnehmen sind.

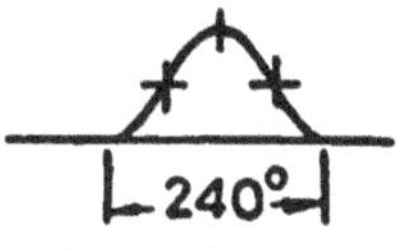

Abb. 94. Wellenform des Anodenstromes bei vollständigem gleichstromseitigem Kurzschluß.

Doppel-Dreiphasen-Gleichrichter mit Blindwiderstand in den Netzleitungen. Bei zwei anderen Gleichrichterschaltungen erhält man ebenfalls die soeben besprochenen Wellenformen. Eine dieser Schaltungen ist in Abb. 95 dargestellt. In diesem Falle liegt der Blindwiderstand

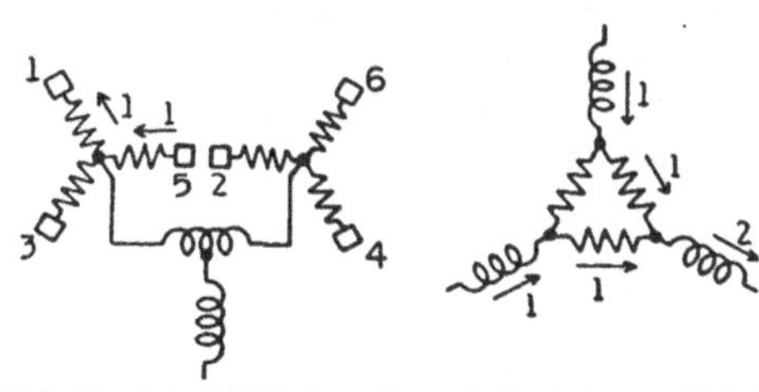

Abb. 95. Schaltbild eines Doppel-Dreiphasen-Gleichrichters mit Blindwiderstand in den Netzleitungen.

in den Netzleitungen statt in den Primärwicklungen. Der Stromverlauf bei der Umschaltung ist in Abb. 95 durch Pfeile angedeutet, und man sieht, daß die Umschaltung zwischen zwei Phasen die Spannungen dieser beiden und der mit ihnen auf gleichen Transformatorschenkeln angeordneten Phasen beeinflußt. Die beiden übrigen Phasen werden nicht beeinflußt. Die Spannungen der von der Umschaltung betroffenen Phasen besitzen den gleichen Mittelwert wie früher. So lange es nicht zu zeitweiligen Kurzschlüssen kommt, treten dieselben Sekundärspannungen und Stromwellenformen wie im besprochenen Falle des Blindwiderstandes in den Primärwicklungen auf. Aber auch die Kurzschlußströme haben die gleiche Phasenlage und Größe wie früher, so daß die Ähnlichkeit für den ganzen Belastungsbereich vom Leerlauf bis zum Kurzschluß gilt. Der Beweis hierfür folgt bei der Berechnung der Belastungskennlinien.

Doppel-Dreiphasen-Gleichrichter, dessen Transformator eine mit Blindwiderstand behaftete, in Stern geschaltete Primärwicklung und eine widerstandslose Tertiärwicklung besitzt. Diese in Abb. 96 dargestellte Schaltung ist die dritte, bei welcher sich die gleichen Wellenformen ergeben. Die Umschaltung wird durch einen Strom in den beiden gleichzeitig

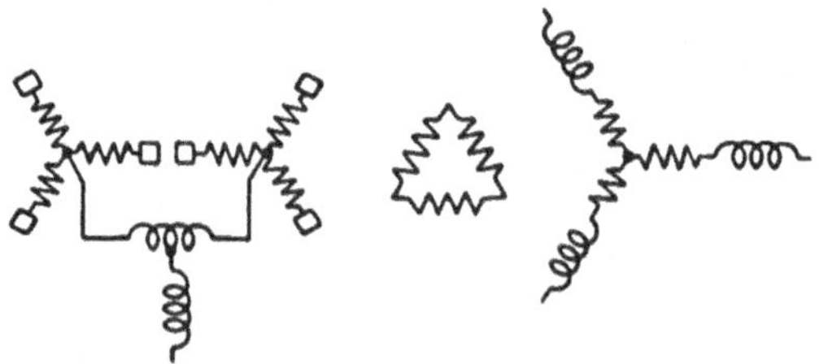

Abb. 96. Schaltbild eines Doppel-Dreiphasen-Gleichrichters mit Blindwiderstand in den in Stern geschalteten Primärwicklungen. Der Transformator besitzt eine in Dreieck geschaltete Tertiärwicklung.

stromführenden Sekundärwicklungen und einen gleichen und entgegengesetzten Strom, der in den entsprechenden Primärwicklungen fließt, bewirkt. Die Spannung der am dritten Transformatorschenkel angeordneten Phasen wird nicht gestört. Die Kurzschlußströme haben dieselbe Phasenlage wie früher. Die Größe der Ströme in den drei vorerwähnten Fällen wird später berechnet werden. Dabei wird sich zeigen, daß die als Bruchteile des Kurzschlußstromes bei vollständigem Wechselstromkurzschluß ausgedrückten Ströme in allen drei Fällen gleich groß sind, so daß auch eine einzige Belastungskennlinie in diesen Fällen Gültigkeit besitzt.

Es ist zu beachten, daß im zuletzt behandelten Falle die Tertiärwicklung keinen Belastungsstrom führt. Sie hat also keine andere Aufgabe als einen Stromweg für die dritte Harmonische des Erregerstromes zu bieten. Hierfür braucht man sie, wenn bei sterngeschalteter Primärwicklung die Sekundärspannungen nicht verzerrt werden sollen.

Berechnung der Belastungskennlinie eines Doppel-Dreiphasen-Gleichrichters mit primärem Blindwiderstand. Die abgegebene Gleichspannung im Leerlauf ist nach Gleichung (6)

$$G_0 = \sqrt{2}\, E_2\, \frac{3}{\pi}\, \sin \frac{\pi}{3} = 0{,}827\, \sqrt{2}\, E_2 \quad \dots \dots \quad (35)$$

Die Belastungskennlinie beginnt als gerade Linie und bleibt eine Gerade, bis die Umschaltzeit 60^0 beträgt. In diesen Belastungszustande ist die abgegebene Spannung Dreiviertel der Leerlaufspannung, denn bei Betrachtung der Abb. 90 sieht man, daß die Spannung einer Gruppe während der Umschaltung von einer Phase auf die andere halb so groß ist als 60^0 später, wenn nur eine Anode brennt. Daraus ergibt sich der erwähnte Mittelwert der Spannung von 75% der Leerlaufspannung. Bei dieser Belastung ist also die Gleichspannung:

$$G_1 = 0{,}620\, \sqrt{2}\, E_2 \quad \dots \dots \dots \dots \quad (36)$$

Auf diesem Teile der Kennlinie haben die Umschaltströme den Scheinwiderstand $2\, X_1 \left(\dfrac{E_2}{E_1}\right)^2$ zu überwinden, wobei X_1 der Blindwiderstand in jedem Primärstromkreise, E_1 die primäre und E_2 die sekundäre Phasenspannung ist. Die Spannung bei der Umschaltung ist $\sqrt{3}\, E_2$ und der von jeder Dreiphasengruppe gelieferte Strom kann bestimmt werden, sobald der Strom bekannt ist, welcher durch die Spannug $\sqrt{3}\, E_2$ im Zeitraume von 60^0 umgeschaltet wird.

$$\frac{1}{2}\, J_1 = \frac{\sqrt{2}\,\sqrt{3}\, E_2}{2\, X_1} \left(\frac{E_1}{E_2}\right)^2 (\sin 90^0 - \sin 30^0) = \frac{\sqrt{3}\, E_1{}^2}{2\sqrt{2}\, X_1 E_2}$$

$$J_1 = \frac{\sqrt{3}\, E_1{}^2}{\sqrt{2}\, X_1 E_2} \quad \dots \dots \dots \dots \dots \dots \quad (37)$$

Hierbei ist J_1 der gesamte abgegebene Strom in diesem Punkte der Belastungskennlinie. Die Abb. 90, welche die Wellenformen am Ende des ersten geradlinigen Teiles der Belastungskennlinie zeigt, gilt naturgemäß auch für den Beginn des zweiten elliptischen Teiles der Kennlinie. Aus Abb. 91 sind die Wellenformen am Ende dieses Abschnittes ersichtlich. Man bemerkt, daß während des elliptischen Teiles der Belastungskennlinie die Spannungswelle jeder Dreiphasengruppe in Teile von 60^0 Dauer zerfällt. Die in diesen Abschnitten auftretenden Spannungswellen weisen gleiche Form auf; es ist jedoch, wenn nur eine Anode Strom führt, die Spannung doppelt so groß als im nächsten Abschnitte, wo zwei Anoden gleichzeitig brennen.

Der Verzögerungswinkel des Beginnes der Brennzeit irgendeiner Anode (von dem Augenblick an gerechnet, wo ihre induzierte Spannung derjenigen der vorhergehenden Anode gleich ist) heiße Φ. Dieser Winkel ist in Abb. 90 Null und erreicht in Abb. 91 den Wert 30°. Die Gleichspannung beträgt drei Viertel des Mittelwertes der Spannung für einen der Zeiträume, wo nur eine Anode brennt.

$$G = \frac{3}{4} \cdot \frac{3}{\pi} \sqrt{2}\, E_2 \int_{\Phi}^{\Phi + 60°} \cos \Theta \, d\Theta =$$

$$= \frac{9\sqrt{2}\, E_2}{4\pi} [\sin (\Phi + 60°) - \sin \Phi] =$$

$$= \frac{9\sqrt{2}\, E_2}{4\pi} \left[\frac{\sqrt{3}}{2} \cos \Phi + \frac{1}{2} \sin \Phi - \sin \Phi \right] = \frac{9\sqrt{2}\, E_2}{4\pi} \cos (30° + \Phi) \ . \ . \ (38)$$

Den von einer Dreiphasengruppe gelieferten Strom kann man wie früher bestimmen, wobei jedoch die Phasenverschiebung der Umschaltspannung zu berücksichtigen ist.

$$\frac{J}{2} = \frac{\sqrt{2}\sqrt{3}\, E_2}{2\, X_1} \left(\frac{E_1}{E_2} \right)^2 [\cos \Phi - \cos (\Phi + 60°)] =$$

$$= \frac{\sqrt{2}\sqrt{3}\, E_1{}^2}{2\, X_1 E_2} \left[\cos \Phi - \frac{1}{2} \cos \Phi + \frac{\sqrt{3}}{2} \sin \Phi \right] =$$

$$= \frac{\sqrt{2}\sqrt{3}\, E_1{}^2}{2\, X_1 E_2} \sin (30° + \Phi) \cdot$$

Der abgegebene Gleichstrom ist

$$J = \frac{\sqrt{2}\sqrt{3}\, E_1{}^2}{X_1 E_2} \sin (30° + \Phi) \ . \ . \ . \ . \ . \ . \ . \ (39)$$

Da J und G Sinus- und Cosinus-Funktionen der gleichen Veränderlichen sind, ist dieser Teil der Belastungskennlinie elliptisch. Die Achsen der Ellipse entsprechen der J- und G-Achse und ihre halben Längen sind

$$\frac{\sqrt{2}\sqrt{3}\, E_1{}^2}{X_1 E_2} \quad \text{bzw.} \quad \frac{9\sqrt{2}\, E_2}{4\pi} \cdot$$

Im dritten und letzten Teile der Belastungskennlinie beginnt, wie wir gesehen haben, die Brennzeit einer Anode immer im gleichen Zeitpunkte, wird jedoch um so länger, je mehr die Belastung anwächst. Diese Verlängerung der Brennzeit verursacht zeitweilige Kurzschlüsse. Die Kurzschlußdauer sei 60°—ψ oder die Zeit, wo kein Kurzschluß auftritt ψ. Abb. 92 zeigt die Wellenform der Spannung. Der Unterschied gegenüber Abb. 91, die dem Endpunkte des elliptischen Teiles der Belastungskennlinie entspricht, besteht nur darin, daß jetzt während der zeitweiligen Kurzschlüsse überhaupt keine Spannung vorhanden ist. Die abgegebene Gleichspannung ist also:

$$G = \frac{3}{4}\,\frac{3\sqrt{2}\,E_2}{\pi} \int_0^{\psi} \sin \Theta\, d\Theta = \frac{9\sqrt{2}\,E_2}{4\pi}\,(1 - \cos \psi) \quad . \quad . \quad (40)$$

Der abgegebene Gleichstrom kann bestimmt werden, indem man den Wert des Anodenstromes für einen Augenblick berechnet, wo die Anode den ganzen Strom ihrer Gruppe führt. In Abb. 92c entspricht diesem Zeitpunkte die waagrechte Stelle am Scheitel der Stromkurve, welche den Strom der Anode *1* darstellt. Bevor diese Anode den Gesamtstrom ihrer Dreiphasengruppe übernimmt, macht sie zwei zeitweilige Kurzschlüsse durch und arbeitet während einer Zeit mit der Anode *5* parallel. Während des ersten Kurzschlusses bildet sie die Rückleitung für den vollen Kurzschlußstrom der Anode *5* und erfährt daher eine Stromzunahme um

$$\frac{\sqrt{2}\,E_1^2}{X_1 E_2}\,[\sin 90^0 - \sin (30^0 + \psi)].$$

Während des zweiten Kurzschlusses führt sie ihren eigenen Kurzschlußstrom. Dadurch wächst ihr Strom um

$$\frac{\sqrt{2}\,E_1^2}{X_1 E_2}\,[\sin (90^0 - \psi) - \sin 30^0].$$

In dem Zeitraume zwischen diesen beiden Kurzschlüssen arbeitet sie mit Phase *5* parallel und übernimmt deren Strom. Die diese Stromübernahme bewirkende Phasenspannung ist die Hälfte der verketteten Spannung oder $\frac{\sqrt{3}}{2}\,E_2$ und hat ihren Scheitelwert am Ende der Umschaltzeit. Die Zunahme des Anodenstromes während dieser Zeit ist also

$$\frac{\sqrt{3}\,\sqrt{2}\,E_1^2}{2\,X_1 E_2}\,\sin \psi.$$

Durch Addition der drei Stromzunahmen erhält man den Gesamtstrom

$$\frac{J}{2} = \frac{\sqrt{2}\,E_1^2}{X_1 E_2}\left[1 - \sin (30^0 + \psi) + \cos \psi - \frac{1}{2} + \frac{\sqrt{3}}{2}\,\sin \psi\right] =$$

$$= \frac{\sqrt{2}\,E_1^2}{X_1 E_2}\left[\frac{1}{2} + \frac{1}{2}\,\cos \psi\right]\ \text{oder}$$

$$J = \frac{\sqrt{2}\,E_1^2}{X_1 E_2}\,[1 + \cos \psi] \ . \ . \ . \ . \ . \ . \ . \ . \ . \ . \ . \ . \ . \ (41)$$

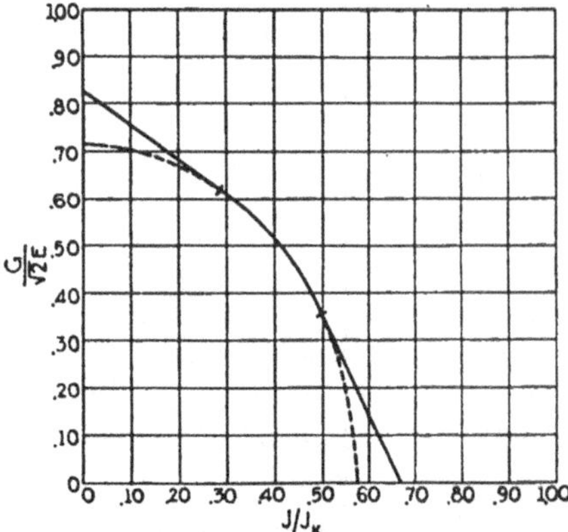

Abb. 97. Berechnete Belastungskennlinie eines Doppel-Dreiphasen-Gleichrichters mit Blindwiderstand in den Primärwicklungen oder in den Netzleitungen.

$$\frac{G}{\sqrt{2}\,E} = \frac{\text{abgegebene Gleichspannung}}{\text{Höchstwert der Phasenspannung}}$$

$$\frac{J}{J_k} = \frac{\text{abgegebener Gleichstrom}}{\text{Gleichstromseitiger Nennkurzschlußstrom.}}$$

Aus den Gleichungen (40) und (41) ergibt sich, daß der letzte Teil der Belastungskennlinie eine gerade Linie ist, da sowohl G als auch J lineare Funktionen von $\cos \psi$ sind.

Abb. 97 zeigt die vollständige Belastungskennlinie. Die Ströme werden als Bruchteile von J_k ausgedrückt, wobei J_k der gleichstromseitige Nennkurzschlußstrom $\sqrt{2} \cdot p \cdot I_k$ ist; I_k ist der Kurzschlußwechselstrom jeder Sekundärwicklung bei einem Kurzschlusse, der alle Phasen betrifft. Es erübrigt noch zu beweisen, daß sich vollkommen gleichartige Belastungskennlinien ergeben, wenn der Blindwiderstand in den Netzleitungen oder in den in Stern geschalteten Primärwicklungen liegt; im letzteren Falle verwendet man eine Tertiärwicklung, um Schwierigkeiten mit der dritten Oberwelle des Magnetisierungsstromes zu vermeiden.

Tafel VIII. **Vergleich der Komponenten des Anodenstromes bei verschiedenen Doppel-Dreiphasen-Gleichrichtern.**

	Blindwiderstand in den in Dreieck geschalteten Primärwicklungen	Blindwiderstand in den Netzleitungen (Primärwicklungen in Dreieckschaltung)	Blindwiderstand in den in Stern geschalteten Primärwicklungen
Umschaltestrom (Effektivwert)	$\dfrac{\sqrt{3}\,E_1^2}{2\,X_1 E_2}$	$\dfrac{E_1^2}{2\sqrt{3}\,X_L E_2}$	$\dfrac{\sqrt{3}\,E_1^2\ {}^{1)}}{2\,X_1 E_2}$
Wechselstromanteil des zeitweiligen Kurzschlußstromes (Effektivwert, einem dreiphasigen Kurzschlusse entsprechend)	$\dfrac{E_1^2}{X_1 E_2}$	$\dfrac{E_1^2}{3\,X_L E_2}$	$\dfrac{E_1^2}{X_1 E_2}$
Wechselstromseitiger Kurzschlußstrom je Phase (Effektivwert), wenn alle sechs Phasen kurzgeschlossen sind	$\dfrac{E_1^2}{2\,X_1 E_2}$	$\dfrac{E_1^2}{6\,X_L E_2}$	$\dfrac{E_1^2}{2\,X_1 E_2}$

[1]) Als E_1 wird die Spannung gegen den Sternpunkt bezeichnet, wenn die Primärwicklungen in Stern geschaltet sind.

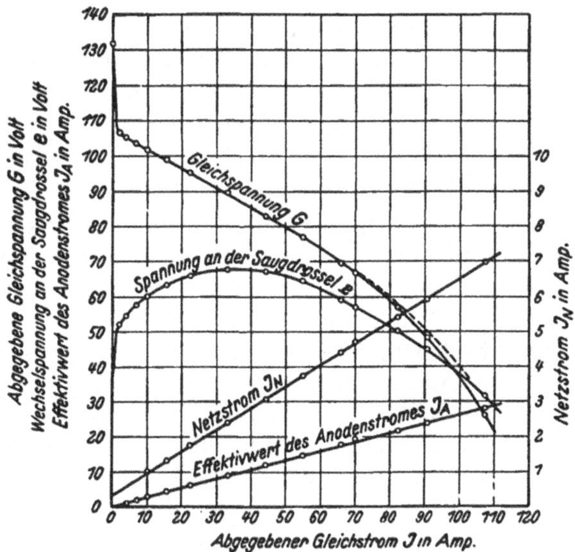

Abb. 98. An einem Doppel-Dreiphasen-Gleichrichter mit Blindwiderstand in den in Dreieck geschalteten Primärwicklungen des Transformators aufgenommene Kennlinien. Unter Vernachlässigung des Lichtbogenabfalles und der Wirkwiderstände berechneter gleichstromseitiger Kurzschlußstrom 143,3 A. Sekundäre Leerlaufspannung 110 V. Die gestrichelte Kurve ist die vorausberechnete Belastungskennlinie.

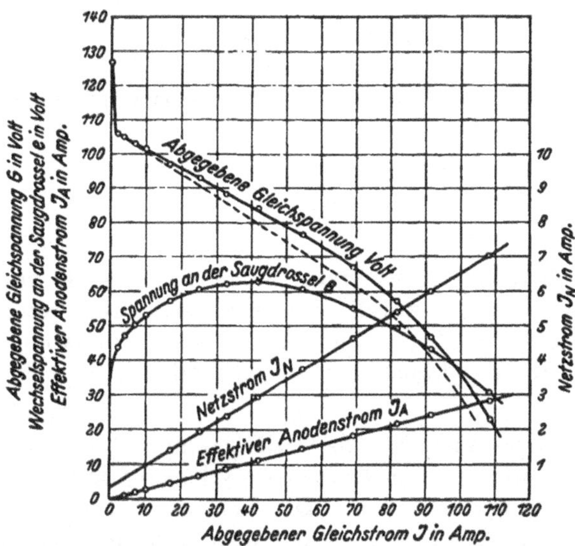

Abb. 99. An einem Doppel-Dreiphasen-Gleichrichter mit Blindwiderstand in den Netzleitungen aufgenommene Kennlinien. Unter Vernachlässigung des Lichtbogenabfalles und der Wirkwiderstände berechneter gleichstromseitiger Kurzschlußstrom 139 A. Die Primärwicklungen sind in Dreieck geschaltet. Sekundäre Leerlaufspannung 110 V. Die gestrichelte Linie ist die vorausberechnete Belastungskennlinie.

Es wurde bereits gezeigt, daß man in diesen drei Fällen gleichartige Wellenformen erhält und um zu beweisen, daß die Belastungskennlinien gleichartig sind, ist es nur erforderlich, die Umschalte- und Kurzschlußströme in den drei Fällen auszurechnen und zu vergleichen. Dies ist in Tafel VIII geschehen, und man sieht, daß sich für alle drei Fälle die gleichen Verhältniswerte dieser Ströme zueinander ergeben.

Doppel-Dreiphasen-Gleichrichter mit Blindwiderstand sowohl in den in Dreieck geschalteten Primärwicklungen als auch in den Netzleitungen. Die im vorstehenden abgeleitete Belastungskennlinie gilt nicht nur dann, wenn der Blindwiderstand in den in Dreieck geschalteten Primärwicklungen oder in den Netzleitungen liegt, sondern auch, wenn er auf die Primärwicklungen und Netzleitungen verteilt ist. Die Verteilung des Blindwiderstandes beeinflußt die sekundären Stromwellenformen nicht, und die Verhältniszahlen Umschaltestrom/zeitweiliger Kurzschlußstrom, Umschaltestrom/Kurzschlußstrom bei sechsphasigem Kurzschluß bebehalten ihre Werte bei. Der Effektivwert des Umschaltstromes ist

$$\frac{\sqrt{3}\,E_1{}^2}{2\,(3\,X_L + X_1)\,E_2}.$$

Ferner ist der Effektivwert des zeitweiligen Kurzschlußstromes

$$\frac{E_1{}^2}{(3\,X_L + X_1)\,E_2}.$$

Schließlich beträgt der Effektivwert des Wechselstromes bei vollständigem sechsphasigem Kurzschluß

$$\frac{E_1{}^2}{2\,(3\,X_L + X_1)\,E_2}.$$

An ausgeführten Gleichrichtern aufgenommene Kennlinien. Die Abb. 98 und 99 zeigen durch Versuche ermittelte Kennlinien von Doppel-Dreiphasen-Gleichrichtern, wobei der Blindwiderstand entweder in den Primärwicklungen (Abb. 98) oder in den Netzleitungen (Abb. 99) lag.

Die Abb. 100 bis 110 sind die Oszillogramme der Spannungs- und Stromwellen der untersuchten Doppel-Dreiphasen-Gleichrichter bei verschiedenen Belastungszuständen. Die berechneten Gleichspannungen wurden hinsichtlich des Lichtbogenabfalles und der Wirkwiderstände korrigiert, indem der Quotient aus dem Gesamtenergieverluste in den Wirkwiderständen und im Lichtbogen durch den Gleichstrom dividiert und der so erhaltene Spannungsabfall von der abgegebenen Gleichspannung abgezogen wurde.

Bemerkung zu den Abbildungen 100 bis 105. Diese Abbildungen zeigen die an einem Doppel-Dreiphasen-Gleichrichter mit Blindwiderstand in den Primärwicklungen des Transformators oszillographisch aufgenommenen Wellenformen. Berechneter gleichstromseitiger Kurzschlußstrom 148 A, entsprechend $J_k = 222$ A. Sekundäre Leerlaufspannung 110 V. Die obere Linie ist in den Abb. 100 bis 102 die Spannung an der Saugdrossel; hingegen in den Abb. 103 bis 105 der Netzstrom. In allen Abbildungen geben die mittleren und unteren Linien die Anodenspannung und den Strom der betreffenden Anode wieder. Bei den größeren Belastungen wurde eine kleine Gleichspannung im Gleichstromkreis zur Überwindung des Lichtbogenabfalles und des Spannungsabfalles in den Wirkwiderständen verwendet.

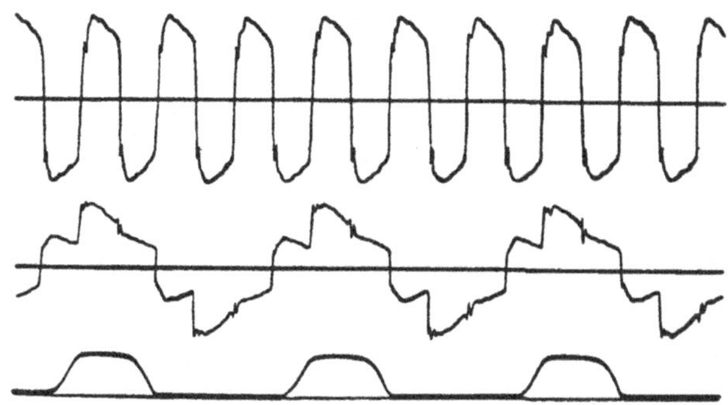

Abb. 100. $J/J_k = 0{,}19$ (auf dem ersten geraden Teil der Kennlinie).

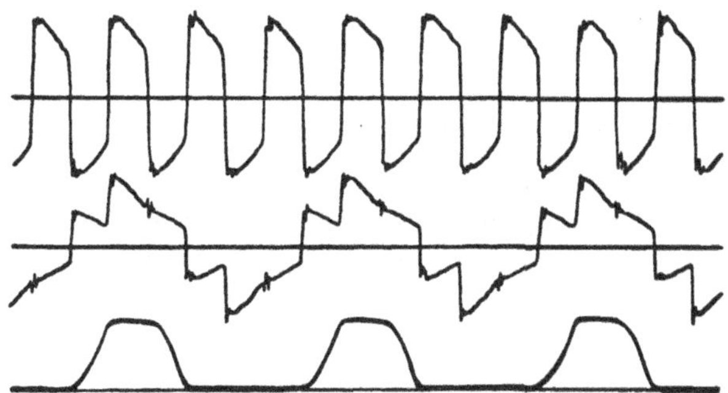

Abb. 101. $J/J_k = 0{,}33$ (am Ende des ersten geraden Teiles der Kennlinie).

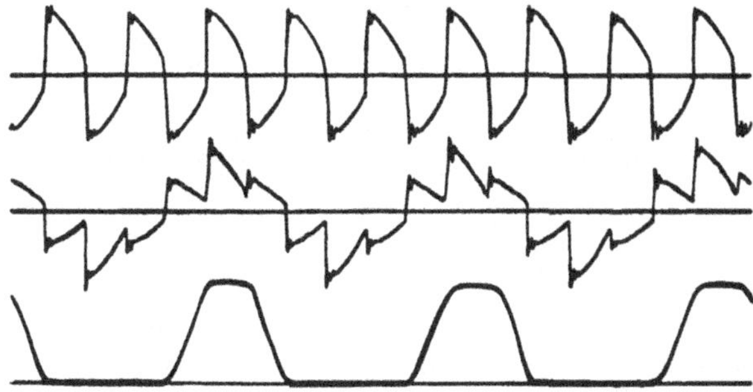

Abb. 102. $J/J_k = 0{,}45$ (auf dem elliptischen Teil der Kennlinie).

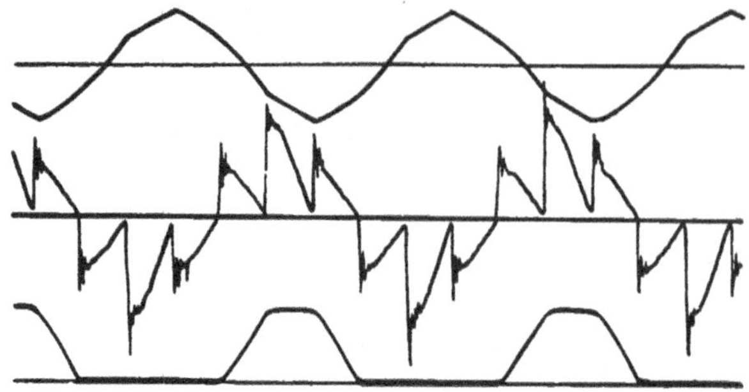

Abb. 103. $J/J_k = 0,5$ (am Ende des elliptischen Teiles der Kennlinie).

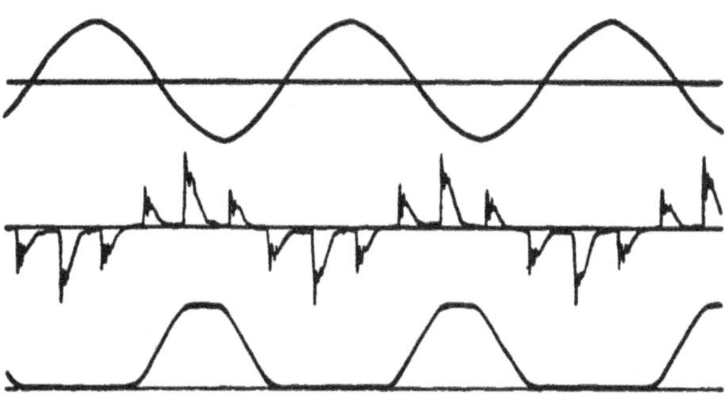

Abb. 104. $J/J_k = 0,6$ (auf dem geraden Teil der Kennlinie in der Nähe des Kurzschlusses).

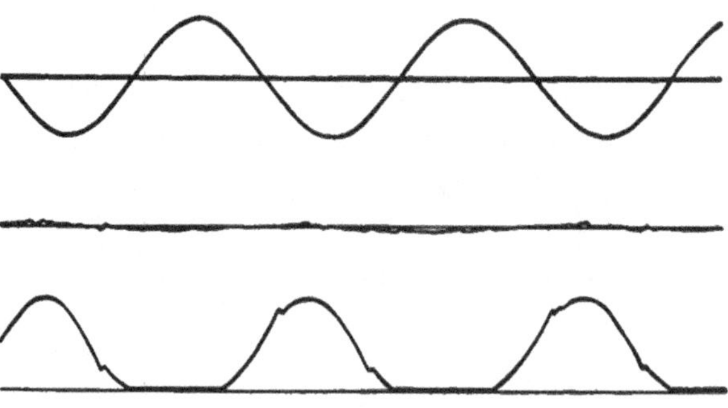

Abb. 105. $J/J_k = 0,68$. (Gleichstromseitiger Kurzschluß.)

Bemerkung zu den Abbildungen 106 bis 110. Die Abbildungen zeigen die an einem Doppel-Dreiphasen-Gleichrichter mit Blindwiderstand in den Netzleitungen oszillographisch aufgenommenen Wellenformen. Die Primärwicklungen sind in Dreieck geschaltet; berechneter gleichstromseitiger Kurzschlußstrom 172 A, entsprechend $J_k = 258$ A. Sekundäre Phasenspannung im Leerlauf 110 V. Die obere Linie stellt in den Abb. 106 und 107 die Spannung an der Saugdrossel, hingegen in den Abb. 108 bis 110 den Netzstrom dar. In allen Abbildungen geben die mittleren und unteren Linien die Anodenspannung und den Strom der betreffenden Anode wieder. Bei den größeren Belastungen wurde zur Überwindung des Lichtbogenabfalles und des Spannungsabfalles in den Wirkwiderständen eine kleine Gleichspannung auf der Gleichstromseite verwendet.

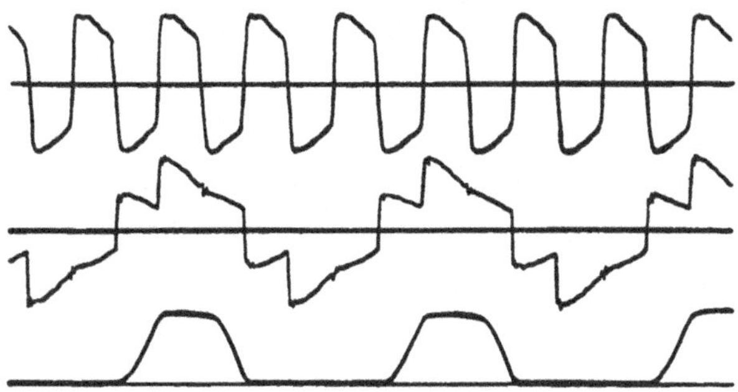

Abb. 106. $\dfrac{J}{J_k} = 0{,}29$ (am Ende des ersten geraden Teiles der Kennlinie).

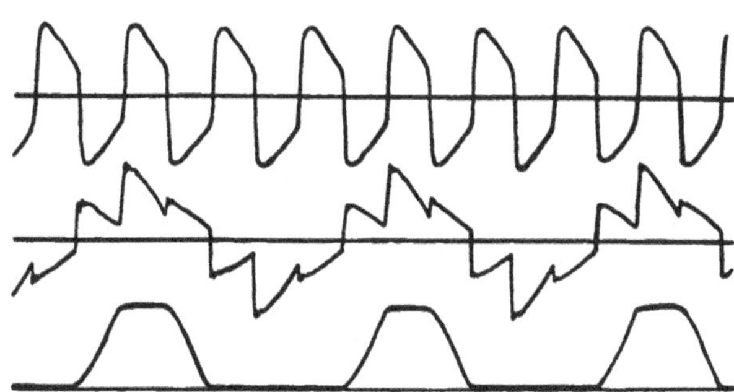

Abb. 107. $\dfrac{J}{J_k} = 0{,}44$ (auf dem elliptischen Teil der Kennlinie).

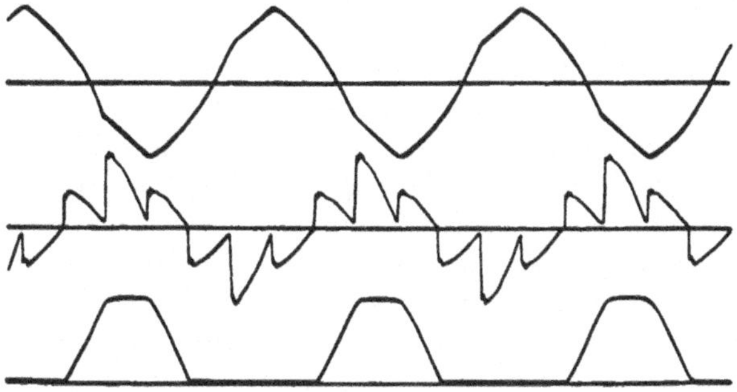

Abb. 108. $\dfrac{J}{J_k} = 0{,}51$ (Übergang von der Ellipse zur Geraden, welche zum Kurzschlußpunkt führt).

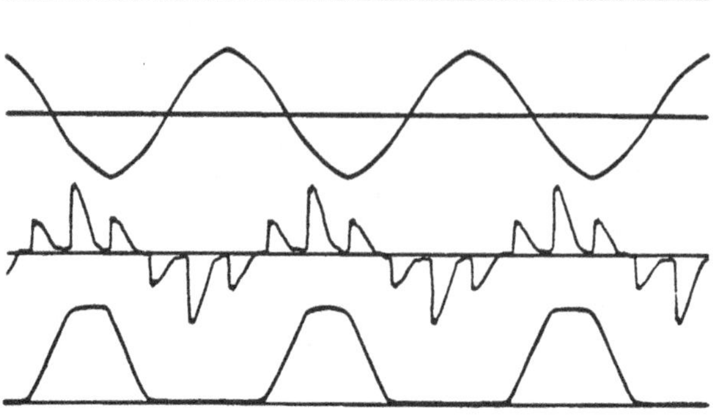

Abb. 109. $\dfrac{J}{J_k} = 0{,}59$ (auf dem geraden Teil der Kennlinie in der Nähe des Kurzschlusses).

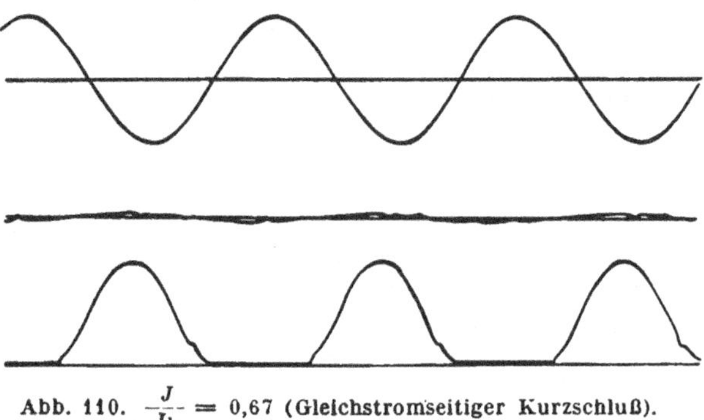

Abb. 110. $\dfrac{J}{J_k} = 0{,}67$ (Gleichstromseitiger Kurzschluß).

11. Kapitel.

Die Belastungskennlinie von gewöhnlichen Sechsphasen-Gleichrichtern (Sekundärwicklung in Doppelstern geschaltet) mit Blindwiderstand in den Primärwicklungen oder Netzleitungen.

Im 8. Kapitel wurde bereits ein Verfahren für die Ermittlung des ersten geradlinigen Teiles der Belastungskennlinie eines Sechsphasengleichrichters angegeben, und die Ergebnisse dieser Berechnungen sind in Tafel Vc zusammengestellt. Der geradlinige Verlauf der Belastungskennlinie bleibt bis zu jener Belastung erhalten, bei der die Brennzeit der die Stromführung übernehmenden Phase nicht mehr in dem Augenblicke beginnt, wo ihre Leerlaufspannung derjenigen der vorhergehenden Phase gleich geworden ist; auch wenn die Spannungen stromführender Phasen durch Umschaltungen zwischen anderen Phasen beeinflußt werden, ist die Belastungskennlinie keine Gerade mehr. Der Spannungsabfall von Sechsphasengleichrichtern kann im Gebiete der normalen Belastungen mit verhältnismäßig einfachen Mitteln berechnet werden. Trotzdem ist es für die Lösung mancher Aufgaben nötig, den Verlauf der Belastungskennlinie bis zum Kurzschlusse zu kennen. In diesem Kapitel soll daher die Berechnung der vollständigen Belastungskennlinien von Sechsphasen-Gleichrichtern mit in Doppelstern geschalteter Sekundärwicklung durchgeführt werden; es wird dabei angenommen, daß der Blindwiderstand in den Primärwicklungen des Transformators oder in den Netzleitungen liegt.

Sechsphasen-Gleichrichter mit in Dreieck geschalteten Primärwicklungen und mit Blindwiderstand in den Netzleitungen. Abb. 111 zeigt die Schaltung eines Sechsphasengleichrichters. Die Sekundärwicklung ist in Doppelstern geschaltet; der Blindwiderstand liegt in den Zuleitungen zum Transformator. Bei geringen Belastungen, wenn nur eine oder zwei Anoden brennen, fließen die Umschaltströme auf den in Abb. 111 a durch Pfeile angedeuteten Stromwegen. Der Umschaltvorgang nimmt hier denselben Verlauf wie im Falle des sekundären Blindwiderstandes. Ein Unterschied liegt nur insoferne vor, als die beiden Phasen, welche nicht auf den gleichen Transformatorschenkeln liegen wie die in Umschaltung begriffenen, ihre Spannung vollkommen verlieren, während die Umschaltung fortschreitet. Da diese Phasen nicht Strom führen, ist die Erscheinung ohne Einfluß auf die abgegebene Gleichspannung, so lange die Umschaltzeit kleiner ist als 60°.

Die Wellenformen bei einer Umschaltzeit von 60° sind in Abb. 113 dargestellt. Jene Phase, welche im Begriffe steht, in die stromführende Gruppe einzutreten, hat bis zum Beginne ihrer Brennzeit die Spannung Null. Sie erlangt die für ihr Parallelarbeiten mit der unmittelbar vorhergehenden Phase erforderliche Spannung in dem Augenblicke, wo die Umschaltung zwischen den beiden anderen stromführenden Phasen beendet ist. Eine weitere Steigerung der Umschaltzeit ist unmöglich, so lange die abgegebene Gleichspannung von Null verschieden ist, denn die in Umschaltung begriffenen Phasen würden es der hinzutretenden Phase unmöglich machen, zu Beginn ihrer Brennzeit die nötige Spannung zu erreichen.

Da die Umschaltzeit bei wachsender Belastung nicht mehr zunehmen kann, verzögert sich der Beginn der Brennzeit mit steigender Belastung immer mehr. Die hierbei auftretenden veränderten Wellenformen sind aus den Abb. 113 und 114 ersichtlich.

Die Abb. 114 entspricht einer Verzögerung des Beginnes der Brennzeit um 30°. Hier sinkt die Spannung der stromführenden Phasen in einem Zeitpunkt auf Null, wo auch die stromlosen Phasen diese Spannung aufweisen. Eine noch größere Verzögerung des Beginnes der Brennzeit hätte zur Folge, daß die stromlosen Phasen zeitweilig eine höhere positive Spannung aufweisen würden als die Strom führenden, ist also nicht möglich.

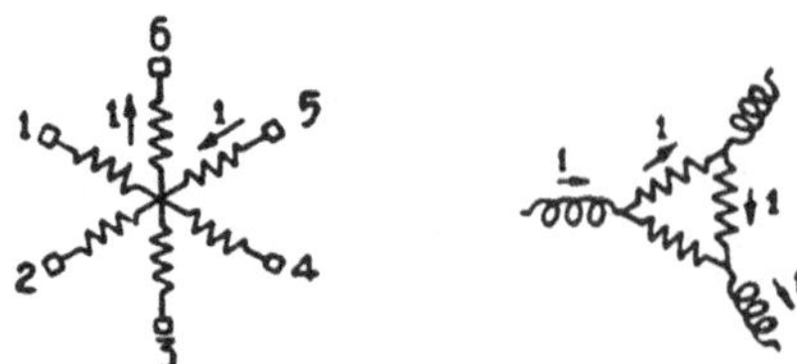

Abb. 111a. Der Verlauf des Umschaltstromes.

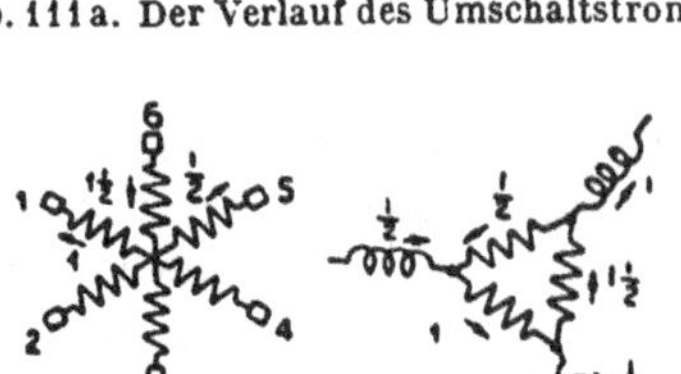

Abb. 111b. Der Verlauf des Kurzschlußstromes beim zeitweiligen Kurzschluß.

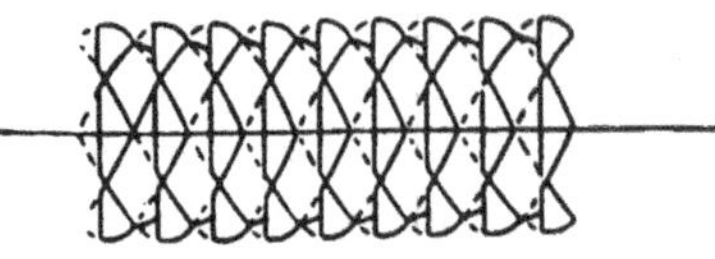

Abb. 112. Wellenformen bei geringer Belastung.

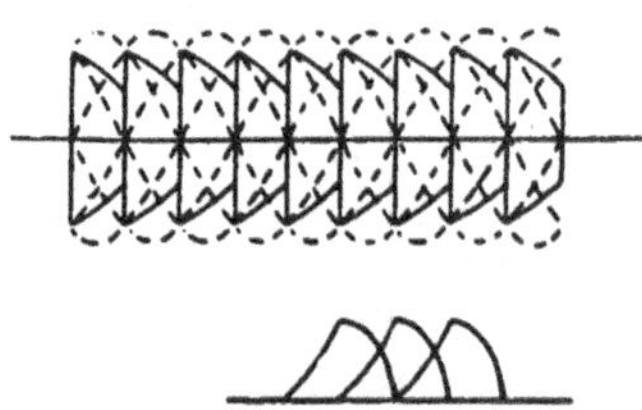

Abb. 113. Wellenformen bei einer Umschaltzeit von 60 °.

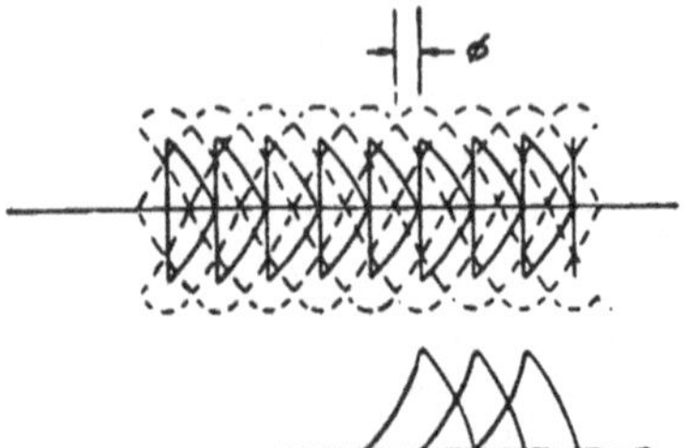

Abb. 114. Der Beginn der Brennzeit ist gegen den Zeitpunkt, wo die induzierten Phasenspannungen untereinander gleich sind, um $\phi = 30°$ verzögert.

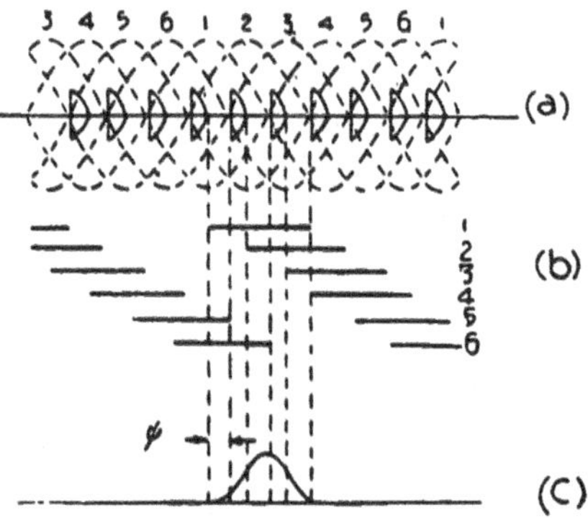

Abb. 115. Spannungswellen und Wellenform des Anodenstromes beim Betrieb mit zeitweiligen Kurzschlüssen.

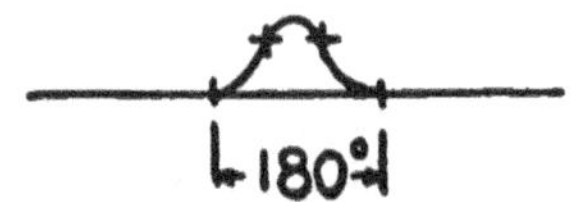

Abb. 116. Wellenform des Anodenstromes im vollständigen Kurzschluß.

Abb. 111 bis 116. Schaltbild, Strom- und Spannungswellen eines Sechsphasen-Gleichrichters mit in Dreieck geschalteten Primärwicklungen und Blindwiderstand in den Netzleitungen.

Die Anpassung an eine weitere Steigerung der Belastung erfolgt durch Verlängerung der Brennzeit; eine Folge hievon sind zeitweilige Kurzschlüsse. Aus Abb. 115 sind die bei dieser Betriebsart entstehenden Wellenformen ersichtlich; ferner sind in dieser Abbildung die Brennzeiten der einzelnen Anoden eingetragen. Wenn drei Anoden gleichzeitig brennen, tritt ein Kurzschluß ein, derart, daß die Gleichspannung vollständig verschwindet.

Wir stellen uns vor, daß bei diesem Kurzschlusse in den Primärwicklungen zwei Kurzschlußströme fließen. Der erste dieser Ströme ist der normale Umschaltstrom, dessen Verlauf in Abb. 111a dargestellt ist. Die Stromrichtung des zweiten Kurzschlußstromes ist senkrecht auf die des Umschaltstromes. Der zweite Kurzschlußstrom bedient sich zweier Netzleitungen als parallel geschalteter Zuleitungen und der dritten Netzleitung als Ableitung (siehe Abb. 111b). Der Einfachheit halber sei der Umschaltstrom mit A und der andere Kurzschlußstrom mit B bezeichnet. Der Strom B, dessen Richtung auf der des Stromes A

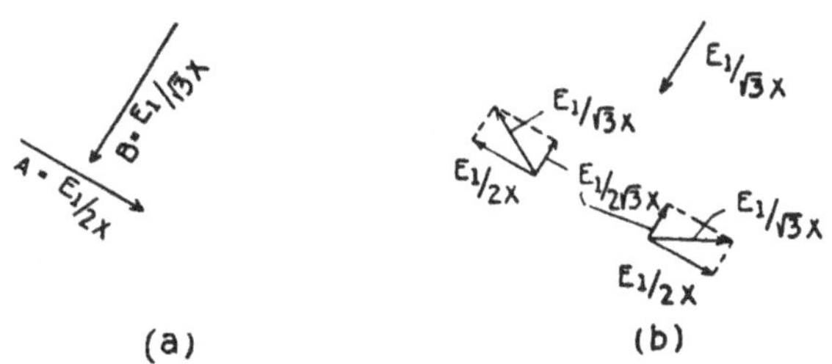

(a)   (b)

Abb. 117a und b. Die Komponenten der zeitweiligen Kurzschlußströme auf der Primärseite bei einem Gleichrichter mit Blindwiderstand in den Netzleitungen.

senkrecht steht, hat gegen ihn auch eine zeitliche Phasenverschiebung von 90°, wie das Vektordiagramm Abb. 117a zeigt. Die Spannung, welche den Strom A erzeugt, ist die Netzspannung E_1 und der ihm entgegenstehende Blindwiderstand ist $2\,X$, wenn der Blindwiderstand in jeder Netzleitung den Wert X hat.

Der Strom B wird von der Spannung zwischen einer Netzleitung und einem Punkte erzeugt, der den Mittelwert der Spannungen der beiden anderen Netzleitungen aufweist.

Diese Spannung verhält sich zur Netzspannung wie die Höhe in einem gleichseitigen Dreiecke zur Seite; sie ist daher $\dfrac{E_1}{2}\sqrt{3}$.

Der Blindwiderstand, den der Strom B zu überwinden hat, ist $X + \dfrac{X}{2} = \dfrac{3\,X}{2}$.

Der Strom B erhält daher den Wert $\dfrac{E_1}{\sqrt{3}\,X}$.

Die Netzspannungen werden in den Blindwiderständen der Zuleitungen vollständig verzehrt, so daß an den Primärwicklungen des Transformators keine Spannungen auftreten. In Abb. 117b sind die Vektordiagramme der Ströme in den drei Blindwiderständen der Netzleitungen zusammengestellt. Der Gesamtstrom in jedem der Blindwiderstände ist $\dfrac{E_1}{\sqrt{3}\,X}$; die drei Ströme sind gegeneinander um je 120° phasenverschoben. Die Ströme in den Transformatorwicklungen müssen derart verlaufen, daß die Summe der Sekundärströme gleich Null ist. Für den

9*

Umschaltstrom A ist dies bereits früher berücksichtigt worden. Abb. 111 b zeigt den Verlauf des Stromes B. In Tafel IX ist die Addition der Komponenten von A und B dargestellt; dort ist auch ersichtlich, welche Richtungen die Ströme in bezug auf die Leerlaufspannungen der drei Phasen haben.

Tafel IX.

Phase	Induzierte Spannung	Strom A	Strom B	Gesamtstrom
5	←	$\dfrac{E_1^2}{2\,X\,E_2}$	$\dfrac{E_1^2}{2\sqrt{3}\,X\,E_2}$	$\dfrac{E_1^2}{\sqrt{3}\,X\,E_2}$
6		$\dfrac{E_1^2}{2\,X\,E_2}$	$\dfrac{\sqrt{3}\,E_1^2}{2\,X\,E_2}$	$\dfrac{E_1^2}{X\,E_2}$
1			$\dfrac{E_1^2}{\sqrt{3}\,X\,E_2}$	$\dfrac{E_1^2}{\sqrt{3}\,X\,E_2}$

Wenn die abgegebene Gleichspannung sich dem Werte Null nähert, dauern die zeitweiligen Kurzschlüsse immer länger und beim vollständigen gleichstromseitigen Kurzschluß fließen die eben besprochenen Ströme andauernd. Im Kurzschlußfall übernimmt die Phase 1, nachdem sie den in Tafel IX ersichtlichen Strom durch 60° geführt hat, für die nächsten 60° die Arbeitsweise der Phase 6, dann für weitere 60° die der Phase 5 und so fort. In Abb. 118 sind die Vektoren der aufeinanderfolgenden Ströme von Phase 1 ersichtlich. Die Ströme von Phase 6 wiederholen sich in Phase 1 mit einer Phasenverschiebung von 60° und diejenigen von Phase 5 mit einer Phasenverschiebung von 120°. Abb. 116 zeigt die Wellenform des Anodenstromes im Kurzschluß. Die Stromwelle besteht aus drei Abschnitten von Sinuslinien. Die Amplitude der mittleren Sinuslinie ist das $\sqrt{3}$ fache des Stromes am Ende der ersten und am Beginne der dritten Sinuslinie.

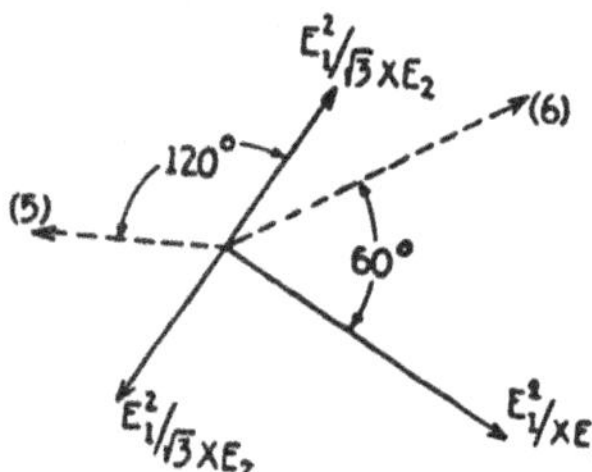

Abb. 118. Vektordiagramm der in einer Phase nacheinander auftretenden Ströme.

Wenn der gleichstromseitige Kurzschluß kein vollständiger, aber die abgegebene Gleichspannung sehr klein ist, so treten auf der Wechselstromseite zeitweilige Kurzschlüsse auf, bei denen die Ströme so verlaufen, wie im vorstehenden für den vollständigen gleichstromseitigen Kurzschluß auseinandergesetzt wurde.

Sechsphasen-Gleichrichter mit Blindwiderstand in der in Stern geschalteten Primärwicklung. Die Schaltung eines derartigen Gleichrichters ist in Abb. 119 dargestellt. Es ist eine Tertiärwicklung vorhanden, von der angenommen wird, daß sie keinen Blindwiderstand besitzt. Die Wellenformen der Anodenspannungen und Anodenströme sind in diesem Falle die gleichen wie beim eben besprochenen Sechsphasen-Gleichrichter mit Blindwiderstand in den Netzleitungen. Bei geringer Belastung, wenn eine oder zwei Anoden Strom führen, ist die Anodenspannung bei der Umschaltung zwischen zwei Anoden gleich dem Mittelwerte der Leerlaufspannungen, welche die betroffenen Phasen während der Umschalt-

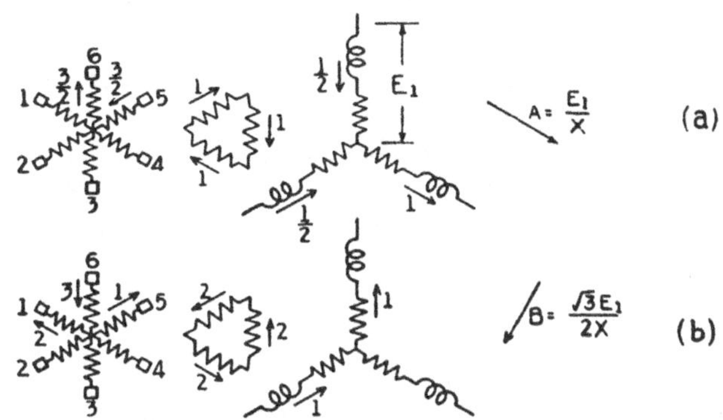

Abb. 119a und b. Der Verlauf der zeitweiligen Kurzschlußströme bei einem Sechsphasen-Gleichrichter mit Blindwiderstand in den in Dreieck geschalteten Primärwicklungen.

zeit aufweisen. Während des Umschaltvorganges besitzen die beiden Phasen, welche auf den gleichen Transformatorschenkeln liegen, wie die an der Umschaltung beteiligten Phasen Spannungen, welche der vorerwähnten Anodenspannung negativ gleich sind. Die beiden übrigen Phasen haben die Spannung Null.

Hat die Umschaltzeit den Wert 60° erreicht, so kann sie nicht mehr anwachsen. Die Brennzeit der Anoden beträgt 120°; ihr Beginn verzögert sich um so stärker, je mehr die Belastung gesteigert wird.

Es treten zeitweilige Kurzschlüsse auf, wobei die Spannung der stromführenden Anoden auf Null sinkt. Wie aus Abb. 119 hervorgeht,

Tafel X.

Phase	Induzierte Spannung	Strom A	Strom B	Gesamtstrom
5	←	$\dfrac{3}{2}\dfrac{E_1^2}{X E_2}$	$\dfrac{\sqrt{3}\,E_1^2}{2\,X E_2}$	$\dfrac{\sqrt{3}\,E_1^2}{X E_2}$
6	↗	$\dfrac{3}{2}\dfrac{E_1^2}{X E_2}$	$\dfrac{3\sqrt{3}\,E_1^2}{2\,X E_2}$	$\dfrac{3\,E_1^2}{X E_2}$
1	↗		$\dfrac{\sqrt{3}\,E_1^2}{X E_2}$	$\dfrac{\sqrt{3}\,E_1^2}{X E_2}$

ist der Verlauf der Sekundärströme ähnlich wie in Abb. 111. Die entsprechenden primären Kurzschlußströme sind jedoch von denen der Abb. 111 verschieden. Sie werden wieder mit A und B bezeichnet. In Tafel X wird die Addition der Komponenten der Sekundärströme während der zeitweiligen Kurzschlüsse durchgeführt.

Ein Vergleich der Zahlenwerte der Ströme, der im nachfolgenden bei der Berechnung der Belastungskennlinien angestellt werden soll, wird zeigen, daß die beiden besprochenen Schaltungen vollkommen gleichwertig sind.

Berechnung der Belastungskennlinie eines Sechsphasen-Gleichrichters mit Blindwiderstand in den Netzleitungen. Der erste Teil der Belastungskennlinie ist nach früherem eine Gerade ähnlich wie beim Sechsphasengleichrichter mit Blindwiderstand in den Anodenleitungen. Der Effektivwert des Umschaltstromes ist $\dfrac{E_1^2}{2\,X_L\,E_2}$ (X_L = Blindwiderstand in der Netzleitung) und der Effektivwert des Sekundärstromes bei vollständigem Kurzschluß ist $\dfrac{E_1^2}{6\,X_L\,E_2}$. Daher ist der scheinbare Blindwiderstand einer Sekundärwicklung bei der Umschaltung gleich $\dfrac{X_L\,E_2^2}{E_1^2}$ und beim vollständigen wechselstromseitigen Kurzschluß gleich $\dfrac{6\,X_L\,E_2^2}{E_1^2}$.

Da die Ströme als Bruchteile des Nennkurzschlußstromes J_k von dem letztgenannten Wert des Blindwiderstandes abhängen, der Spannungsabfall aber vom Blindwiderstand bei der Umschaltung, so beträgt der Spannungsabfall nur ein Sechstel des bei sekundärem Blindwiderstand auftretenden. Aus Tafel VII ist ersichtlich, daß die Leerlaufspannung $\dfrac{3\sqrt{2}\,E}{\pi}$ oder 0,955 $\sqrt{2}\,E$ ist und daß die Gerade, welche den ersten Teil der Belastungskennlinie bildet, in ihrer Verlängerung die Stromachse beim Werte J_k schneidet (siehe Abb. 120).

Während des zweiten Teiles der Belastungskennlinie wird der Beginn der Brennzeit jeder Anode durch die Umschaltung zwischen den vorhergehenden Anoden verzögert. Der mit steigender Belastung wachsende Verzögerungswinkel sei Φ. Am Anfange

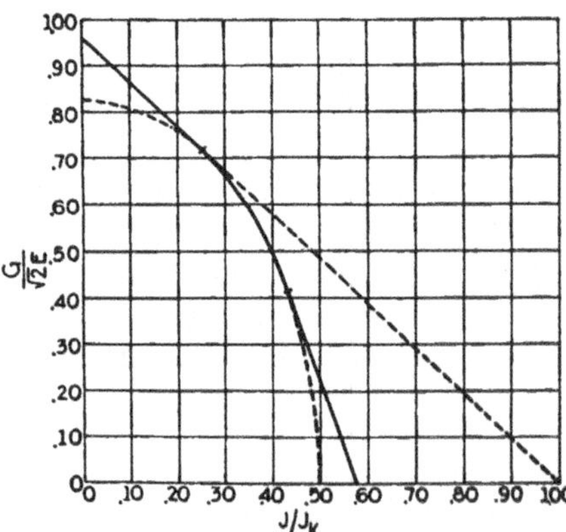

Abb. 120. Berechnete Belastungskennlinie eines Sechsphasen-Gleichrichters mit Blindwiderstand in den Netzleitungen (bei in Dreieck geschalteter Primärwicklung) oder mit Blindwiderstand in der in Stern geschalteten Primärwicklung.

$\dfrac{G}{\sqrt{2}\,E}=\dfrac{\text{abgegebene Gleichspannung}}{\text{Höchstwert der Phasenspannung}}$

$\dfrac{J}{J_k}=\dfrac{\text{abgegebener Gleichstrom}}{\text{Gleichstromseitiger Nennkurzschlußstrom.}}$

dieses Teiles der Kennlinie entsprechen die Wellenformen der Abb. 113 und der Winkel Φ ist Null. Er erreicht am Ende dieses Teiles 30^0, wie aus den Anodenspannungswellen der Abb. 114 hervorgeht. Die abgegebene Gleichspannung wird daher durch folgenden Ausdruck dargestellt:

$$\frac{G}{\sqrt{2}\,E} = \frac{\sqrt{3}}{2} \cdot \frac{3}{\pi} \int_{\Phi}^{60^0 + \Phi} \cos \Theta \, d\Theta = \frac{3\sqrt{3}}{2\pi} [\sin (60^0 + \Phi) - \sin \Phi] =$$

$$= \frac{3\sqrt{3}}{2\pi} \left[\frac{1}{2} \sin \Phi + \frac{\sqrt{3}}{2} \cos \Phi - \sin \Phi \right] =$$

$$= \frac{3\sqrt{3}}{2\pi} \left[\frac{\sqrt{3}}{2} \cos \Phi - \frac{1}{2} \sin \Phi \right] = \frac{3\sqrt{3}}{2} \sin (60^0 - \Phi) \quad . \quad (42)$$

Der abgegebene Gleichstrom ist gleich dem Scheitelwerte des Anodenstromes. Um ihn zu berechnen, ist bloß die von der Umschaltspannung während eines Zeitraumes von 60^0 verursachte Stromsteigerung zu bestimmen. In Abb. 113 ist die Umschaltspannung zu Beginn der Umschaltung gleich Null. In Abb. 114 ist der Beginn der Umschaltung um 30^0 verzögert; daher besitzt die Umschaltspannung am Beginn der Umschaltzeit bereits einen bestimmten Wert. Man erhält den abgegebenen Strom wie folgt:

$$J = \frac{\sqrt{2}\,E_1^2}{2\,X_L E_2} [\cos \Phi - \cos (\Phi + 60^0)] =$$

$$= \frac{\sqrt{2}\,E_1^2}{2\,X_L E_2} \left[\cos \Phi - \frac{1}{2} \cos \Phi + \frac{\sqrt{3}}{2} \sin \Phi \right] =$$

$$= \frac{\sqrt{2}\,E_1^2}{2\,X_L E_2} \left[\frac{1}{2} \cos \Phi + \frac{\sqrt{3}}{2} \sin \Phi \right] =$$

$$= \frac{E_1^2}{\sqrt{2}\,X_L E_2} \cos (60^0 - \Phi) \quad . \quad . \quad . \quad . \quad . \quad . \quad . \quad . \quad . \quad (43)$$

Betrachtet man die Gleichungen (42) und (43), so erkennt man, daß der zweite Teil der Belastungskennlinie eine Ellipse ist. Der abgegebene Nennkurzschlußstrom ist das $6\sqrt{2}$ fache des Effektivwertes des Kurzschlußwechselstromes einer Sekundärwicklung des Transformators bei vollständigem Kurzschluß und beträgt $\dfrac{\sqrt{2}\,E_1^2}{X_L E_2}$. Es ist also:

$$\frac{J}{J_k} = \frac{1}{2} \cos (60^0 - \Phi) \quad . \quad . \quad . \quad . \quad . \quad . \quad . \quad . \quad (44)$$

Während des dritten und letzten Teiles der Kennlinie kommt es überhaupt nicht vor, daß eine Anode den gesamten Laststrom führt. Um den abgegebenen Strom zu bestimmen, muß man daher entweder den Anodenstrom

über eine Wechselstromperiode integrieren oder die Summe der Anodenströme für irgendeinen Zeitpunkt bilden. Wir wählen den letzteren Weg
und nehmen an, daß eine Anode bereits während der Zeit ψ (Kurzschlußzeit) brennt; am Ende dieses Zeitraumes brennt nur noch eine
weitere Anode, und zwar bereits durch einen Zeitraum $(60^0 + \psi)$ (vgl.
Abb. 115).

Der Strom der ersten Anode am Ende der Kurzschlußzeit ist gleich
der Stromzunahme während dieses Zeitraumes. Die Größe und Phasenlage des Kurzschlußstromes ist aus Tafel IX zu entnehmen; es ergibt
sich der Strom der ersten Anode zu $\dfrac{\sqrt{2}\,E_1{}^2}{\sqrt{3}\,X_L E_2}\,(1 - \cos\psi)$.

Der Strom der zweiten Anode ist gleich dem der ersten, vermehrt
um den Zuwachs während des Zeitraumes von 60^0, um welchen die
Brennzeit der zweiten Anode länger ist, als die der ersten. Dieser Zeitraum von 60^0 besteht aus zwei Teilen. Zuerst brennen zwei Anoden
gleichzeitig; darauf folgt ein zeitweiliger Kurzschluß. Während nur
zwei Anoden brennen, wird die Stromänderung durch die Spannung zwischen den stromführenden Phasen (Umschaltspannung) verursacht und
es ergibt sich ein Stromzuwachs

$$\frac{E_1{}^2}{\sqrt{2}\,X_L E_2}\,\sin\,(60^0 - \psi).$$

Während der nachfolgenden Kurzschlußzeit wächst der Strom um

$$\frac{\sqrt{2}\,E_1{}^2}{X_L E_2}\,[\sin\,(60^0 + \psi) - \sin 60^0].$$

Die Größe und Phasenlage dieser Stromzunahme ist aus der Tafel IX
zu entnehmen.

Der abgegebene Gleichstrom ist gleich der Summe der Ströme beider
Anoden.

$$J = \frac{2\sqrt{2}\,E_1{}^2}{\sqrt{3}\,X_L E_2}\,(1 - \cos\psi) + \frac{E_1{}^2}{\sqrt{2}\,X_L E_2}\,\sin\,(60^0 - \psi) +$$

$$+ \frac{\sqrt{2}\,E_1{}^2}{X_L E_2}\left[\sin\,(60^0 + \psi) - \frac{\sqrt{3}}{2}\right]$$

Aus dem vorstehenden Ausdruck erhält man durch Vereinfachung

$$J = \frac{1}{\sqrt{2}\sqrt{3}}\,\frac{E_1{}^2}{X_L E_2}\,[1 + \sin\,(30^0 + \psi)] \quad\ldots\ldots\quad (45)$$

oder das Verhältnis

$$\frac{J}{J_k} = \frac{1}{2\sqrt{3}}\,[1 + \sin\,(30^0 + \psi)] \quad\ldots\ldots\quad (46)$$

Die Spannung während dieses letzten Teiles der Belastungskennlinie ist der Mittelwert kleiner Teile von Sinuswellen, deren Scheitelwert das $\frac{\sqrt{3}}{2}$ fache der sekundären Leerlaufspannung ist. Die abgegebene Gleichspannung, bezogen auf den Scheitelwert der Wechselspannung, ist also

$$\frac{G}{\sqrt{2}\,E} = \frac{\sqrt{3}}{2}\cdot\frac{3}{\pi}\int\limits_{0}^{60^{\circ}-\psi}\sin\Theta\,d\Theta = \frac{3\sqrt{3}}{2\pi}[1 - \cos(60^{0} - \psi)] =$$

$$= \frac{3\sqrt{3}}{2\pi}[1 - \sin(30^{0} + \psi)] \ldots \ldots \ldots \ldots (47)$$

Da sowohl die Spannung als auch der Strom lineare Funktionen von $\sin(30^{0} + \psi)$ sind, ist der letzte Teil der Belastungskennlinie eine Gerade.

Belastungskennlinie eines Sechsphasen-Gleichrichters mit Blindwiderstand in der in Stern geschalteten Primärwicklung. Wir haben bereits gesehen, daß die Wellenformen in dem Falle, wo der Blindwiderstand in der in Stern geschalteten Primärwicklung liegt (Schaltung nach Abb. 119), dieselben sind wie im Falle des Blindwiderstandes in den Netzleitungen. Es erübrigt somit der Vergleich der Größe der Umschalt- und Kurzschlußströme und der Nachweis, daß diese Ströme in beiden Fällen zueinander in gleichem Verhältnisse stehen. Dies geschieht in Tafel XI und somit ist die vollständige Gleichheit der Belastungskennlinien in den beiden vorerwähnten Fällen erwiesen.

Tafel XI. Vergleich der Stromkomponenten bei Sechsphasen-Gleichrichtern.

	Blindwiderstand in den Netzleitungen (Primärwicklung in Dreieckschaltung)	Blindwiderstand in der sterngeschalteten Primärwicklung
Effektivwert des Umschaltstromes	$\dfrac{E_1^2}{2\,X_L\,E_2}$	$\dfrac{3\,E_1^2}{2\,X_1\,E_2}$ [1]
Effektivwert des Wechselstromanteiles des zeitweiligen Kurzschlußstromes — Erste und letzte Anode	$\dfrac{E_1^2}{\sqrt{3}\,X_L\,E_2}$	$\dfrac{\sqrt{3}\,E_1^2}{X_1\,E_2}$
Effektivwert des Wechselstromanteiles des zeitweiligen Kurzschlußstromes — Mittlere Anode	$\dfrac{E_1^2}{X_L\,E_2}$	$\dfrac{3\,E_1^2}{X_1\,E_2}$
Effektivwert des Kurzschluß-Wechselstromes je Phase, wenn alle sechs Phasen kurzgeschlossen sind	$\dfrac{E_1^2}{6\,X_L\,E_2}$	$\dfrac{E_1^2}{2\,X_1\,E_2}$

[1] E_1 ist bei Sternschaltung der Primärwicklungen die primäre Phasenspannung (gegen den Sternpunkt).

Bestätigung der Ergebnisse durch den Versuch. Abb. 121 zeigt die durch Versuche ermittelte Belastungskennlinie eines Gleichrichters mit Blindwiderstand in den Netzleitungen. Die Übereinstimmung mit der berechneten Kurve ist zufriedenstellend. Der kleine Unterschied ist wahrscheinlich durch den Lichtbogenabfall verursacht, welcher bei den niedrigen Werten der abgegebenen Gleichspannung die Wellenformen stören kann. Die Oszillogramme Abb. 122 und 123 wurden an

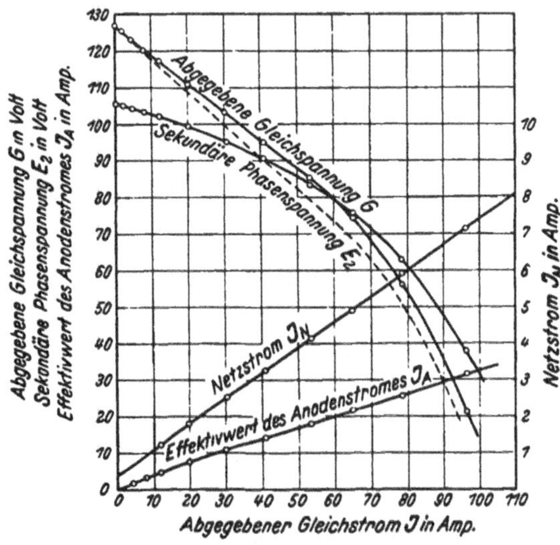

Abb. 121. An einem Sechsphasen-Gleichrichter mit in Dreieck geschalteter Primärwicklung und Blindwiderstand in den Netzleitungen aufgenommene Kennlinien. Unter Vernachlässigung des Lichtbogenabfalles und des Spannungsabfalles in den Wirkwiderständen berechneter gleichstromseitiger Kurzschlußstrom 120,4 A. Sekundäre Phasenspannung im Leerlauf 110 V. Die gestrichelte Kurve ist die vorausberechnete Belastungskennlinie.

demselben Gleichrichter aufgenommen. Im Oszillogramm Abb. 122 ist der Netzstrom, die Sekundärspannung und der Anodenstrom ersichtlich. Die Aufnahme dieses Oszillogrammes erfolgte bei einer Belastung knapp unterhalb jenes Wertes, wo die Kennlinie in eine Ellipse übergeht. Infolgedessen liegen die Wellenformen zwischen jenen der Abb. 112 und 113.

Das Oszillogramm Abb. 123 ist unter Bedingungen aufgenommen worden, welche dem elliptischen Teile der Belastungskennlinie entsprechen und gleicht vollkommen der Abb. 114. Es ist zu beachten, daß die Spannungsabfälle in den Wirkwiderständen und der Lichtbogenabfall nun (bei der verminderten Gleichspannung) verhältnismäßig groß sind. Es ergibt sich infolgedessen eine meßbare Sekundärspannung während eines Zeitraumes, wo diese Spannung nach der

Theorie gleich Null sein müßte. Diese Unstimmigkeit ist eine Folge der Annahme, daß nur Blindwiderstand vorhanden ist. Die Form der Strom- und Spannungswellen ist jedoch nicht wesentlich verändert.

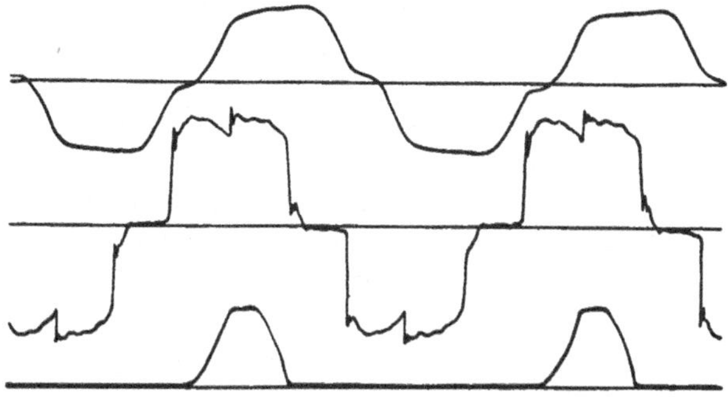

Abb. 122. Bei einer Belastung von 30,5 A aufgenommene Oszillogramme. Die obere Linie stellt den Netzstrom dar, die mittlere die Anodenspannung und die untere den Strom der betreffenden Anode.

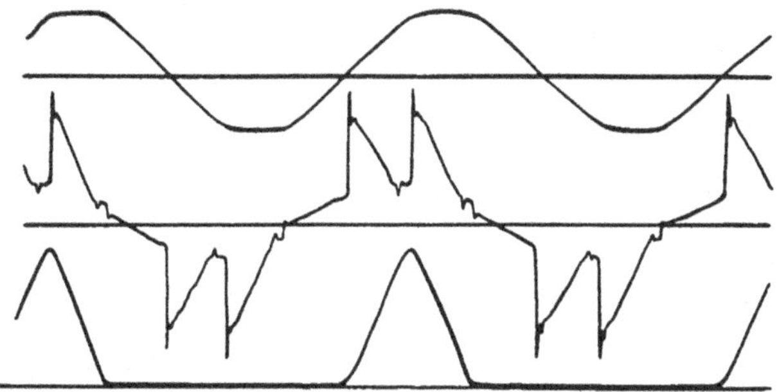

Abb. 123. Bei einer Belastung von 96,5 A aufgenommene Oszillogramme. Die obere Linie stellt den Netzstrom dar, die mittlere die Anodenspannung und die untere den Strom der betreffenden Anode.

Der Sechsphasen-Gleichrichter mit Blindwiderstand in den in Dreieck geschalteten Primärwicklungen. Ein Sechsphasen-Gleichrichter mit Blindwiderstand in den in Dreieck geschalteten Primärwicklungen hat Eigentümlichkeiten, welche von jenen der anderen besprochenen Sechsphasen-Gleichrichter abweichen. Diese Schaltung ist in Abb. 124 dargestellt. Wenn man die Belastung vom Leerlauf ausgehend allmählich steigert, so brennen zuerst abwechselnd eine und zwei Anoden, später abwechselnd zwei und drei Anoden, wie in dem Falle, daß der Blindwiderstand in den Anodenzuleitungen liegt. Die Spannungen der nicht stromführenden Phasen werden jedoch gestört, da sie Werte besitzen müssen, die denen der stromführenden Phasen gleich und entgegengesetzt sind; infolgedessen ist es einer vierten Phase unmöglich, unter den gleichen Bedingungen wie die dritte in die stromführende Gruppe einzutreten. Abb. 125 entspricht dem Betrieb, bei dem abwechselnd eine und zwei

Phasen Strom liefern, und Abb. 126 zeigt die Wellenformen bei abwechsel-
dem Brennen von zwei und drei Anoden. Eine Steigerung der Belastung
über den Wert, dem die Wellenformen der Abb. 126 entsprechen, verursacht eine allmähliche Verlängerung der Brennzeit, bis diese Zeit für
jede Anode auf 180° angewachsen ist. Dann führen dauernd drei Anoden
Strom und in Abständen von 60° scheidet eine Anode aus der stromführenden Gruppe aus und jene Anode, deren Wicklung auf dem gleichen
Transformatorenschenkel liegt, wie die Wicklung der ausscheidenden
Anode, übernimmt sofort den Strom. Abb. 127a zeigt die Wellenform der
abgegebenen Spannung und Abb. 127b den Verlauf der Spannung einer
Sekundärwicklung des Transformators unter diesen Betriebsbedingungen.

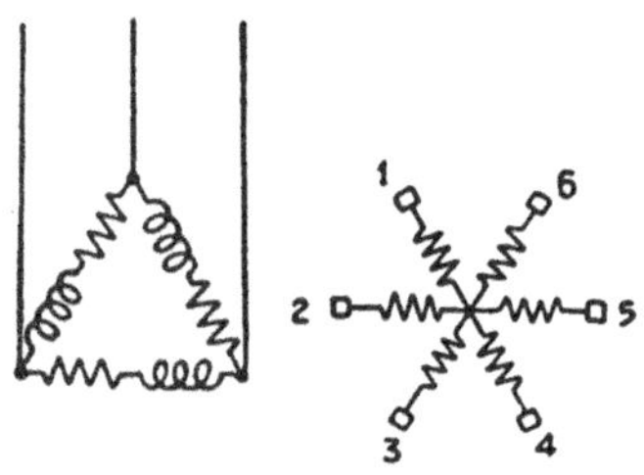

Abb. 124. Schaltbild.

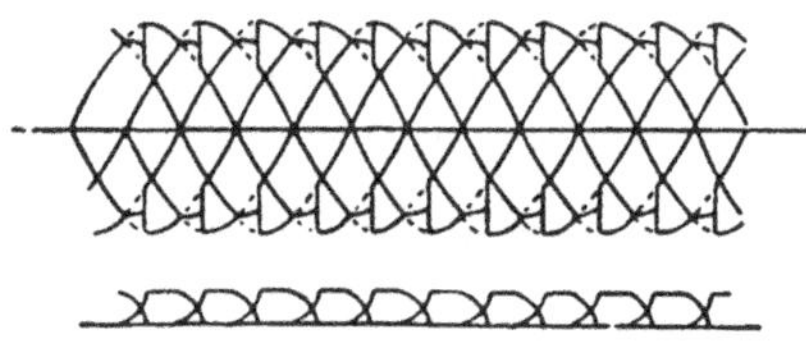

Abb. 125. Wellenformen bei geringer Belastung.
Es brennen abwechselnd eine und zwei Anoden.

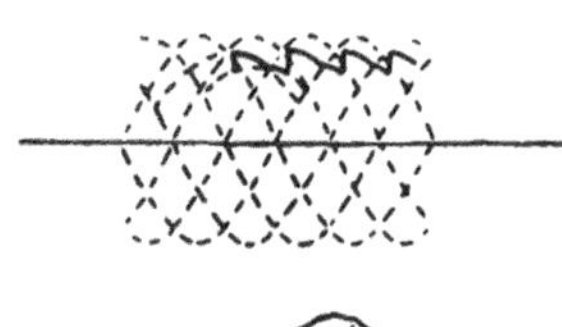

Abb. 126. Es brennen abwechselnd
zwei und drei Anoden.

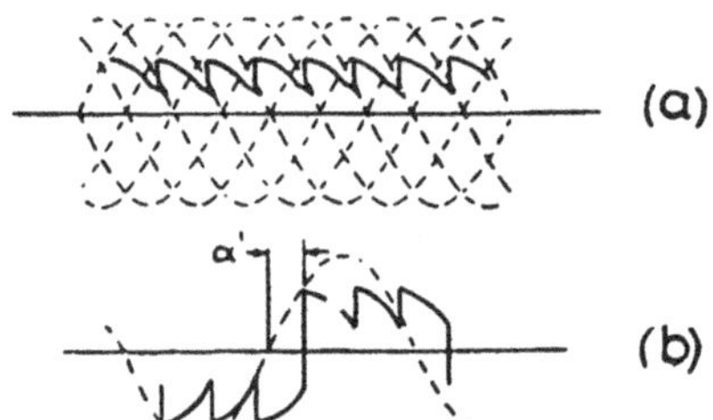

Abb. 127. Es brennen dauernd gleichzeitig drei
Anoden.

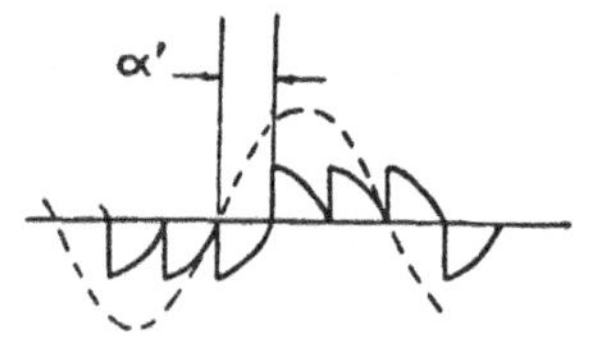

Abb. 128. Der Beginn der Brennzeit
verzögert sich um 15°.

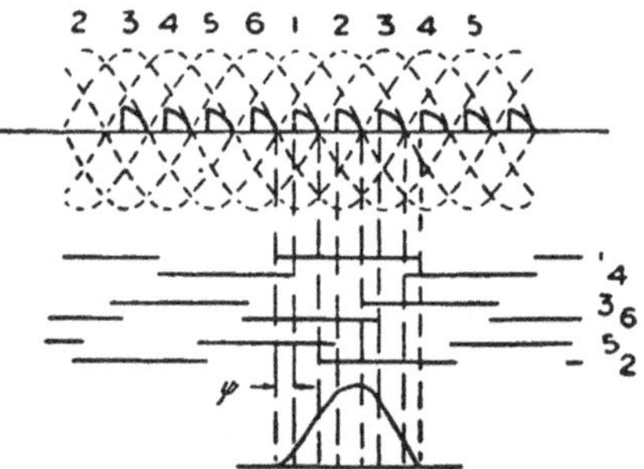

Abb. 129. Wellenformen beim Betrieb mit zeitweiligen Kurzschlüssen.

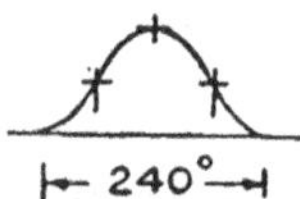

Abb. 130. Wellenform des Anodenstromes im Kurzschluß.

Abb. 124 bis 130. Schaltbild, Strom und Spannungswellen eines Sechsphasen-Gleichrichters
mit Blindwiderstand in den in Dreieck geschalteten Primärwicklungen des Transformators.

Bei größeren Belastungen ändert sich die Brennzeit der Anoden nicht, jedoch verzögert sich ihr Beginn mit steigender Belastung immer mehr, bis der Verzögerungswinkel 15° beträgt. Die Spannung der stromführenden Phasen erreicht nun mehrmals den Wert Null, wie dies Abb. 128 zeigt. Wächst die Belastung noch weiter, so ergeben sich zeitweilige Kurzschlüsse und eine längere Brennzeit jeder Anode (Abb. 129).

Die zeitweiligen Kurzschlüsse kommen auf sehr einfache Weise zustande. Knapp vor dem Eintritte der Anode 1 in die stromführende Gruppe brennen die Anoden 4, 5 und 6. Von den drei zugehörigen Sekundärwicklungen liegt jede auf einem anderen Schenkel des Transformators; man müßte jedoch die Spannung der Phase 5 umkehren, um drei um 120° phasenverschobene Kurzschlußströme zu erhalten. Wenn nun die Phase 1 zur stromführenden Gruppe hinzutritt, können die Phasen 4, 5 und 6 den vollen Kurzschlußwechselstrom führen. Die Vektorsumme dieser drei Ströme ist der doppelte Kurzschlußstrom der Phase 5. Dieser Strom kann wegen der Wirkung der Glättungsdrosselspule nicht auf die Gleichstromseite übertreten; er benützt daher die parallel geschalteten Phasen 1 und 4 als Rückleitung; der Gesamtstrom aller Anoden bleibt unverändert. Es fließen also in den Sekundärwicklungen die vollen Kurzschlußströme ohne Veränderung des abgegebenen Gleichstromes gegenüber dem vorhergehenden Betriebszustand. Abb. 130 zeigt die infolge der zeitweiligen Kurzschlüsse auftretende Wellenform des Anodenstromes; die abgegebene Gleichspannung verschwindet.

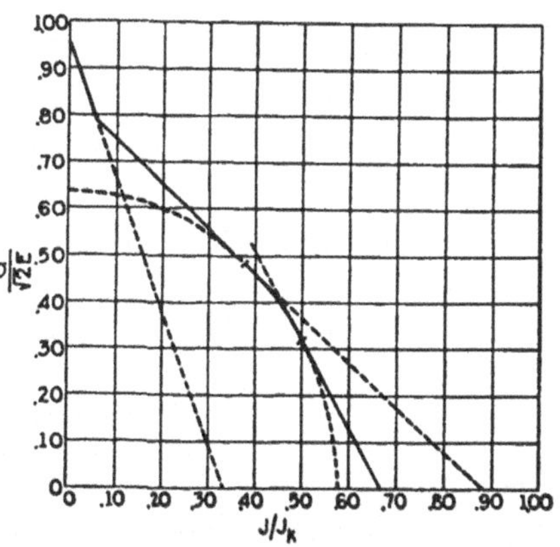

Abb. 131. Berechnete Belastungskennlinie eines Sechsphasen-Gleichrichters mit Blindwiderstand in den in Dreieck geschalteten Primärwicklungen.

Berechnung der Belastungskennlinie eines Sechsphasen-Gleichrichters mit Blindwiderstand in den Primärwicklungen des Transformators. Der den Umschaltströmen entgegenstehende Blindwiderstand ist während des ersten und zweiten Teiles der Belastungskennlinie nur die Hälfte des Blindwiderstandes, der bei vollständigem Kurzschluß des Transformators auftritt. Die Geraden, welche diese beiden ersten Teile der Belastungskennlinie bilden, haben daher nur die Hälfte der Neigung wie im Falle des Blindwiderstandes auf der Sekundärseite, wenn der abgegebene Gleichstrom als Bruchteil des Nennkurzschlußstromes J_k ausgedrückt wird.

Der dritte Abschnitt der Belastungskennlinie ist, wie aus Abb. 131 hervorgeht, ein Teil einer Ellipse. In diesem Falle ist es zulässig, den abgegebenen Gleichstrom nach der Gleichung (34) zu berechnen, welche für einen Gleichrichter mit Blindwiderstand in den Anodenzuleitungen abgeleitet wurde. Statt des primären Blindwiderstandes ist $X_1 \left(\dfrac{E_2}{E_1}\right)^2$ einzusetzen und der Winkel α, der unter der Annahme bestimmt wurde, daß keine Verschiebung des Beginnes der Brennzeit durch gegenseitige Beeinflussung der Phasen stattfindet, ist durch den aus Abb. 127 ersichtlichen Winkel α' zu ersetzen.

$$J X_1 \left(\frac{E_2}{E_1}\right)^2 = 2 \cdot 2 \cdot \sqrt{2}\, E_2 \sin\left(\alpha' + \frac{\pi}{6}\right) \sin \frac{\pi}{6} +$$

$$+ 1 \cdot 2 \cdot \sqrt{2}\, E_2 \sin\left(\alpha' + \frac{\pi}{2}\right) \sin \frac{\pi}{6} - \frac{2\pi}{6} \cdot \frac{3 \cdot 2}{2} G =$$

$$= 2\sqrt{2}\, E_2 \cos \alpha' + \sqrt{2}\sqrt{3}\, E_2 \sin \alpha' - \pi G \quad \ldots \ldots \quad (48)$$

Das Verhältnis der abgegebenen Gleichspannung zum Scheitelwerte der Anodenspannung ist:

$$\frac{G}{\sqrt{2}\, E_2} = \frac{3}{\pi} \int_{\alpha'}^{\alpha'+60°} \frac{2}{3} \sin(\Theta + 60°)\, d\Theta = \frac{2}{\pi} \left[- \cos(\Theta + 60°)\right]_{\alpha'}^{\alpha'+60°} =$$

$$= \frac{2}{\pi} \left[\cos(\alpha' + 60°) - \cos(\alpha' + 120°)\right] = \frac{2 \cos \alpha'}{\pi} \quad . \quad (49)$$

Der Wert von G wird in die Gleichung (48) eingesetzt

$$J \cdot X_1 \left(\frac{E_2}{E_1}\right)^2 = 2\sqrt{2}\, E_2 \cos \alpha' + \sqrt{2}\sqrt{3}\, E_2 \sin \alpha' -$$

$$- 2\sqrt{2}\, E_2 \cos \alpha' = \sqrt{2}\sqrt{3}\, E_2 \sin \alpha' \quad \ldots \ldots \ldots \quad (50)$$

Durch Vergleich der Formeln (49) und (50) erkennt man, daß dieser Teil der Belastungskennlinie eine Ellipse ist.

Der letzte Teil der Spannungsabfall-Kennlinie kann so berechnet werden wie bei einem Gleichrichter mit Blindwiderstand in den Anodenzuleitungen. Es muß jedoch berücksichtigt werden, daß eine Anode, welche zum ersten Male einen zeitweiligen Kurzschluß mitmacht, nicht ihren eigenen Anodenstrom führt, sondern den entgegengesetzten Strom der vorhergehenden Anode, und daß sie während des letzten zeitweiligen Kurzschlusses diesen Strom neben ihrem eigenen Anodenstrom führt. Betrachtet man den Anodenstrom am Ende des ersten zeitweiligen Kurzschlusses und ferner in um 60° und 120° späteren Zeitpunkten und berücksichtigt man, daß der Mittelwert der Gleichspannung Null ist, so erhält man

$$J = 3\sqrt{2}\,\frac{E_1^2}{X_1 E_2}\,(1 - \cos\psi) +$$

$$+ 2\sqrt{2}\,\frac{E_1^2}{X_1 \cdot E_2}\,[\sin(30^0 + \psi) - \sin(-30^0 + \psi)] +$$

$$+ \sqrt{2}\,\frac{E_1^2}{X_1 \cdot E_2}\,[\sin(90^0 + \psi) - \sin(30^0 + \psi)] - \frac{\pi G}{X_1}\left(\frac{E_1}{E_2}\right)^2 =$$

$$= \frac{\sqrt{2}\,E_1^2}{X_1 E_2}\,\left[3 - \frac{1}{2}\cos\psi - \frac{\sqrt{3}}{2}\sin\psi\right] - \frac{\pi G\,E_1^2}{X_1 E_2^2} =$$

$$= \frac{\sqrt{2}\,E_1^2}{X_1 E_2}\,[3 - \sin(30^0 + \psi)] - \frac{\pi G\,E_1^2}{X_1 E_2^2}.$$

Der gleichstromseitige Nennkurzschlußstrom J_k ist $\dfrac{3\sqrt{2}}{X_1}\dfrac{E_1^2}{E_2}$, daher ist

$$\frac{J}{J_k} = 1 - \frac{\sin(30^0 + \psi)}{3} - \frac{\pi G}{3\sqrt{2}\,E_2} \quad \ldots \ldots \quad (51)$$

Die Gleichspannung, bezogen auf den Scheitelwert der Anodenspannung, ist

$$\frac{G}{\sqrt{2}\,E_2} = \frac{2}{3}\,\frac{3}{\pi}\int\limits_0^{60^0 - \psi}\sin\Theta\,d\Theta = \frac{2}{\pi}\left[-\cos\Theta\right]_0^{60^0 - \psi} =$$

$$= \frac{2}{\pi}\,[1 - \sin(30^0 + \psi)] \quad \ldots \ldots \ldots \ldots \quad (52)$$

Eine vom Winkel ψ unabhängige Beziehung zwischen J und G erhält man durch Auflösung der Gleichung (52) nach $\sin(30^0 + \psi)$ und Einsetzung dieses Wertes in die Gleichung (51).

$$\sin(30^0 + \psi) = 1 - \frac{\pi G}{2\sqrt{2}\,E_2}$$

$$\frac{J}{J_k} = \frac{2}{3} - \frac{\pi G}{6\sqrt{2}\,E_2} \quad \ldots \ldots \ldots \ldots \quad (53)$$

oder

$$\frac{G}{\sqrt{2}\,E_2} = \frac{6}{\pi}\left(\frac{2}{3} - \frac{J}{J_k}\right) \quad \ldots \ldots \ldots \ldots \quad (54)$$

Durch Versuche an einem ausgeführten Gleichrichter bestimmte Belastungskennlinie bei primärem Blindwiderstand. Abb. 132 enthält die gemessene Belastungskennlinie eines kleinen Sechsphasen-Gleichrichters mit Blindwiderstand in den Primärwicklungen. Sie stimmt mit der berechneten Linie sehr gut überein. Die Abb. 133, 134 und 135 sind Oszillogramme, welche bei gleichstromseitigen Belastungen mit 7, 47 und 108 A aufgenommen wurden. Die obere Linie stellt den aus dem Netz entnommenen Strom, die mittlere die Spannung einer Sekundärwicklung des Transformators und die untere den Strom der zugehörigen Anode dar. Ein Vergleich dieser Wellenform mit den theoretisch bestimmten zeigt die sehr nahe Übereinstimmung.

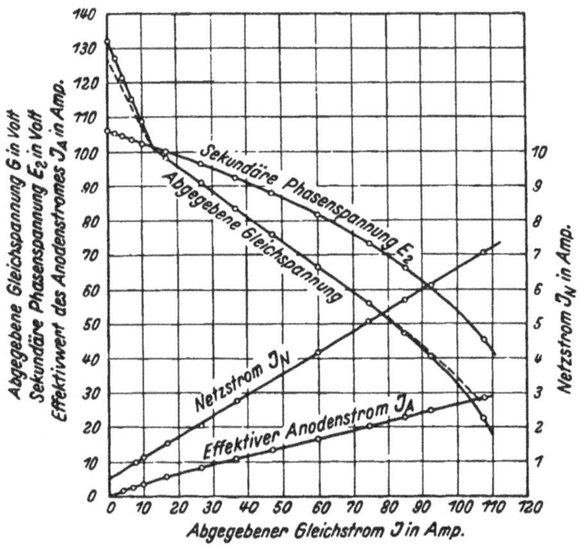

Abb. 132. An einem Sechsphasen-Gleichrichter mit Blindwiderstand in den in Dreieck geschalteten Primärwicklungen aufgenommene Kennlinien. Der unter Vernachlässigung des Lichtbogenabfalles und des Spannungsabfalles in den Wirkwiderständen berechnete gleichstromseitige Kurzschlußstrom beträgt 143,3 A. Sekundäre Phasenspannung im Leerlauf 110 V. Die gestrichelte Linie ist die vorausberechnete Belastungskennlinie.

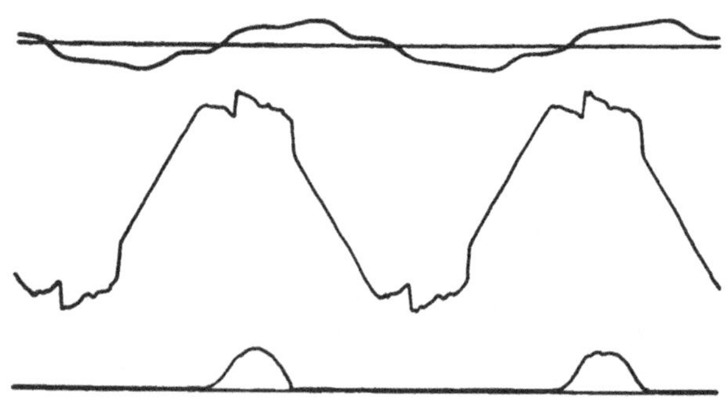

Abb. 133. Bei einer Belastung von 7 A aufgenommenes Oszillogramm.

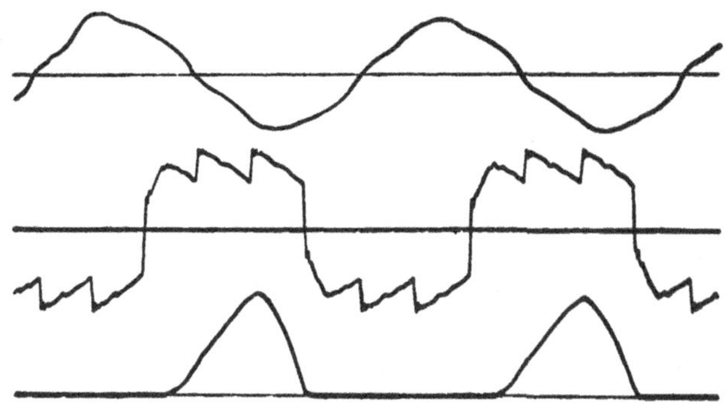

Abb. 134. Bei einer Belastung von 47 A aufgenommenes Oszillogramm.

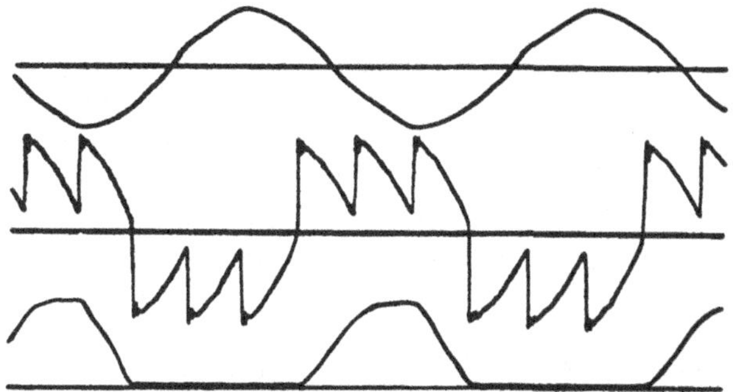

Abb. 135. Bei einer Belastung von 108 A aufgenommenes Oszillogramm.

Abb. 133 bis 135. Diese Abbildungen sind Oszillogramme, die an dem Gleichrichter aufgenommen wurden, dessen Kennlinien Abb. 132 zeigt. In diesen Oszillogrammen stellt die obere Linie den Netzstrom, die mittlere die Anodenspannung und die untere den Strom der betreffenden Anode dar.

12. Kapitel.

Parallelbetrieb und Kompoundierung von Gleichrichtern.

Der Spannungsabfall eines Quecksilberdampf-Gleichrichters ist von großer Bedeutung, wenn ein Parallelbetrieb erforderlich ist, sei es, daß der Gleichrichter parallel mit einem anderen an den gleichen Transformator angeschlossen wird oder daß der Gleichrichter samt seinem Transformator mit einer anderen elektrischen Maschine parallel geschaltet wird.

Negative Widerstandskennlinie des Quecksilberlichtbogens. Im ersten Teile dieses Buches (5. Kapitel) wurde gezeigt, daß der Lichtdogenabfall des Quecksilberdampf-Gleichrichters in einem großen Teile bes Arbeitsbereiches mit zunehmender Stromstärke abnimmt. Dieses Verhalten macht den Parallelbetrieb zweier Gleichrichter ohne besondere Hilfsapparate unmöglich, da im Gebiete des mit steigender Belastung abnehmenden Lichtbogenabfalles einer der beiden Gleichrichter die Gesamtbelastung an sich zieht. Es ist naheliegend, jeder Anode einen kleinen Ohmschen Widerstand vorzuschalten, so daß der Gesamtspannungsabfall mit steigendem Strom zunimmt, um einen stabilen Parallelbetrieb zu erreichen. Dieses Hilfsmittel ist zwar bei Untersuchungen im Laboratorium anwendbar, es ist aber für die Praxis wegen der in den Widerständen auftretenden Verluste zu unwirtschaftlich.

Stromteiler. Da der Anodenstrom pulsiert, können Drosselspulen benützt werden, um eine gleichmäßige Lastverteilung zu erreichen. Für den Parallelbetrieb zweier Anoden können die Drosselspulen nach Abb. 136 vereinigt werden, so daß der Strom in der Mitte der Wicklung eintritt und zu den an die beiden Enden der Wicklung angeschlossenen Anoden fließt. Bei gleicher Belastung der beiden Anoden wird, abgesehen von einem geringfügigen, von der Streuung erzeugten Spannungsabfall keine Spannung in den Wicklungen induziert. Sowie aber eine Ungleichheit der Anodenströme auftritt, wirkt der volle Blindwiderstand der Drosselspule im Sinne der gleichmäßigen Stromteilung. Da die Gleichstromkomponenten der Ströme in beiden Wicklungshälften in entgegengesetzter Richtung fließen, tritt keine Gleichstromvorsättigung des Eisens ein, wodurch sich im Vergleiche mit getrennten Drosselspulen für die einzelnen Anoden beträchtliche Materialersparnisse ergeben. Weitere Ersparnisse können durch mehrphasige Anordnung der Stromteiler erreicht werden.

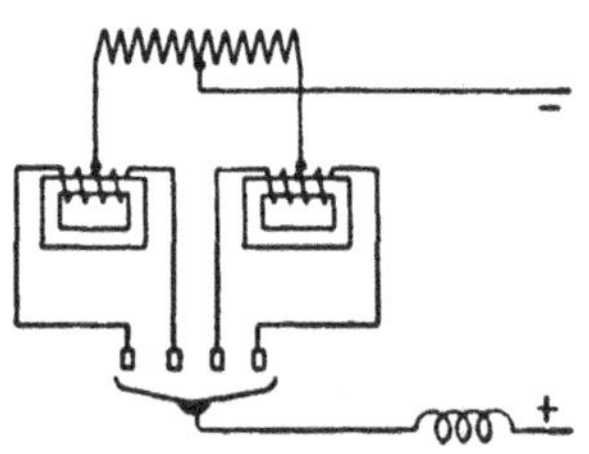

Abb. 136. Schaltung eines Einphasen-Gleichrichters mit 4 Anoden, von denen je 2 über eine Stromteilungsspule parallel geschaltet sind.

Parallelbetrieb vollständiger Gleichrichtereinheiten. Infolge des Spannungsverlustes während der Umschaltzeit nimmt die abgegebene Spannung einer Gleichrichtereinheit, bestehend aus Gleichrichter und Transformator, mit steigender Belastung ab, falls nicht besondere Gegenmaßnahmen getroffen werden. Es ist also der Parallelbetrieb vollständiger Gleichrichtereinheiten von Natur aus stabil und man hat bloß die Neigungen der Belastungskennlinien so zu wählen, daß jeder Gleichrichter immer einen seiner Größe entsprechenden Teil der Gesamtbelastung übernimmt. Es wurde bereits im 8. Kapitel gezeigt, wie die Neigung des ersten Abschnittes der Belastungskennlinie berechnet werden kann, wenn der Blindwiderstand für die Umschaltströme bekannt ist. Diesen kann man durch Messung des Stromes bestimmen, welcher auftritt, wenn man zwei in der Stromführung aufeinanderfolgende Anoden kurzschließt. Der Blindwiderstand kann auch aus den Transformatorabmessungen und den Daten des Kurzschlußstromkreises ermittelt werden. Dies erfordert jedoch ziemlich eingehende Kenntnisse des

Transformatorenbaues und geht über den Rahmen dieses Buches hinaus. Es erübrigt noch, jene Belastung zu bestimmen, bei welcher das Ende des ersten geraden Abschnittes der Belastungskennlinie erreicht wird, denn es ist im allgemeinen anzustreben, daß diese Belastung über der Nennleistung liegt.

Höchstleistung bei geradliniger Spannungsabfall-Kennlinie. Die Belastungskennlinie ist eine Gerade, wenn die Brennzeit jeder Phase immer im gleichen Zeitpunkte innerhalb der Wechselstromperiode beginnt und der Blindwiderstand als in den Anodenzuleitungen vereinigt angesehen werden kann. Wenn mehr als zwei Anoden zugleich brennen und der Blindwiderstand über alle Transformatorwicklungen verteilt ist, sind diese Bedingungen wegen der gegenseitigen Beeinflussung der Phasen meist nicht erfüllt.

Bei sehr geringen Belastungen beginnt die Brennzeit einer Anode, wenn ihre Leerlaufspannung gleich der Spannung der vorhergehenden Phase ist. Der Phasenwinkel zu Beginn der Brennzeit hat den im 9. Kapitel für den Fall des sekundären Blindwiderstandes ermittelten Wert. Bei verteiltem Blindwiderstand wird das Ende des ersten geradlinigen Abschnittes der Belastungskennlinie gewöhnlich dann erreicht, wenn die Spannungen der nicht brennenden Anoden so durch die Verkettung mit den anderen Phasen beeinflußt werden, daß der Beginn ihrer Brennzeit sich verzögert. Wenn die Entstehung vorzeitiger Lichtbögen verhindert wird (Abb. 113), bleibt jedoch die Gleichspannung unbeeinflußt. Im Falle des sekundären Blindwiderstandes sind diese vorzeitigen Lichtbögen für den Übergang zwischen den geradlinigen Abschnitten der Spannungsabfall-Kennlinie kennzeichnend und üben so lange keinen Einfluß auf die Gleichspannung aus, bis ihre Dauer so groß wird, daß zwischen ihnen und den Hauptlichtbögen keine Pausen mehr eintreten. In den drei im 10. Kapitel behandelten Fällen, also bei Doppel-Dreiphasen-Gleichrichtern mit Blindwiderstand in den in Stern oder Dreieck geschalteten Primärwicklungen oder in den Netzleitungen sind die Bedingungen für eine geradlinige Belastungskennlinie so lange erfüllt, als die Umschaltzeit 60^0 nicht erreicht. Bei stärkeren Belastungen und längeren Umschaltzeiten werden die Spannungen der nicht stromführenden Phasen so beeinflußt, daß der Beginn ihrer Brennzeit sich verzögert. Im Endpunkte der geradlinigen Belastungskennlinie ist die abgegebene Gleichspannung $0{,}75\,G_0$, wenn G_0 die Gleichspannung im Leerlauf ist. Dies geht aus Abb. 90 hervor. Wenn ein Teil des Blindwiderstandes in den Sekundärleitungen liegt, wird die Spannung der nicht stromführenden Phasen weniger verzerrt, doch die Dauer der Verzerrung bleibt dieselbe und es ergibt sich daher im Falle des verteilten Blindwiderstandes die gleiche Grenze für die geradlinige Belastungskennlinie wie bei primärem oder in den Netzleitungen liegendem Blindwiderstand. Wäre der Blindwiderstand in den Sekundärzuleitungen vereinigt, so würde die gerade Kennlinie sich bis zu niedrigeren Spannungen erstrecken (s. Abb. 84). Dieser Fall kommt jedoch in der Praxis nur selten vor.

Bei einem Sechsphasen-Gleichrichter mit Blindwiderstand in den in Dreieck geschalteten Primärwicklungen oder in den Sekundärwicklungen reicht der erste geradlinige Abschnitt so weit wie in Abb. 84 ersichtlich. Löst man die in Tafel VII angegebenen Gleichungen für die Fälle $n = 2$ und $n = 3$ auf, so findet man, daß sich die zugehörigen Kennlinien bei $\dfrac{G}{\sqrt{2}\,E} = 0{,}786$ schneiden und da $\dfrac{G_0}{\sqrt{2}\,E} = 0{,}955$ ist, ergibt sich das Verhältnis der abgegebenen Gleichspannung am Ende des ersten geradlinigen Abschnittes der Kennlinie zur Leerlaufspannung gleich 0,823. Das Verhältnis der abgegebenen Gleichspannungen an den Enden der geraden Belastungskennlinie hat in den beiden im nachfolgenden angeführten Fällen den Wert 0,75

1. bei in Dreieck geschalteter Primärwicklung, wenn der gesamte Blindwiderstand in den Netzleitungen liegt. 2. Wenn der Blindwiderstand in der in Stern geschalteten Primärwicklung liegt; hierbei soll der Transformator eine Tertiärwicklung besitzen, welche als frei von Wirk- und Blindwiderstand angenommen wird. Diese Bedingungen werden in der Praxis kaum jemals erfüllt. Für den häufigsten Fall des verteilten Blindwiderstandes hat das in Rede stehende Spannungsverhältnis den Wert 0,823. Allerdings ist es möglich, daß Blindwiderstände in den Netzleitungen den Übergang von $n = 2$ auf $n = 3$ ($n \ldots$ Anzahl der gleichzeitig brennenden Anoden) verhindern.

Spannungsregelung durch Anodendrosseln. Wünscht man eine fallende Spannungskennlinie, so verwendet man vorteilhaft Anodendrosseln. Diese erhöhen nicht nur den Spannungsabfall bei zunehmender Belastung, sondern können auch dazu verwendet werden, um eine gleichmäßige Stromverteilung auf mehrere an einen gemeinsamen Transformator in Parallelschaltung angeschlossene Gleichrichter zu erreichen. Es wurde bereits erwähnt, daß die Drosselspulen für zwei parallel arbeitende Anoden mit gemeinsamem Kern ausgeführt werden können, wodurch Eisensättigung und Spannungsabfall vermieden werden. Nunmehr ist aber ein Spannungsabfall an den Drosselspulen erwünscht.

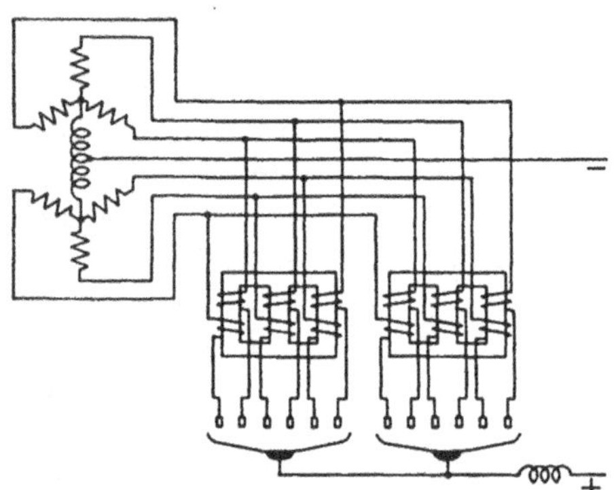

Abb. 137. Anschluß zweier Doppel-Dreiphasen-Gleichrichter in Parallelschaltung an einen Transformator unter Verwendung dreischenkeliger Anodendrosselspulen.

Bei der Schaltung nach Abb. 137 speist ein Doppel-Dreiphasen-Transformator mit Saugdrossel zwei parallelgeschaltete Sechsphasen-Gleichrichter. Eine Gleichstrom-Vorsättigung der verwendeten dreischenkeligen Verteildrosseln kann nicht eintreten, da sich auf jedem Schenkel zwei Spulen mit entgegengesetztem Wickelsinn befinden; die Ströme in diesen Spulen sind jetzt um 180° phasenverschoben, während sie bei dem früher behandelten Stromteiler in Phase waren. Daher wirkt ihnen ein beträchtlicher Blindwiderstand entgegen. Bei normaler Belastung brennt immer nur eine Anode je Transformatorschenkel und es besteht daher die gegenseitige Beeinflussung der auf dem gleichen Transformatorschenkel angeordneten Phasen bloß darin, daß die Spannung der nicht stromführenden Phase verzerrt wird, was keinen Einfluß auf die abgegebene Gleichspannung hat. Bei Kurzschluß brennen jedoch die Anoden länger und die gegenseitige Induktivität der Wicklungen wirkt strombegrenzend.

Spannungsregelung durch Stufenschalter oder Drehtransformatoren. Da Quecksilberdampf-Gleichrichter ein im wesentlichen konstantes Verhältnis der Gleichspannung zur Wechselspannung aufweisen, welches sich allerdings infolge der Spannungsabfälle in den Wirk- und Blindwiderständen des Stromkreises ändert, ist es notwendig, besondere Vorrichtungen zu verwenden, wenn eine Regelbarkeit der Gleichspannung erforderlich ist. Man kann die Spannungsregelung mit Drehtransformatoren durchführen, welche die zugeführte Wechselspannung regeln, oder mit Stufenschaltern, welche das Übersetzungsverhältnis des Transformators ändern. Solche Vorrichtungen können durch selbsttätige Spannungsregler im Sinne der Konstanthaltung der Spannung oder der Kompoundierung (Steigerung der Spannung mit steigender Belastung) gesteuert werden. Es sind jedoch derartige Einrichtungen zur selbsttätigen Spannungsregelung vom Standpunkte der Anschaffungskosten und der Betriebssicherheit nur in besonderen Fällen empfehlenswert.

Die Kompoundierung von Doppel-Dreiphasen-Gleichrichtern. Für jede Gleichrichterschaltung gilt ein bestimmtes Verhältnis der abgegebenen Gleichspannung zur zugeführten Wechselspannung. Dieses Verhältnis ist für die verschiedenen Schaltungsarten verschieden. Kann man erreichen, daß der Belastungsstrom auf irgendeine Art eine allmähliche Änderung der Schaltung bewirkt, so daß das Verhältnis der Gleichspannung zu Wechselspannung zuerst niedrig ist und mit der Belastung allmählich wächst, so erhält man eine Kompoundierung. Nehmen wir an, daß es möglich wäre, allmählich mit steigender Belastung von der Doppel-Dreiphasenschaltung zur Sechsphasenschaltung überzugehen, dann würde bei geringer Belastung die abgegebene Spannung jener des Dreiphasen-Gleichrichters entsprechen und sich mit steigender Belastung der des Sechsphasen-Gleichrichters nähern. Der Unterschied dieser beiden Spannungen würde genügen, um die Spannungsabfälle in den Wirk- und

Blindwiderständen zu decken und man könnte auf diese Weise eine waagrechte oder sogar mit der Belastung leicht ansteigende Kennlinie erreichen. Der sanfte Übergang von einer Schaltung zur anderen erfordert ein langsames Ausschalten der Wirksamkeit der Saugdrossel. Zu diesem Zweck wird die Saugdrossel für einen Teil der Wechselstromperiode unwirksam gemacht und die Dauer ihrer Unwirksamkeit mit steigender Belastung verlängert. Abb. 138 zeigt die Wellenform der vom Gleichrichter abgegebenen Spannung sowohl bei der Doppel-Dreiphasen- als auch bei der Sechsphasenschaltung unter Vernachlässigung der Spannungsabfälle in den Wirk- und Blindwiderständen. Solange die Spannungen der beiden Dreiphasengruppen voneinander unabhängig

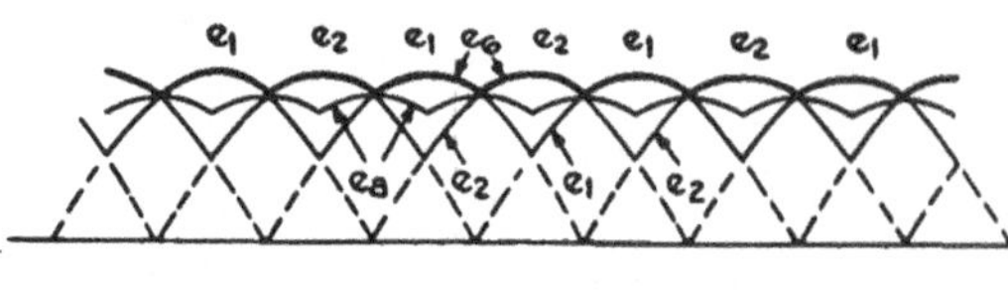

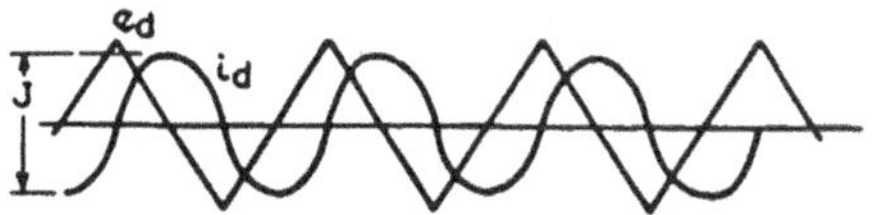

Abb. 138. Spannungsverhältnisse bei einem Doppel-Dreiphasen-Gleichrichter. Spannungen der beiden Dreiphasengruppen (e_1, e_2), die abgegebene Gleichspannung bei Doppel-Dreiphasenbetrieb (e_a) und bei Sechsphasenbetrieb (e_6), die Spannung an der Saugdrossel (e_d) und der Magnetisierungsstrom der Saugdrossel (i_d).

sind, werden sie durch die Kurven e_1 und e_2 dargestellt. Aus diesen beiden Spannungen bildet die Saugdrossel den Mittelwert e_a. Die Kurve e_6 stellt den Verlauf der bei der Sechsphasenschaltung abgegebenen Gleichspannung dar. Die Spannung an der Saugdrossel ist gleich dem Unterschiede e_1-e_2 und wird durch den Linienzug e_d dargestellt. Der Strom, den diese Spannung durch die Saugdrossel treibt, ist ihr Erregerstrom (Kurve i_d). Damit jedoch dieser Strom fließen kann, muß der abgegebene Strom jeder Dreiphasengruppe mindestens so groß oder größer sein als der Scheitelwert des Erregerstroms, da andernfalls der Gesamtstrom einer Dreiphasengruppe sein Vorzeichen umkehren müßte, was wegen der Ventilwirkung unmöglich ist. Ist der Belastungsstrom größer als der Höchstwert des Erregerstromes, so arbeitet der Gleichrichter in Doppel-Dreiphasenschaltung. Wird aber der Gesamtstrom einer Wicklungshälfte der Saugdrossel durch den Scheitelwert des Erregerstromes auf Null herabgedrückt, so kann keine weitere Stromänderung eintreten und daher in der Saugdrossel

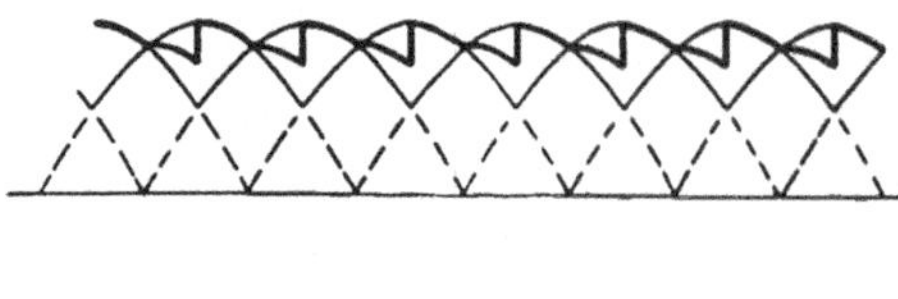

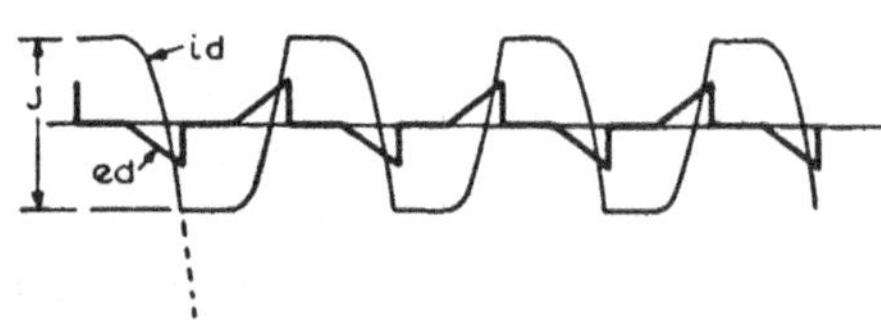

Abb. 139. Die Spannungsverhältnisse bei einem durch Anbringung einer Sättigungsspule auf der Saugdrossel kompoundierten Doppel-Dreiphasen-Gleichrichter (e_d ... Spannung an der Saugdrossel, i_d ... Magnetisierungsstrom der Saugdrossel).

keine Spannung mehr induziert werden. Der Gleichrichter arbeitete dann nur mehr während eines Teiles der Wechselstromperiode als Doppel-Dreiphasen-Gleichrichter, hingegen in der übrigen Zeit, während die Saugdrossel unwirksam ist, als normaler Sechsphasen-Gleichrichter. Abb. 139 zeigt die Wellenform bei diesem Betrieb. Hierbei ist angenommen, der Scheitelwert des Erregerstromes sei ebenso groß, wie der gesamte gleichgerichtete Strom J. Unter dieser Annahme ist der Belastungsstrom während der Hälfte der Betriebszeit auf beide Dreiphasen-Gleichrichter verteilt; in der übrigen Zeit führt nur ein Gleichrichter Strom. Während beide Dreiphasengruppen Strom führen, wird die Belastung durch den Erregerstrom i_d von einem Dreiphasengleichrichter auf den anderen übertragen. Der Erregerstrom wird vom Spannungsunterschied der beiden Dreiphasengruppen verursacht. Sobald die Übertragung der Belastung beendet ist, sinkt der Erregerstrom auf Null und beide Dreiphasengruppen nehmen die Spannung der stromführenden Gruppe an. Ein Mittel, um den Erregerstrom der Saugdrossel nach Wunsch zu ändern, ist die Anwendung einer Gleichstromvorsättigung ihres Eisenkernes. Abb. 140

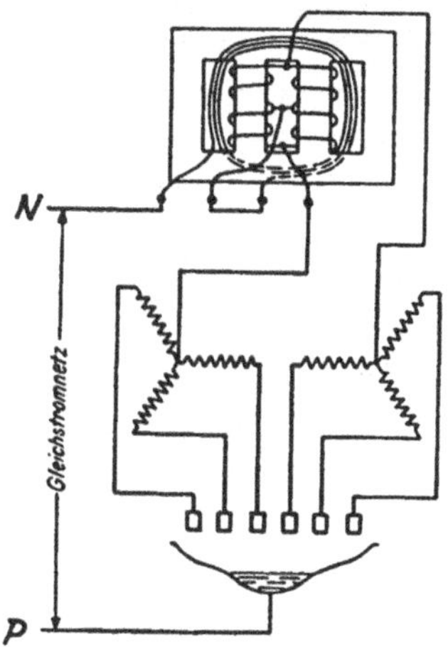

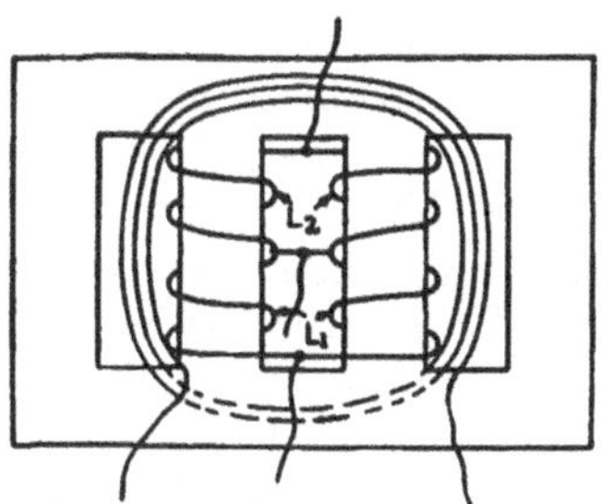

Abb. 140. Saugdrossel mit Sättigungsspule.

Abb. 141. Schaltbild eines kompoundierten Doppel-Dreiphasen-Gleichrichters.

zeigt die grundsätzliche Anordnung zur Erzielung veränderlicher Eisensättigung. Auf einem vierschenkeligen Eisenkerne sind zwei verschiedene Wicklungen angebracht. Die eine Wicklung besteht aus zwei Spulen, von denen jede auf einem der beiden mittleren Schenkel sitzt. Anfänge, Mitten und Enden dieser beiden Spulen sind untereinander verbunden. An den Wicklungsenden werden die beiden Dreiphasengruppen angeschlossen (siehe Schaltbild Abb. 141). Die beiden parallelgeschalteten unteren Spulenhälften bilden die eine Hälfte L_1 der Saugdrosselwicklung, die beiden oberen Spulenhälften die anderen Hälfte L_2. Das vom Erregerstrom erzeugte Feld verläuft in den beiden mittleren Kernen und tritt nicht in die äußeren Kerne ein. Die zweite Wicklung, welche die Vorsättigung bewirken soll, umschließt die beiden mittleren Kerne. Die

Anordnung ist also so getroffen, daß Stromschwankungen in der Saugdrosselwicklung keine Spannung in der »Sättigungswicklung« induzieren. Zur Erzeugung der Eisensättigung kann der vom Gleichrichter gelieferte Strom herangezogen werden, wodurch man einen kompoundierten Gleichrichter erhält; es kann aber auch ein Gleichstrom aus einer besonderen Stromwelle entnommen und durch einen Spannungsregler entsprechend eingestellt werden. Das Schaltbild eines kompoundierten Gleichrichters ist in Abb. 141 ersichtlich.

Durch die Kompoundierung erzielbarer Regelbereich. Der Regelbereich, der durch die Kompoundierung erzielt werden kann, hängt in hohem Maße von der Bauart des Haupttransformators ab; es ist jedoch eine annähernde Berechnung des Regelbereiches möglich.

Nehmen wir an, daß der Transformator 4% Spannungsabfall aufweist, wenn er mit sinusförmigen Wechselströmen entsprechend seiner Leistung N im Gleichrichterbetrieb belastet wird. Dann kann man den Blindwiderstand, den der Umschaltstrom zu überwinden hat, schätzen und die Belastungskennlinie nach den in früheren Kapiteln beschriebenen Verfahren berechnen. Unter der Annahme, daß der Blindwiderstand bei der Doppel-Dreiphasenschaltung 50% und bei der gewöhnlichen Sechsphasenschaltung 40% des mit Wechselstrom gemessenen Blindwiderstandes ist, erhält man die Kennlinien der

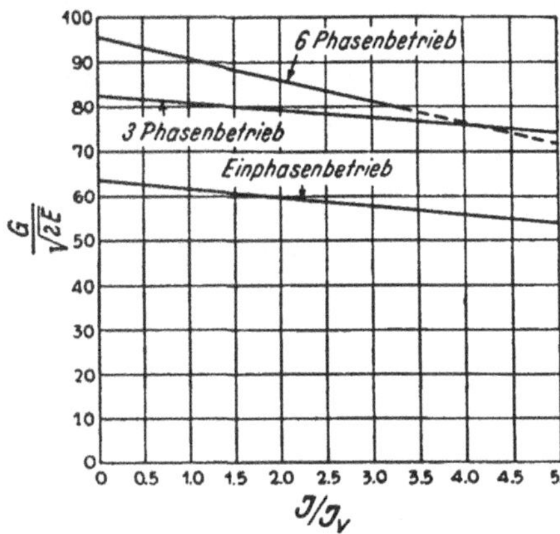

Abb. 142. Durch die Kompoundierung erzielbarer Regelbereich.

$$\frac{G}{\sqrt{2}\,E} = \frac{\text{abgegebene Gleichspannung}}{\text{Höchstwert der Phasenspannung}}$$

$$\frac{J}{J_v} = \frac{\text{abgegebener Gleichstrom}}{\text{Gleichstromseitiger Vollaststrom.}}$$

Abb. 142. Der Gleichstrom ist hier als Vielfaches von $J_v = \dfrac{N}{G_0}$ ausgedrückt. G_0 ist die Leerlaufspannung; $\dfrac{N}{G_0}$ ist ungefähr der Vollaststrom.

Die Belastungskennlinie des kompoundierten Gleichrichters muß zwischen den Kennlinien für Dreiphasen- und Sechsphasenbetrieb liegen.

Durch Steigerung der Eisensättigung mit steigender Belastung erzielt man, daß die Saugdrossel bei geringer Belastung eine große Induktivität und bei großer Belastung eine kleine Induktivität besitzt. Infolgedessen nähert sich die abgegebene Gleichspannung bei starker Belastung jener des Sechsphasen-Gleichrichters und bei schwacher Belastung jener des Dreiphasen-Gleichrichters. Der erzielbare Regelbereich ist begrenzt, solange man nur die Dreiphasenschaltung und die Sechsphasenschaltung verwendet. Dieser Regelbereich ist jedoch für die

Mehrzahl der praktisch vorkommenden Fälle ausreichend. Man erhält einen viel größeren Bereich, wenn man von der Einphasenschaltung zur Sechsphasenschaltung übergeht. Dieser Übergang ist ausführbar, erfordert jedoch einen größeren Materialaufwand und wird daher nicht angewendet, so lange man durch den Übergang von der Dreiphasenschaltung zur Sechsphasenschaltung den erforderlichen Regulierbereich erzielt.

Die Belastungskennlinie eines kompoundierten Gleichrichters. Bei ganz geringer Belastung reicht der Gleichstrom in der Saugdrosselwicklung nicht für die Erregung aus. Die Sangdrossel ist daher unwirksam und die Leerlaufspannung nimmt den der Sechsphasenschaltung entsprechenden Wert an[1]). Solange der Augenblickswert des Stromes nicht in einer der beiden Wicklungen der Saugdrossel auf Null fällt, ist ihr Blindwiderstand im Wechselstromkreis nicht wirksam. So wie hingegen eine Wicklungshälfte stromlos wird, wirkt die Saugdrossel wie eine Induktivität in den Anodenzuleitungen. In Abb. 143 ist der Weg des Umschaltstromes bei Sechsphasenbetrieb ersichtlich. Der für die Berechnung des Spannungsabfalles bei kleinen Belastungen maßgebende Blindwiderstand setzt sich aus dem Blindwiderstande der Saugdrossel und der Streureaktanz des Haupttransformators zusammen. Bei ganz kleinen Belastungen erhält man also die Belastungskennlinie eines Sechsphasen-Gleichrichters mit erhöhtem Blind-

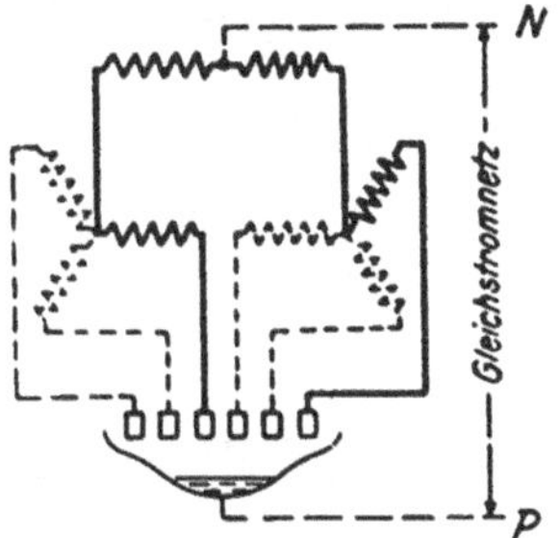

Abb. 143. Stromweg des Umschaltstromes beim Betrieb eines Doppel-Dreiphasen-Gleichrich-ters als Sechsphasen-Gleichrichter. (Es folgen Anoden verschiedener Dreiphasengruppen in der Stromführung aufeinander.)

widerstande, welche bedeutend rascher abfällt als bei einem Sechsphasen-Gleichrichter ohne Saugdrossel. Die Steilheit dieser Belastungskennlinie hängt vom Blindwiderstande der Saugdrossel ab.

Ist eine ausreichende Belastung vorhanden, so daß beide Wicklungen der Saugdrossel ständig Strom führen, so entspricht die abgegebene Spannung jener bei Dreiphasenschaltung. Bei stärkerer Belastung vermindert der durch die Sättigungswicklung der Saugdrossel fließende Gleichstrom ihren Blindwiderstand für den Hauptstromkreis. Der Erregerstrom der Saugdrossel steigt nun so lange an, bis sein Scheitelwert gleich dem Belastungsstrome einer Dreiphasengruppe wird; bei Überschreitung dieses Erregerstromes verschwindet die Wirksamkeit der Saugdrossel zeitweise. Die abgegebene Gleichspannung nimmt Werte an, welche zwischen jenen für Dreiphasen- und Sechsphasenbetrieb liegen. Auf diese Weise kann die Spannung in einem großen Belastungsbereiche

---

[1]) In der Praxis wird diese unerwünschte Spannungssteigerung im Leerlauf durch dauernden Anschluß einer kleinen Belastung vermieden.

konstant gehalten oder sogar eine geringe Spannungserhöhung bei steigender Belastung erzielt werden.

Abb. 144 zeigt die durch Versuche bestimmte Belastungskennlinie eines kleinen kompoundierten Gleichrichters. Die Streuung des

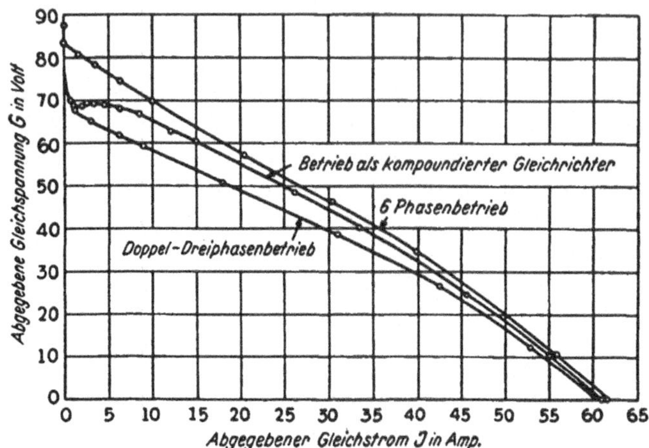

Abb. 144. Belastungskennlinien eines kleinen Versuchsgleichrichters beim Betrieb als Doppel-Dreiphasen-Gleichrichter, als Sechsphasen-Gleichrichter und als kompoundierter Gleichrichter.

Transformators war bei diesem Gleichrichter so groß, daß ein gleichstromseitiger Kurzschluß ohne weiteres zulässig war. In der Abbildung sind die Kennlinien für die drei verschiedene Betriebsarten vom Leerlaufe bis zum Kurzschluß eingezeichnet. Die unterste Kurve ist die Be-

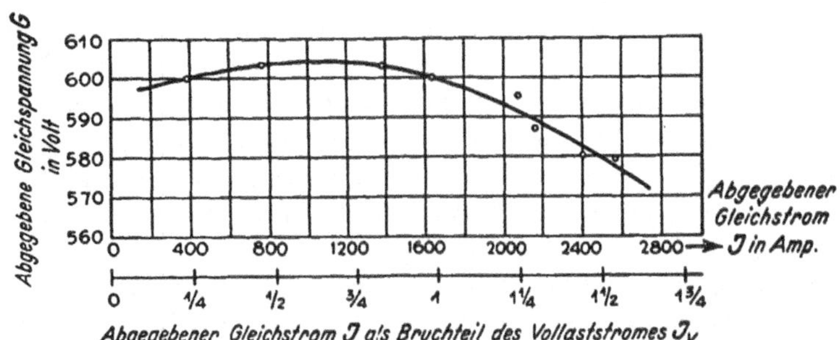

Abb. 145. Belastungskennlinie eines kompoundierten Großgleichrichters 1000 kW, 600 V.

lastungskennlinie, die bei ausgeschalteter Sättigungsspule aufgenommen wurde; sie ist also die Kennlinie der Doppel-Dreiphasenschaltung. Die mittlere Kurve ist die bei eingeschalteter Sättigungsspule aufgenommene Kennlinie. Zur Aufnahme der obersten Kurve wurde die Saugdrossel kurzgeschlossen; diese Kurve ist also die Belastungskennlinie für die gewöhnliche Sechsphasenschaltung. Wie man aus der Abbildung sieht, verläuft die mittlere Kurve zwischen kleinen Belastungen und 6,5 A (etwa 10% des Kurzschlußstromes) nahezu waagrecht.

Abb. 145 zeigt die Versuchsergebnisse an einem kompoundierten Zwölfphasen-Gleichrichter für 1000 kW, 600 V; in Abb. 146 ist die Saugdrossel dieses Gleichrichters zu sehen. Wegen der Zwölfphasenschaltung sind drei Saugdrosseln erforderlich, die jedoch in ein gemeinsames Gestell eingebaut sind. Die beiden unteren Drosselspulen verbinden je zwei Dreiphasengruppen und sind mit Sättigungswicklungen versehen. Die oberste Drosselspule vereinigt die beiden so gebildeten Sechsphasengruppen zu einem Zwölfphasen-Gleichrichter.

Die Wellenformen kompoundierter Gleichrichter. Abb. 147 gibt die oszillographisch aufgenommenen Wellenformen eines Versuchsgleichrichters wieder, der in Doppel-Dreiphasenschaltung mit Saugdrossel ohne Sättigungswicklung arbeitete. Im Zeitpunkt t_1 erreicht jene Sekundärphase, deren Spannung oszillographiert wurde, die Spannung der in der gleichen Dreiphasengruppe vorhergehenden Phase; ihre Brennzeit beginnt. Zwischen t_1 und t_2 führen beide Phasen Strom und infolge der durch

Abb. 146. Saugdrossel eines kompoundierten Großgleichrichters 1000 kW, 600 V.

den Umschaltstrom verursachten induktiven Spannungsabfälle tritt der nahezu konstante Mittelwert der induzierten Spannungen beider Phasen als Anodenspannung auf. Im Zeitpunkte t_2 ist die Umschaltung beendet. Die Anodenspannung steigt auf den Wert der induzierten Spannung jener Phase, welche die Stromführung übernommen hat. Im Zeitraume von t_4 bis t_5 erfolgt die Umschaltung von der betrachteten Phase zur nächsten; nun bewahrt der induktive Spannungsabfall die Anodenspannung vor der raschen Abnahme der induzierten Spannung, bis die Umschaltung vollendet ist. Die gestrichelten Linien veranschaulichen die Wellenformen der Sekundärspannung und der Spannung an der Saugdrossel, die auftreten würden, wenn die Störung durch den Umschaltstrom vermieden werden könnte. Die geringfügige Unregelmäßigkeit der Sekundärspannung im Zeitpunkte t_3 ist die Folge eines

Umschaltvorganges in der anderen Dreiphasengruppe und tritt infolge der Verkettung der beiden Dreiphasengruppen durch die gemeinsamen Primärwicklungen auf.

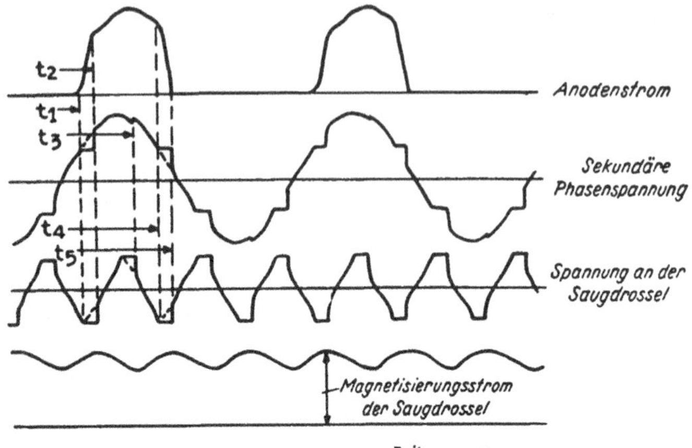

Abb. 147. Wellenformen bei normalem Doppel-Dreiphasenbetrieb (ohne Vorsättigung der Saugdrossel).

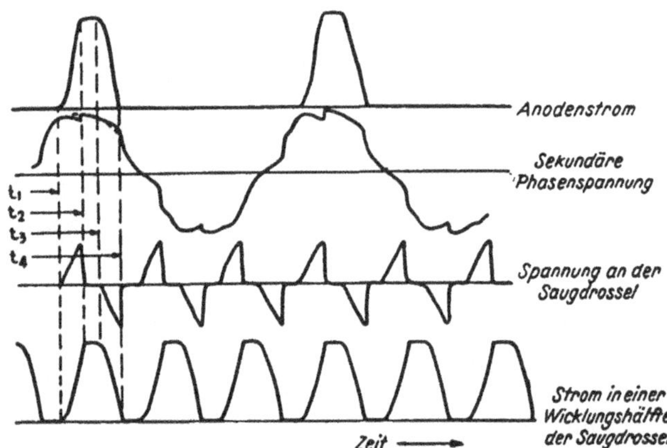

Abb. 148. Wellenformen beim Betrieb als kompoundierter Gleichrichter (mit vorgesättigter Saugdrossel).

Abb. 148 zeigt die Wellenformen bei Verwendung einer Saugdrossel mit Sättigungswicklung, also für einen kompoundierten Gleichrichter. Die Belastung ist so hoch, daß der Gleichrichter als gewöhnlicher Sechsphasen-Gleichrichter arbeitet. Der Anodenstrom der betrachteten Phase steigt zwischen t_1 und t_2 an und fällt zwischen t_3 und t_4 ab. Es brennen nie mehr als zwei Anoden gleichzeitig; zwischen t_2 und t_3 brennt nur eine Anode. In der Saugdrossel fließen Stromwellen der gleichen Form wie

die Anodenströme. Da jede Wicklungshälfte der Saugdrossel die Anodenströme einer Dreiphasengruppe führt, folgen in ihr die Anodenstromwellen
in kurzen Abständen aufeinander. Der Umschaltstrom zweier aufeinanderfolgender Anoden fließt über die Saugdrossel und erzeugt in ihr einen
Spannungsabfall. Da durch den Blindwiderstand der Saugdrossel die
Umschaltzeit verlängert wird, kann die gelieferte Gleichspannung niemals den Wert erreichen, welcher bei einem Sechsphasengleichrichter ohne
Saugdrossel auftreten würde. Doch nähert sie sich diesem Werte bei
steigender Belastung, da der Blindwiderstand der Saugdrossel mit steigender Sättigung immer mehr abnimmt.

13. Kapitel.

Einfluß des Wirkwiderstandes auf die Wellenformen.
Die Saugdrossel und ihr Erregerstrom.

In den vorangehenden Kapiteln wurde der Einfluß des Wirkwiderstandes auf die Arbeitsweise der Gleichrichter nur näherungsweise
unter der Annahme ermittelt, daß die Form der Stromwellen durch ihn
nicht beeinflußt wird. Ferner wurden die Erregerströme der Saugdrosseln und anderer Drosselspulen vernachlässigt. In diesem Kapitel
soll der Einfluß der Wirkwiderstände und der Erregerströme untersucht
werden, um den Fehler zu bestimmen, welcher durch die vorerwähnten
Annahmen entsteht.

Der Einfluß des Wirkwiderstandes auf den Umschaltvorgang. Wenn
man nur den Blindwiderstand der Transformatorwicklungen in Betracht
zieht, ist die Spannung einer mit konstantem Strome belasteten Phase

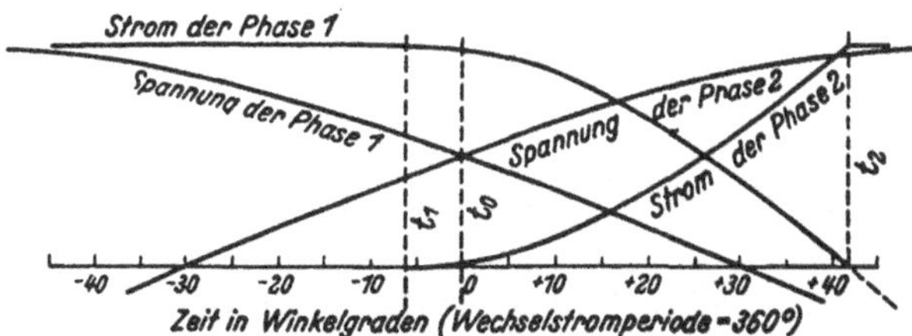

Abb. 149. Der Einfluß des Wirkwiderstandes auf die Umschaltung der
Anodenströme.

gleich der induzierten Spannung. Hierbei ist allerdings noch vorausgesetzt, daß eine gegenseitige Beeinflussung der Phasen nicht eintritt.
Durch den Spannungsabfall, den das Hindurchfließen des Stromes durch
den Wirkwiderstand verursacht, sinkt die Anodenspannung unter die
induzierte Spannung. Die Spannungen der nicht stromführenden Phasen
werden jedoch durch den Widerstand nicht beeinflußt und aus diesem

Grunde beginnt die Brennzeit einer Phase in einem Zeitpunkte t_1, welcher ein wenig vor dem Zeitpunkte t_0 liegt, in welchem die induzierte Spannung der hinzutretenden Phase gleich der induzierten Spannung der vorangehenden Phase ist (vgl. Abb. 149).

Zur Zeit, wo der Strom an der hinzutretenden Phase einsetzt, unterscheiden sich die induzierten Spannungen um den Ohmschen Spannungsabfall in der stromführenden Phase, während die Anodenspannungen einander gleich sind. Die treibende Spannung für den Umschaltstrom zwischen den Phasen ist wie früher der Unterschied der induzierten Spannungen, aber der Umschaltstrom wird nun durch einen aus dem Wirk- und Blindwiderstand gebildeten Scheinwiderstand begrenzt und besteht aus einer Sinuswelle mit verschobener Achse und Dämpfung, wie aus Abb. 57 hervorgeht. Außerdem wird auch die Phasenlage des Umschaltstromes durch den Wirkwiderstand beeinflußt. Es sei daran erinnert, daß bei Berücksichtigung des Blindwiderstandes allein die verschobene Stromachse keine Dämpfung erleidet und der Umschaltstrom gegen die Spannung um genau 90° phasenverschoben ist.

Die Spannung zwischen den Phasen ist $2\sqrt{2}\,E\sin\dfrac{\pi}{p}\cdot\sin\omega t$, wobei E der Effektivwert der Sekundärspannung ist und die Messung des Phasenwinkels ωt der Abb. 149 entspricht. Ist der Wirkwiderstand je Phase r und die Schaltung derart, daß in einem bestimmten Zeitpunkte nur eine Anode und damit nur eine Transformatorwicklung den gesamten Strom führt, so beginnt die Umschaltung, wenn

$$2\cdot\sqrt{2}\cdot E\sin\frac{\pi}{p}\sin\omega t_1 = -J\cdot r$$

ist. Hieraus folgt:

$$t_1 = \frac{1}{\omega}\arcsin\frac{-Jr}{2\sqrt{2}\,E\sin\dfrac{\pi}{p}} \qquad \ldots \ldots \ldots \quad (55)$$

Es ergibt sich der Wechselstromanteil des Umschaltstromes

$$i_w = \frac{\sqrt{2}\,E\sin\dfrac{\pi}{p}\sin\left(\omega t - \operatorname{arctg}\dfrac{X}{r}\right)}{\sqrt{r^2+X^2}} \qquad \ldots \ldots \quad (56)$$

wobei $X = \omega L$ der Blindwiderstand je Phase ist. Der gedämpfte Gleichstromanteil des Umschaltstromes ist

$$i_g = \left[-\frac{J}{2} - \frac{\sqrt{2}\,E\sin\dfrac{\pi}{p}\sin\left(\omega t_1 - \operatorname{arctg}\dfrac{X}{r}\right)}{\sqrt{r^2+X^2}}\right]\cdot e^{-\dfrac{r(t-t_1)}{L}} \qquad (57)$$

Das Glied $-\dfrac{J}{2}$ ergibt sich aus der Vorstellung, daß zu Beginn der Umschaltung von jeder der beiden Anoden der Strom $\dfrac{J}{2}$ durch die Gleichstromdrossel und ein weiterer Strom $\dfrac{J}{2}$ von der stromführenden Anode zur hinzutretenden fließt. Die beiden Ströme, welche von den Anoden durch die Gleichstromdrossel fließen, werden durch deren Wirkung konstant gehalten. Hingegen ist die Gleichstromkomponente im Stromkreise zwischen den an der Umschaltung beteiligten Anoden durch den Wirkwiderstand gedämpft. Das zweite Glied in Gleichung (57) ist der Ausgleichstrom, der das Einsetzen des Wechselstromes nach Gleichung (56) ermöglicht.

Durch Addition der Stromkomponenten erhält man die Anodenströme

$$i_1 = \frac{J}{2} - \frac{\sqrt{2}\,E \sin\frac{\pi}{p}\sin\left(\omega t - \operatorname{arctg}\frac{X}{r}\right)}{\sqrt{r^2 + X^2}} +$$
$$+ \left[\frac{J}{2} + \frac{\sqrt{2}\,E \sin\frac{\pi}{p}\sin\left(\omega t_1 - \operatorname{arctg}\frac{X}{r}\right)}{\sqrt{r^2 + X^2}}\right] \cdot e^{-\frac{r(t - t_1)}{L}} \quad . . \ (58)$$

$$i_2 = \frac{J}{2} + \frac{\sqrt{2}\,E \sin\frac{\pi}{p}\sin\left(\omega t - \operatorname{arctg}\frac{X}{r}\right)}{\sqrt{r^2 + X^2}} -$$
$$- \left[\frac{J}{2} + \frac{\sqrt{2}\,E \sin\frac{\pi}{p}\sin\left(\omega t_1 - \operatorname{arctg}\frac{X}{r}\right)}{\sqrt{r^2 + X^2}}\right] \cdot e^{-\frac{r(t - t_1)}{L}} \quad . . \ (59)$$

Ist der Wirkwiderstand wie üblich klein im Vergleich mit dem Blindwiderstand, so entsteht, wie aus den Gleichungen (58) und (59) hervorgeht, durch Vernachlässigung des Einflusses des Wirkwiderstandes auf die Wellenform der Anodenströme nur ein sehr kleiner Fehler.

Spannungen und Erregerströme von Drosselspulen. Die an Saugdrosseln und anderen Drosselspulen bei kleinen Belastungen auftretenden Spannungen wurden bereits im 5. Kapitel berechnet. Sobald jedoch die Belastung so groß wird, daß die Umschaltung der Anodenströme beträchtliche Zeit erfordert, ändern sich diese Spannungen. Da die Wellenform der gelieferten Gleichspannung rasch ermittelt werden kann, ist es nicht schwierig, in irgendeinem besonderen Falle die an der Drosselspule wirksame Spannung zu bestimmen. Ein Versuch, diese Aufgabe allgemein zu lösen, würde jedoch zu weit führen. Durch harmonische Analyse der Spannung und Berechnung der den verschiedenen Spannungskomponenten entsprechenden Ströme kann ein genügend genauer Wert des Erregerstromes gefunden werden; hierbei genügt es, eine oder zwei Komponenten zu berücksichtigen.

Einfluß der Erregerströme von Saugdrosseln und anderen Drosselspulen auf den Spannungsabfall. Die Magnetisierungsströme von Saugdrosseln und anderen Drosselspulen können die Belastungskennlinie in mehrfacher Hinsicht beeinflussen. Durch Entnahme eines veränderlichen Stromes von den stromführenden Phasen werden die Spannungen dieser Phasen gestört, wodurch eine kleine Verschiebung des Beginnes und des Endes der Brennzeit jeder Anode sowie eine Änderung des über die Brennzeit gebildeten Mittelwertes der Anodenspannung entsteht. Auch müssen die verschiedenen Verluste in den Drosselspulen gedeckt werden und dies beeinflußt die abgegebene Gleichspannung.

Die Magnetisierungsströme der Drosselspulen müssen deren Blindwiderstand und den der stromführenden Phasen überwinden. Der Blindwiderstand der Transformatorwicklungen ist im Vergleich mit dem der Drosselspulen sehr klein. Infolgedessen tritt der größte Teil der Spannungsoberwellen an der Drosselspule und nur ein kleiner Teil an den Wicklungen des Haupttransformators auf. Der Einfluß der Magnetisierungsströme der Drosselspulen auf die Anodenspannungen ist also klein und der durch seine Vernachlässigung begangene Fehler geringfügig. Es kommt öfters vor, daß durch den Magnetisierungsstrom der Drosselspule die Wellenform des Anodenstromes merklich gestört wird. Für den abgegebenen Gleichstrom ist aber nur der Mittelwert des Anodenstromes von Bedeutung und dieser wird durch die Oberwellen nicht verändert. Auch die Umschaltung der Anodenströme wird durch den Magnetisierungsstrom der Drosselspule nicht wesentlich beeinflußt, denn die Stromschwankung infolge unvollkommener Drosselwirkung ist von geringer Bedeutung.

In den Drosselspulen treten verschiedene Verluste auf. Zunächst verursacht der konstante Gleichstrom einen Stromwärmeverlust. Dann entstehen durch die Erregung Eisen- und Kupferverluste. Der Erregerstrom der Saugdrossel verursacht auch in den Wicklungen des Haupttransformators einen kleinen Verlust. Diesem Verlust steht eine Steigerung der drehstromseitigen Leistungsaufnahme gegenüber, denn der Magnetisierungsstrom fließt durch die Wicklungen des Haupttransformators auf verschiedenen Stromwegen, je nachdem, welche Anoden brennen, und das Integral der durch den Magnetisierungsstrom veranlaßten momentanen Leistungsaufnahmen aus dem Wechselstromnetz kann trotz der Verschiedenheit der Frequenzen einen positiven Wert besitzen.

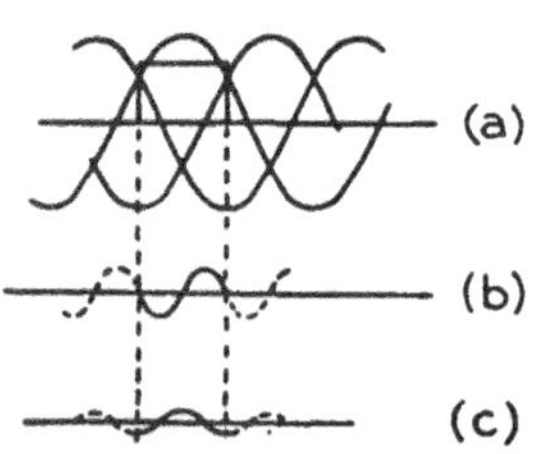

Abb. 150. Vom Magnetisierungsstrom der Drosselspule verursachte Leistungsaufnahme aus dem Wechsetromnetz: a) Anodenspannung und Anodenstrom, b) Hauptteil des Magnetisierungsstromes der Drosselspule (verursacht keine Leistungsaufnahme), c) Phasenverschobene Komponente des Magnetisierungsstromes (verursacht Leistungsaufnahme).

Diese Verhältnisse sollen durch Abb. 150 erläutert werden. Abb. 150a zeigt die Anodenspannungen eines Dreiphasengleichrichters und den Anodenstrom einer Phase unter Vernachlässigung des Einflusses der Transformatorstreuung. Die Grundwelle des Erregerstromes der Drosselspule zeigt Abb. 150b und man ersieht, daß das Integral des Produktes dieses Stromes mit der Spannung der stromführenden Phase gleich Null ist. Eine kleine Komponente des Magnetisierungsstromes hat jedoch die in Abb. 150c ersichtliche Phasenlage. Diese Komponente verursacht eine Leistungsaufnahme aus dem Wechselstromnetze.

Abb. 151. Vakuum-Glühkathoden-Gleichrichter in Doppeldreiphasenschaltung, 20 kW, 12000 V zur Lieferung der Anodenspannung eines Radiosenders.

Beispiel der Berechnung eines Gleichrichterstromkreises unter Berücksichtigung des Wirkwiderstandes und des Erregerstromes der Saugdrossel. Die Berechnung der Wirkungsweise eines Vakuum-Glühkathoden-Gleichrichters der für die Erzeugung der Anodenspannung von Radiosendern üblichen Bauart bietet ein gutes Beispiel für die Wirkung der in diesem Kapitel besprochenen Erscheinungen. Die Anordnung der Teile ist aus Abb. 151 ersichtlich und, wie aus dem Schaltbild Abb. 152 hervorgeht, ist eine Doppel-Dreiphasenschaltung mit Saugdrossel verwendet.

In Abb. 151 sieht man oben die sechs Vakuum-Glühkathodenröhren, ferner unter und hinter diesen die drei Hochspannungstransformatoren, welche die Energie liefern. Im Vordergrunde ist links die Saugdrossel, in der Mitte ein Spannungswandler zur Messung der Spannung an der Saugdrossel und rechts ein kleiner Heiztransformator für die

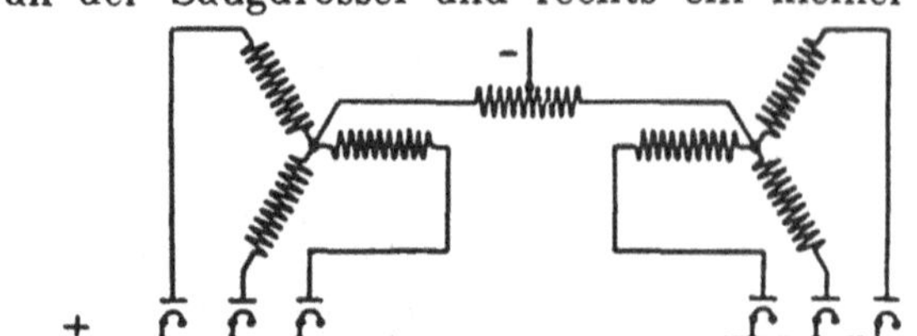

Abb. 152. Schaltbild des Vakuum-Glühkathoden-Gleichrichters Abb. 151.

Speisung der Glühkathoden zu sehen. Die Anodenstromwellen wurden nach den Gleichungen (58) und (59) berechnet und sind in Abb. 153 für verschiedene Belastungen eingetragen. Diese Stromwellen wurden

Tafel XII. Berechnung der Anodenströme des Sechsphasen-Glühkathoden-Gleichrichters in Doppel-Dreiphasenschaltung nach Abb. 152.

Belastung jeder Dreiphasengruppe 0,4 A

Θ^o	$\sin(\Theta+30^o)$	i	$i\sin(\Theta+30^o)$	i^2
0	0,500	0,008	0,004	0,000
6	0,588	0,039	0,023	0,002
12	0,669	0,100	0,067	0,010
18	0,743	0,194	0,144	0,098
24	0,809	0,313	0,253	0,160
30	0,866	0,400	0,346	0,160
36	0,914	0,400	0,366	0,160
42	0,951	0,400	0,380	0,160
48	0,978	0,400	0,391	0,160
54	0,995	0,400	0,398	0,160
60	1,000	0,400	0,400	0,160
66	0,995	0,400	0,398	0,160
72	0,978	0,400	0,391	0,160
78	0,951	0,400	0,380	0,160
84	0,914	0,400	0,366	0,160
90	0,866	0,400	0,346	0,160
96	0,809	0,400	0,324	0,160
102	0,743	0,400	0,291	0,160
108	0,669	0,400	0,268	0,160
114	0,588	0,400	0,235	0,160
120	0,500	0,392	0,196	0,154
126	0,407	0,360	0,147	0,130
132	0,309	0,299	0,092	0,095
138	0,208	0,202	0,042	0,041
144	0,105	0,082	0,009	0,007
150	0,0	0	0	0
156	—0,105	0	0	0
354	—	0	0	0
Summe		7,989	6,263	2,975
Mittelwert		0,1333	0,1044	0,04958

$i =$ Momentanwert des Anodenstromes

Effektivwert des Anodenstromes

$\sqrt{0,04958} = 0,2227$ A

Mittelwert des Anodenstromes (abgegebener Gleichstrom je Anode) 0,1333 A

Wirkstrom auf der Sekundärseite (Hochspannungsseite)

$0,1044 \cdot \sqrt{2} = 0,1476$ A

Blindstrom $=$

$= \sqrt{0,04958 - 0,1333^2 - 0,1476^2} =$
$= 0,1003$ A

Leistungsfaktor $\dfrac{0,1476}{0,2227} = 0,663$

auf die Sekundärseite reduzierte Primärströme:

Wirkstrom 0,2952 A

Effektivwert des Primärstromes $\sqrt{0,09919} = 0,3149$ A

Mittelwert des Primärstromes (Gleichstromanteil) $= 0$

Blindstrom $=$

$= \sqrt{0,09916 - 0,2952^2} = 0,110$ A

Leistungsfaktor $\dfrac{0,2952}{0,3149} = 0,937$

Es ist zu beachten, daß es sich im Vorstehenden um die auf die Sekundärseite des Transformators reduzierten Primärströme handelt, so daß man mit dem Übersetzungsverhältnis 114 multiplizieren müßte, um die tatsächlichen Primärströme zu erhalten.

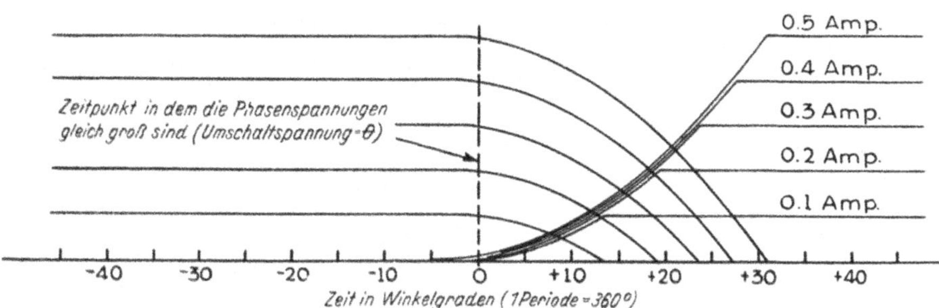

Abb. 153. Die Umschaltung der Anodenströme bei dem Vakuumglühkathoden-Gleichrichter
Abb. 151 unter verschiedenen Belastungen.

Tafel XIII. Nachrechnung der Wirkungsweise des Sechsphasen-Glüh- kathoden-Gleichrichters nach Abb. 152.

a)

Wechselspannung auf der Primärseite	110 V
Übersetzungsverhältnis des Transformators	114:1
Wirkwiderstand jeder Sekundärwicklung	1280 Ω
Wirkwiderstand von zwei parallelgeschalteten Primärwicklungen	0,034 Ω
Geschätzter Widerstand jeder Glühkathodenröhre	1000 Ω
Streuinduktivität einer Wicklung auf der Hochspannungsseite	12,2 Henry
Leerlaufstrom bei 110 V	1,97 A
Leerlaufverbrauch des Gleichrichtertransformators bei 110 V	166 W
Blindstromanteil des Leerlaufstromes bei 110 V	1,765 A
Wirkwiderstand der Saugdrosselwicklung	33 Ω
Glühfaden-Heizungsverlust (für alle Röhren)	1060 W

b) Nachrechnung unter Vernachlässigung der Eisenverluste und des Verlustes in der Saugdrossel.

Abgegebener Gleichstrom . . A	0,2	0,4	0,6	0,8	1,0
Effektivwert des Stromes in einer Sekundärwicklung . . . . A	0,0567	0,1126	0,1683	0,2227	0,2773
Verlust auf der Sekundärseite in den 6 Stromkreisen einschließlich der Röhren . . . . . W	44	174	387	678	1052
Effektivwert d. Primärstromes A	9,14	18,16	27,15	35,9	44,75
Verlust auf der Primärseite W	8,53	33,7	75,2	131,5	204
Summe der Verluste in den Wirkwiderständen . . . . . . W	52,5	208	462	810	1256
Primärer Wirkstrom . . . . A	8,78	17,35	25,7	33,65	41,6
Primärer Blindstrom . . . . A	2,575	5,36	8,78	12,54	16,53
Aufnahme der drei Transformatoren (bei 110 V). . . . kW	2,900	5,725	8,480	11,100	13,730
Gleichstromseitige Abgabe kW	2,8475	5,517	8,018	10,290	12,474
Abgegebene Gleichspannung V	14238	13780	13350	12860	12474
Wirkstromanteil des Netzstromes . . . . A	15,22	30,05	44,5	58,25	72,0

Blindstromanteil des Netz-stromes . . . . A	4,46	9,28	15,22	21,7	28,62
Effektivwert des Netzstromes A	15,84	31,45	47,0	62,2	77,5
Leistungsfaktor	0,96	0,955	0,947	0,937	0,930
Wirkungsgrad.	0,982	0,963	0,947	0,927	0,909

c) Nachrechnung unter Berücksichtigung der Verluste in der Saugdrossel und der vom Erregerstrom der Saugdrossel in den Haupttransformatoren verursachten zusätzlichen Verluste.

Abgegebener Gleichstrom . . A	0,2	0,4	0,6	0,8	1
Spannung an der Saugdrossel (geschätzt) V	5522	5854	6186	6518	6850
Eisenverlust der Saugdrossel W	67,5	75	83	93	102
Kupferverlust der Saugdrossel W	1,3	5,3	11,9	21,2	33
Sekundärer Wirkstrom zur Deckung des Eisenverlustes der Saugdrossel . . . . A	—	—	—	—	0,00089
Blindstrom im Netz für die Erregung der Saugdrossel . . A	0,99	1,05	1,10	1,165	1,22
Zusätzliche Leistungsaufnahme zur Deckung der Erregerverluste der Saugdrossel (rohe Schätzung)	67	67	67	67	67
Durch den Erregerstrom der Saugdrossel im Haupttransformator verursachte zusätzliche Verluste . . . . . . W	1,0	1,1	1,2	1,4	1,5
Verringerung der abgegebenen Gleichstromleistung . . . W	2,8	14,4	29,1	48,6	69,5
Verringerung der abgegebenen Gleichspannung V	14	36	48,5	61	69,5
Abgegebene Gleichspannung . V	14 224	13 742	13 301	12 799	12 404
Gesamte Leistungsaufnahme (unter Berücksichtigung der Eisenverluste der Haupttransformatoren . . . . kW	3,133	5,985	8,713	11,333	13,963
Gesamte Leistungsabgabe . kW	2,845	5,503	7,989	10,241	12,404
Wirkungsgrad.	0,908	0,923	0,917	0,903	0,889
Wirkstromanteil des Netz-stromes. . . . . A	16,45	31,25	45,7	59,45	73,25
Blindstromanteil des Netz-stromes. . . . . A	7,22	12,10	18,09	24,64	31,61
Effektivwert des Netzstromes A	17,98	33,5	49,1	64,3	79,8
Leistungsfaktor	0,915	0,933	0,931	0,925	0,918

d) Nachrechnung unter Berücksichtigung der Heizleistung der Glühkathodenröhren.

Gesamte Leistungsaufnahme kW	4,193	7,018	9,773	12,393	15,023
Gesamte Leistungsabgabe . kW	2,845	5,503	7,989	10,241	12,404
Wirkungsgrad.	0,678	0,784	0,818	0,827	0,826

dann durch eine Art schrittweise Integration, die in Tafel XII angegeben ist, bestimmt. Die Durchführung der Rechnung zeigt Tafel XIII. Die Energieabgabe wurde durch Abzug der Verluste von der Energieaufnahme berechnet und die abgegebene Spannung durch Division der Energieabgabe durch den Strom. Die Rechnungen über die Wirkung des Erregerstromes der Saugdrossel sind nur rohe Schätzungen, doch reicht die Genauigkeit für praktische Zwecke aus. Aus der Tafel kann man die verschiedenen in Betracht kommenden Größen entnehmen und deren mehr oder minder große Bedeutung erkennen. In den Abb. 154 und 155 sind die berechneten (voll ausgezogen) und die gemessenen (gestrichelt) Kennlinien dieses Gleichrichters dargestellt und es ist die gute Übereinstimmung der Rechnung mit den Messungen ersichtlich.

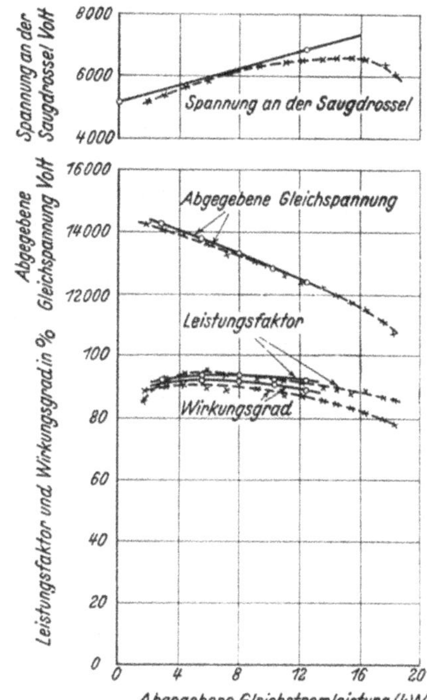

Abb. 154. Kennlinien des Vakuumglühkathoden-Gleichrichters Abb. 151 (Belastungskennlinie, Leistungsfaktor, Wirkungsgrad, Spannung an der Saugdrossel).

14. Kapitel.

Ergänzungen.

Untersuchungen über die Gleichrichterwirkung des Quecksilberlichtbogens. Auf seinen früheren Arbeiten[1]) fußend, hat J. v. Issendorff neuerdings einen wichtigen Beitrag[2]) zur Kenntnis der Vorgänge im Quecksilberdampf-Gleichrichter geliefert. Er geht von der Annahme aus, die sogenannte positive Säule des Quecksilberlichtbogens unter niedrigem Druck enthalte nur positive Ionen, Elektronen und neutrale Atome. Das Vorhandensein von Molekülgruppen und angeregten Atomen wird also vernachlässigt. Eine Wiedervereinigung von Ionen und Elektronen im freien Raume findet praktisch nicht statt. Alle

---

[1]) Dr. J. v. Issendorff, Energetik der Wandströme in Quecksilberdampfentladungen. Wissenschaftliche Veröffentlichungen aus dem Siemens-Konzern. Vierter Band 1925, 1. Heft, S. 124.

[2]) Dr. J. v. Issendorff, Neuere Untersuchungen über das betriebsmäßige Verhalten der Quecksilberdampf-Gleichrichter. ETZ 1929, H. 30, S. 1079. E. u. M. 1929, H. 17, S. 353.

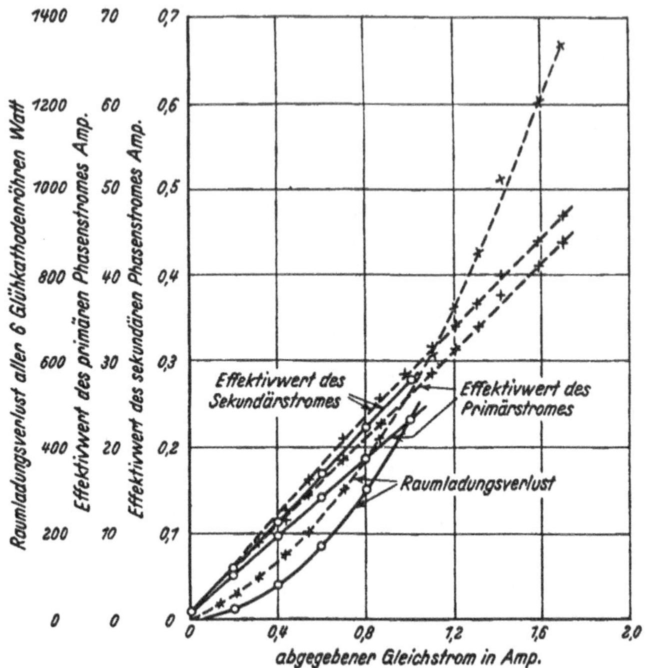

Abb. 155. Effektiver Primär- und Sekundärstrom und Raumladungsverlust des Vakuumglühkathoden-Gleichrichters Abb. 151.

festen Körper in der Nähe des Lichtbogens, gleichgültig, ob leitend oder
nichtleitend, laden sich durch Anlagerung von Elektronen negativ auf.
Issendorf stellte fest, daß das Potential einer isolierten Sonde von dem des
Lichtbogens an der betreffenden Stelle verschieden ist. Während man
mit der isolierten Sonde einen Kathodenfall von rd. 5,3 V und einen
Anodenfall von rd. 6,5 V mißt, fand Issendorf in Übereinstimmung mit
früheren Untersuchungen Günterschulzes, daß der Kathodenfall mehr
als 10 V und der Anodenfall nur 1 bis 2 V beträgt. Das elektrische Feld
positiver, negativer oder isolierter Sonden wird bei bestehender Licht-
bogenentladung durch eine Raumladungsschicht geringer Dicke neutralisiert.

Die positive Säule leuchtet bläulich-weiß, die positiven Raum-
ladungsschichten über der Quecksilberkathode und an den Anoden
der Sperrphasen sind völlig dunkel, der ionisierte Quecksilberdampf
leuchtet rötlich.

v. Issendorff hat das Nachleuchten in den Anodenarmen von Gleichrichtern zu Beginn der Sperrphase mit Hilfe stroboskopischer Scheiben
im Film aufgenommen. Es zeigte sich, daß das weißliche Leuchten nicht
stetig in das rötliche Nachleuchten übergeht, daß vielmehr der Anodenarm zu Beginn der Sperrzeit für einen Augenblick dunkel ist. Die Rest-

ladungen am Ende der Brennzeit wachsen mit steigender Belastung des Gleichrichters rasch an. Schaltet man einen Gleichrichter mit Vollast ein, so ist $\frac{1}{3}$ s nach der Einschaltung noch kein Rückstrom vorhanden; er ist nach 5 s eben zu erkennen und erst nach 15 min voll ausgebildet. (Dies stimmt mit der im 5. Kapitel ermittelten Wärmezeitkonstante eines Glasgleichrichters überein.) Der Rückstrom ist bei Vollast 10^5 bis 10^6 mal kleiner als der Vorwärtsstrom, steigt aber mit der 3. Potenz des Vorwärtsstromes. Durch Einlegen eines Ringes vor der Anode kann unter sonst gleichen Bedingungen die Rückstromspitze zu Beginn der Sperrphase auf rd. $\frac{1}{3}$ herabgesetzt werden. Ebenso verringert auch das Durchblasen von neutralem Quecksilberdampf in der Querrichtung des Armes vor der Anode bei Gleichspannungen unter 220 V den Rückstrom. Bei höheren Gleichspannungen begünstigt die infolge des Durchblasens von neutralem Quecksilberdampf auftretende Drucksteigerung vor der Anode die Ausbildung der Glimmentladung und es ist daher dieses Mittel nicht mehr mit Vorteil anzuwenden. Zusätzliche Kondensationsflächen, welche die Strömung des Quecksilberdampfes von der Anode ablenken, z. B. bauchige Erweiterungen an den Knickungsstellen der Arme von Glasgleichrichtern, wirken günstig. Nach Issendorff kann man zwei Arten von Rückzündungen unterscheiden, wenn man von dem durch einfache Maßnahmen vermeidbaren Fall, daß Quecksilber auf eine heiße Anode tropft, absieht: die Rückzündung infolge Überlastung und infolge Verunreinigung. Die Überlastungsrückzündung des gut entgasten Gleichrichters tritt bei so hoher Belastung ein, daß der Dampfdruck vor der Anode groß genug ist, um die Ausbildung einer Glimmentladung zu ermöglichen. Diese Glimmentladung geht dann in den Rückzündungslichtbogen über, wobei die Anwesenheit von Rückzündungskatalysatoren, hauptsächlich Alkalien, an der betreffenden Anode erforderlich ist. Die Verunreinigungsrückzündung, die eine ausgesprochene Alterserscheinung ist, tritt bei so geringen Belastungen auf, daß der Quecksilberdampfdruck für das Entstehen einer Glimmentladung nicht ausreicht; sie wird dadurch begünstigt, daß die Anoden nach längerem Betrieb des Gleichrichters mit einer pulverigen Schichte aus zerstäubtem Anodenmaterial bedeckt sind. Die Maßnahmen zur Verringerung des Rückstromes wirken nach Anschauung v. Issendorffs in der Weise, daß bei kleinem Rückstrom die Zahl der während der Sperrzeit anprallenden Ionen (Auftreffgeschwindigkeit 20 bis 40 km/s) vermindert und damit die Zerstäubung der Anoden und die Bildung der gefährlichen Staubschichte verlangsamt wird.

Langmuir und Prince haben einen »Thyratron«[1] genannten Glasgleichrichterkolben entwickelt, dessen Anoden von Steuergittern

---

[1] General Electric Review, 31. Jahrgang 1928, S. 347, 32. Jahrgang 1929, S. 213. Referat ETZ 1929, Heft 25, S. 902.

umhüllt sind (Abb. 156). Die Wirkungsweise dieser Anordnung ist folgende: Wird dem Steuergitter einer stromlosen Anode eine negative Spannung entsprechender Höhe aufgedrückt, so setzt an dieser Anode der

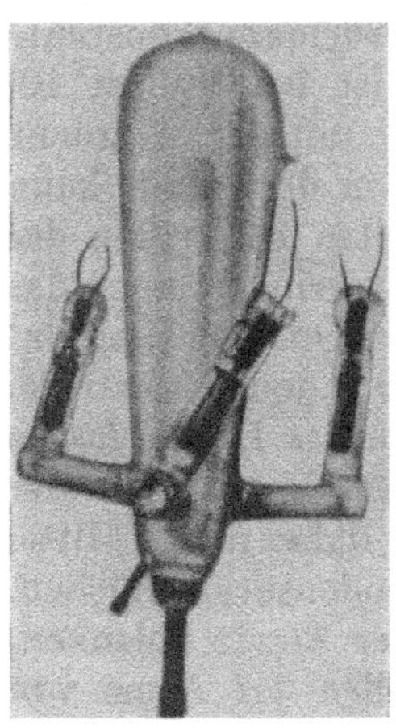

Abb. 156. Glasgleichrichterkolben mit Steuergittern um die Anoden (Thyratron).

Anodenstrom nicht ein, da die von der Kathode emittierten Elektronen vom Steuergitter zurückgestoßen werden und nicht zur Anode gelangen können. Führt die Anode bereits Strom, so ist es nicht möglich, mittels des Steuergitters die Vorgänge irgendwie zu beeinflussen, weil etwaige negative Ladungen des Gitters durch Anlagerung positiver Ionen neutralisiert werden. Legt man an die Steuergitter Wechselspannungen und verändert deren Phasenverschiebung gegen die Anodenspannungen, so kann man das Einsetzen der Anodenströme mehr oder weniger verzögern oder auch ganz verhindern. Die Erfinder haben das »Thyratron« auch dazu verwendet, um Gleichstrom in Wechselstrom umzuwandeln; dieser Apparat ergibt zusammen mit einem normalen Gleichrichter einen »Gleichstromtransformator«. Diesbezüglich sei auf die angeführten Veröffentlichungen verwiesen.

A. Gaudenzi[1]) ist es durch eine besondere Anordnung gelungen, zwischen einer festen Metallanode (Wolfram) und einer Quecksilberkathode bei einem Abstand von weniger als einem Millimeter einen Lichtbogen aufrechtzuerhalten, der eine ausgesprochene Ventilwirkung besitzt und dessen Gesamtspannungsabfall etwa 9 V beträgt. Bei der Inbetriebsetzung taucht die Wolframanode in das Quecksilber. Es wird ein starker Wechselstrom hindurchgeschickt, der die Wolframanode auf Rotglut erhitzt. Das Quecksilber in der Umgebung der Anode verdampft, es tritt ein Lichtbogen auf, dessen Ventilwirkung bis etwa 100 V Gleichspannung aufrechterhalten werden kann. Bei einem Gleichrichter nach diesem Prinzip ist der gesamte Lichtbogenabfall auf den Kathodenfall reduziert.

E. Kobel[2]) berichtet über »Versuche mit hohen Wechselspannungen an einer beweglichen Quecksilbersonde im Quecksilberlichtbogen«. Der Versuchsapparat bestand aus einem horizontalen Rohr aus Quarzglas, das sich in einem ölgefüllten Behälter befand. Zwischen den Elektroden an den Enden des evakuierten Rohres wurde ein Gleichstromlichtbogen aufrecht erhalten und an die Quecksilbersonde in der Mitte des Rohres Wechselspannungen angelegt. Bei einer Quecksilbertempera-

[1]) Der Spannungsabfall an der Kathode eines Quecksilberlichtbogens. BBC-Mitteilungen, Baden 1929, Heft 11, S. 303.
[2]) BBC-Mitteilungen, Baden 1930, H. 2, S. 84.

tur von 65⁰ war die Ventilwirkung bei 14 kV noch aufrecht. Bei einer Quecksilbertemperatur von 80° C, entsprechend einem Sattdampfdruck von 0,092 mm Quecksilbersäule versagte die Ventilwirkung regelmäßig bei 12 kV, 4,1 A. Diese Versuche lassen den bedeutenden Einfluß des Quecksilberdampfdruckes auf das Zustandekommen der Rückzündung erkennen.

In den BBC-Mitteilungen, Baden 1930, Heft 1, S. 52, wird über Untersuchungen betreffend die Gasabgabe und Gasaufnahme der Gefäßwände von Quecksilberdampf-Gleichrichtern berichtet. Es wurden die beim Entgasen abgegebenen Gasmengen gemessen und chemisch analysiert. Eisen gibt bedeutend mehr Gase ab als Glas, und zwar hauptsächlich Wasserdampf, ferner Kohlenoxyd und Kohlendioxyd. Außerdem erstreckt sich die Gasabgabe bei Eisen auf eine viel längere Zeit als bei Glas. Überdrehte Eisenoberflächen geben die Gase in kleineren Mengen und rascher ab als unbearbeitete oder mit dem Sandstrahlgebläse behandelte. Beim Entgasen löst jede Temperatursteigerung einen neuen Gasschwall aus; daher soll wie bekannt bei möglichst hoher Temperatur entgast werden.

W. Krug[1]) hat den Zündvorgang beim jedesmaligen Einsetzen des Stromes an einer Anode mit dem Kathodenstrahl-Oszillographen untersucht. Die Versuchsanordnung war derart, daß eine Anode eines normalen Einphasen-Gleichrichterkolbens für 10 A mit einem konstanten Gleichstrom belastet wurde, während zwischen der Quecksilberkathode und der anderen Anode Stoßspannungen angelegt wurden, die durch Entladung eines Kondensators von 1μF über eine Funkenstrecke und einen Widerstand erzeugt wurden. Es zeigte sich, daß der Zündvorgang eine Aufbauzeit von 10^{-2} bis 3×10^{-7} s benötigt und davon abhängt, ob die andere mit Gleichstrom belastete Anode eben eingeschaltet wurde, wobei sich an der untersuchten Anode ausgeprägte Zündspannungsspitzen ergeben, oder schon längere Zeit brennt, wobei nach 10 min, also nach Eintritt stationärer Verhältnisse, die Zündspannungsspitze fast völlig verschwindet, ein Beweis dafür, daß bei entsprechender Temperatur auch der stromlose Arm mit ionisiertem Quecksilberdampf erfüllt ist. Der Anodenstrom setzt beim Zündvorgang mit einem bestimmten Anfangswert ein und strebt exponentiell dem Werte des Belastungsstromes zu. Die Spannung an der Gasstrecke steigt rasch bis zu einem bestimmten Maximum an und fällt dann exponentiell auf den Wert des Spannungsabfalles im Lichtbogen (etwa 15 bis 20 V) ab. Nach Krug ist der Strom während des Spannungsanstieges ein reiner Elektronenstrom; im Spannungsmaximum setzt lawinenartig die Ionisation ein und die gebildeten Ionen kompensieren die Elektronen-Raumladung, wodurch die vor-

---

[1]) W. Krug, Über die Zündgeschwindigkeit bei Quecksilberdampf-Gleichrichtern. E. u. M. 1930, H. 23, S. 567.

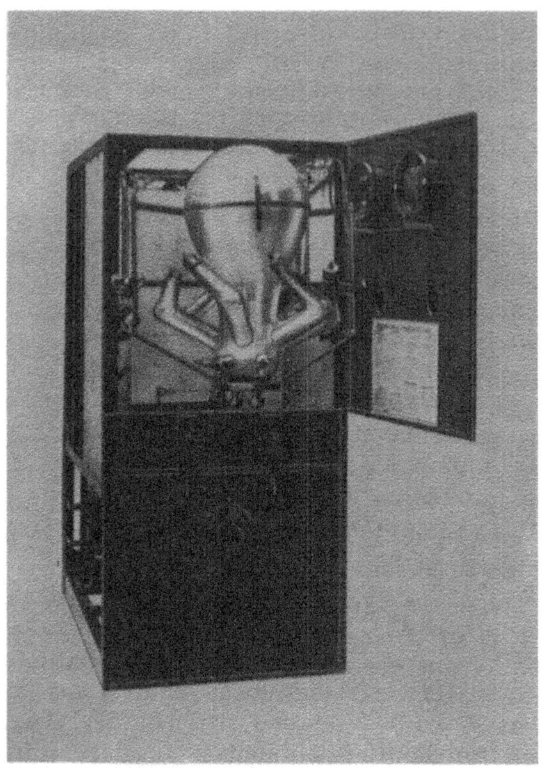

Abb. 157. Glasgleichrichter mit herausgefahrenem Glaskolben (AEG).

Abb. 158. Glasgleichrichterkolben im Einbau-
gestell (SSW).

erwähnte Verringerung der Spannung an der Gasstrecke zustandekommt. Krug verweist auf die Ähnlichkeit des Zündvorganges beim jedesmaligen Einsetzen des Lichtbogens an einer Anode eines Quecksilberdampf-Gleichrichters mit den Vorgängen beim Durchschlag einer isolierenden Gasstrecke.

Konstruktion der Glasgleichrichter. Die Steigerung der je Kolben abgegebenen Gleichstromstärke ist zunächst bei etwa 400 A zum Stillstand gekommen. Zwar hat die Gleichrichtergesellschaft Berlin auf der Leipziger Frühjahrsmesse 1928 einen ventilatorgekühlten Kolben für 600 V, 500 A Gleichstromabgabe ausgestellt[1]), jedoch die Fabrikation dieser Type nicht aufgenommen. Die Schwierigkeiten bei der Herstellung so großer Gaskolben sind derartige, daß sie durch die erzielte Leistungssteigerung der Kolben nicht wettgemacht werden. Nur durch wirksamere Kühlung könnte die Kolbenleistung ohne wesentlich vergrößerte Kolbenabmessungen gesteigert werden.

Eine Reihe von Konstruktionen bezweckt, das Einhängen großer Glasgleichrichterkolben in die Apparatur zu erleichtern. Bei der Bauart der AEG ist der Kolbenträger auf seitlich angebrachten Schienen gelagert und ausfahrbar (Abb. 157). Die Siemens-Schuckertwerke versenden ihre größeren Glasgleichrichterkolben in ein prismatisches Gestell eingebaut; die Anschlüsse sind zu Klemmen an diesem Gestell geführt. An Ort und Stelle wird das Gestell in den Kolbenschrank hineingeschoben und angeschlossen, wobei es nicht notwendig ist, den Kolben zu berühren (Abb. 158). Die Gleichrichter-Ges. m. b. H. führt bei ihren größeren Glasgleichrichteranlagen die Vorderwand der Kolbenzelle als bis zum Fußboden reichende Doppeltür aus, so daß man die Kolbenzelle zum Einhängen des Kolbens betreten kann (Abb. 159).

Abb. 159. Kolbenzelle mit bis zum Boden reichender Doppeltür (Gleichrichter-Gesellschaft Berlin).

Die selbsttätigen Zündvorrichtungen der Glasgleichrichter sind vereinfacht worden. Zunächst wurden selbsttätige Kippvorrichtungen entwickelt, die bloß aus einem einzigen Magneten bestehen, der gleichzeitig als Induktivität im Erregerstromkreis die Erregerlichtbögen aufrecht erhält. Abb. 160 zeigt die Rückansicht eines Gleichrichters der Elin A.-G. mit vereinfachter selbsttätiger Kippzündung. Abb. 161 ist

---

[1] E. Orlich, Die Frühjahrsausstellung im Hause der Elektrotechnik. ETZ 1928, Heft 17, S. 637.

das zugehörige Schaltbild. Ist der Gleichrichter außer Betrieb, so hängt der Gleichrichterkolben GK schief und der Zündstift taucht in das Kathodenquecksilber ein. Sobald der Schalter S auf der Wechselstromseite geschlossen wird, fließt der Zündstrom auf folgendem Stromweg: Vom Mittelpunkt 1 der Erregerwicklung nach a, über den Erregerwiderstand EW_1, den Punkt 2, durch den Kontakt K des vom Anker des Kippmagneten KM betätigten Hilfsschalters, der bei abgefallenem Anker geschlossen ist, dann über den Zündwiderstand ZW, die Zünd-

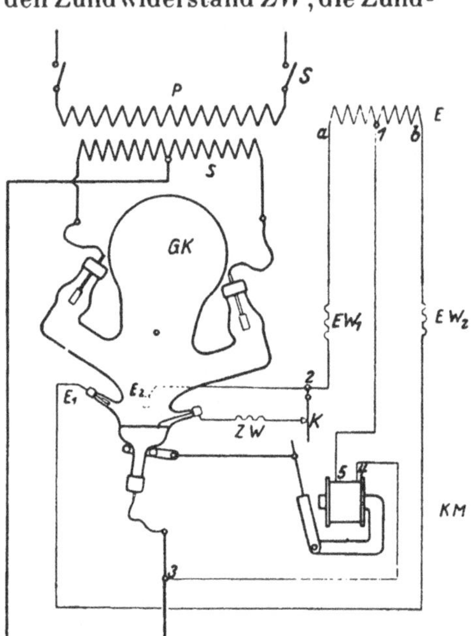

Abb. 160. Rückansicht eines Einphasengleichrichters für 20 A mit vereinfachter selbsttätiger Kippzündung (Elin).

GK = Gleichrichterkolben, T = Transformator, KM = Kippmagnet, Sch_a, Sch_e, Sch_k = Anschlußschellen, EW = ErregerWiderstände, N_w, N_G = Netzanschlüsse.

Abb. 161. Schaltbild der vereinfachten selbsttätigen Kippzündung.

anode zur Quecksilberkathode, Punkt 3, durch die Wicklung 4—5 des Kippmagneten M und zurück zum Mittelpunkt 1 der Erregerwicklung. Unter der Wirkung dieses Wechselstromes zieht der Kippmagnet seinen Anker an und kippt dabei den Kolben in die aufrechte Betriebsstellung. Durch Entfernung des Zündstiftes vom Kathodenquecksilber entsteht der Zündfunke. Erst später öffnet der Kontakt K am Magneten und schaltet die Zündanode ab. Wenn sich aus dem Zündfunken der Kathodenfleck gebildet hat, so fließt bereits der Erregergleichstrom, der den Anker des Kippmagneten in der angezogenen Stellung festhält. Mißglückt die Zündung, so fällt der Anker ab, der Kolben wird wieder schräg gestellt, der Kontakt K schließt sich und der Zündvorgang wird wiederholt. Diese vereinfachte selbsttätige Zündvorrichtung ist für kleine Glasgleichrichterkolben üblich. Doch beweisen Ausführungen der Elin A.-G., daß sie auch für große Glasgleichrichterkolben geeignet ist, wenn für eine entsprechende Aufhängung des Kolbens gesorgt wird.

Trotzdem die Kippzündung sich bewährt hat, macht sich in neuerer Zeit das Bestreben bemerkbar, die Zündung der Quecksilberdampf-Glasgleichrichter ohne Kippbewegung durchzuführen. Bei einer Art dieser Zündvorrichtungen ist die Zündanode beweglich. Hierher gehört die Zündvorrichtung der Hewittic Electric Company Lt. nach dem britischen Patent 277972; eine an einem Bimetallstreifen befestigte Zündanode wird bei Durchgang des Zündstromes durch die Krümmung des Bimetallstreifens aus dem Kathodenquecksilber entfernt, wobei der Zündfunke erzeugt wird. Eine ähnlich wirkende Zündvorrichtung hat die AEG entwickelt[1]).

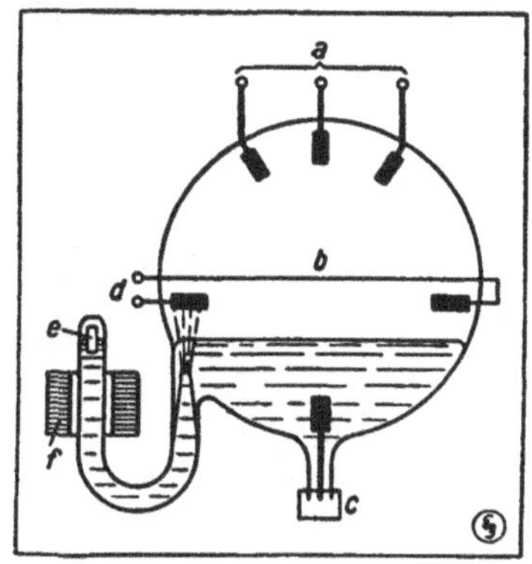

Abb. 162. Spritzzündung für Glasgleichrichter (SSW), *a* Hauptanoden, *b* Gleichrichterkolben, *c* Kathode, *d* Anschlüsse der Erregeranoden, *e* Eisenkern, *f* Spule.

Ferner ist hier die Spritzzündung der S. S. W. zu erwähnen, die in Abb. 162 schematisch dargestellt ist (D R P. 461320). Sobald der Gleichrichter eingeschaltet wird, erhält die Magnetspule *f* Strom und zieht den auf dem Quecksilber schwimmenden Eisenkern *e* an. Hierdurch wird Quecksilber verdrängt, welches durch eine Düse gegen die Erregeranode *d* gespritzt wird und den Zündfunken erzeugt. Sobald die Erregung einsetzt, wird die Magnetspule *f* durch ein (in der Zeichnung nicht dargestelltes) Unterbrecherrelais abgeschaltet. Die Schaltung ist derart, daß der Zündvorgang wiederholt wird, wenn das erste Anziehen des Kernes *e* nicht zur Zündung führt.

Ein weiteres Verfahren der Zündung ohne Kippbewegung ist in dem D R P. 316161 der Bergmann-El.-A.-G. beschrieben. Hierbei wird das Kathodenquecksilber von außen mittels eines Elektromagneten derart beeinflußt, daß es die feststehende Zündanode zeitweilig berührt. Der Vorteil dieses Verfahrens liegt darin, daß bewegliche Teile und besondere Kostruktionselemente im Inneren des Kolbens vermieden sind. Als eine Fortentwicklung dieses Gedankens kann die selbsttätige Zündvorrichtung der Etablissements Gaiffe-Gallot & Pilon S. A. Paris[2]) angesehen werden.

---

[1]) Neue Zündeinrichtungen an Quecksilberdampf-Gleichrichtern. AEG-Mitteilungen 1928, Heft 3, S. 140.

[2]) D R P.-Anmeldungen E 35748 und E 36656. bekanntgemacht Februar 1930.

Die Wirkungsweise dieser Zündvorrichtung soll an Hand der Abb. 163 erläutert werden. An die Kathodenwanne des Kolbens ist seitlich ein waagrechtes Rohr von solchem Durchmesser und in solcher Höhe angesetzt, daß dieses Rohr, unbeschadet etwaiger Schwankungen des Quecksilberspiegels, stets teilweise mit Quecksilber gefüllt ist. Das Ende des Rohres ist nach abwärts gebogen und enthält die Einschmelzung Z für den Anschluß der Zündleitung. Über dem waagrechten Rohr ist ein Elektromagnet mit Wicklung S angebracht.

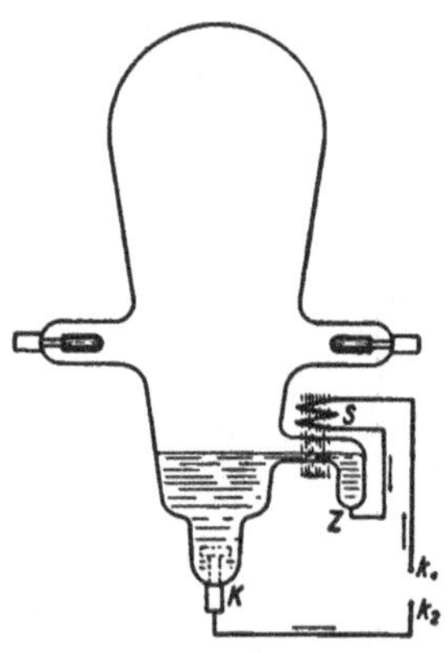

Abb. 163. Zündvorrichtung für Glasgleichrichter Gaiffe. Gallot & Pilou.

In Abb. 163 ist der Deutlichkeit halber nur der Zündstromkreis eingezeichnet. In einem bestimmten Augenblick fließt der Zündwechselstrom, wie in der Abbildung durch Pfeile angedeutet, von der Klemme k_1 der Zündstromquelle durch die Wicklung S des Elektromagneten zur Einschmelzung Z, durch den Quecksilberfaden im waagrechten Rohr zur Kathode K und zurück zur Klemme k_2 der Zündstromquelle. Das Feld des Elektromagneten übt auf den Quecksilberfaden im Rohr eine Kraft aus, die auch bei Umkehr der Stromrichtung ihre Richtung beibehält, da sich gleichzeitig mit dem Strom auch das Magnetfeld umkehrt. Der Quecksilberfaden wird an der Stelle, wo er der Einwirkung des Magnetfeldes ausgesetzt ist, zur Seite gedrängt und reißt ab, wobei der Zündfunke entsteht. Sofort nach der Unterbrechung des Zündstromes schließt sich der Quecksilberfaden von neuem und der beschriebene Vorgang wiederholt sich so lange, bis die Erregung einsetzt und das Unterbrecherrelais die Zündung abschaltet.

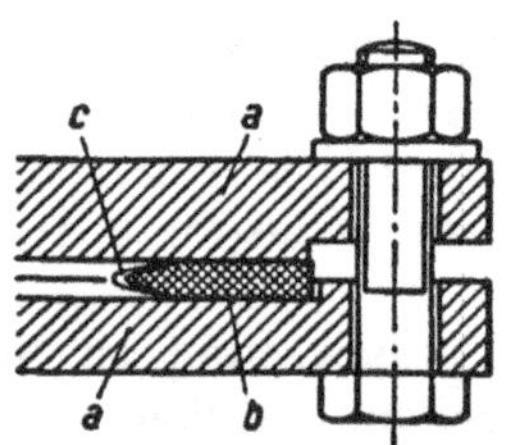

Abb. 164. Gummidichtung für Eisengleichrichter (SSW), a Preßflanschen, b Gummiring, c elastischer Eisenring).

Konstruktion der Eisengleichrichter. Außer der im 3. Kapitel beschriebenen Preßringdichtung wird im Großgleichrichterbau die Quecksilberdichtung und die Gummidichtung[1] vielfach angewendet. Bei der Quecksilberdichtung liegen zwischen den Preßflächen Asbestringe, die außen von Quecksilber überdeckt werden, das in ringförmige Rillen eingefüllt ist. Die eigentliche Dichtung bildet das Quecksilber. Der Asbestring soll verhindern, daß das Quecksilber in das Innere des Gleichrichters gesaugt wird. Bei der Gummidichtung der S. S. W. (Abb. 163) befindet sich zwischen den Preßflächen ein Gummiring aus einer besonders hergestellten, mit wenig Schwefel unter Beigabe von Vulkanisationsbeschleunigern hergestellten Gummisorte; die

[1] Dipl.-Ing. Alfred Siemens, Die Gummidichtung des Quecksilberdampf-Großgleichrichters. Siemens-Zeitschrift, 8. Jahrg. 1928, Heft 5.

Gummiringe werden vor Verwendung im Vakuum bei 70° C entgast. Der elastische Ring c von V-förmigem Querschnitt aus 0,2 mm starkem Eisenblech verhindert die Gasabgabe des Gummiringes gegen das Vakuumgefäß.

Die Société Alsacienne de Constructions Méchaniques[1]) verwendet bei den Elektrodeneinführungen ihrer Großgleichrichter konische glasierte Stahlscheiben, die im Ofen unter Druck zu einem einzigen Körper zusammengebacken werden, der gleichzeitig Isolator und Dichtungskörper ist.

Die Ausführung der Dichtungen hat bei der heutigen Leistungsfähigkeit der mehrstufigen Quecksilber-Dampfstrahlpumpen an Bedeutung verloren; diese fördern von einem Druck von $^1/_{100}$ mm Quecksilbersäule auf 20 bis 40 mm Quecksilbersäule; es ist daher eine rotierende Vorvakuumpumpe erforderlich, die auf Atmosphärendruck fördert. Es ist vorteilhaft, die Quecksilber-Dampfstrahlpumpe und die Vorvakuumpumpe an das Gleichrichtergefäß anzubauen, wie dies bei dem in Abb. 164 dargestellten Hochstromgleichrichter der S. S.W. der Fall ist, weil dann alle Vakuumleitungen in der Fabrik zusammengebaut werden können, was die Montage sehr erleichtert.

Die Messung des Vakuums mit dem Kompressions-Vakuummeter von Mac Leod ist keine direkte und erfordert zu ihrer Durchführung eine Reihe von Handgriffen. Um eine direkte Messung und Fernanzeige des Vakuums von Eisengleichrichtern zu ermöglichen, sind die Hitzdraht-Vakuummeter[2])[3])[4])[5])[6])[7]) entwickelt worden. Sie beruhen darauf, daß die Wärmeabgabe eines Hitzdrahtes sich um so mehr ver-

Abb. 165. Eisengleichrichter mit angebauten Vakuumpumpen (SSW).

---

[1]) **Amillac**, Bulletin de la Société Alsacienne de Constructions Méchaniques, 1928, Heft 21 und 22. Referat ETZ 1929, Heft 25, S. 901.

[2]) A. **Gaudenzi**, Direktzeigende Vakuum-Meßvorrichtung für Quecksilberdampf-Großgleichrichter. BBC-Mitteilungen, Baden 1926, Heft 6, S. 224.

[3]) Dr. H. **Jungmichl** und Dr. J. v. **Issendorff**, Elektrische Vakuummessereinrichtung für Großgleichrichter. Siemens-Zeitschrift 1927, Heft 12, S. 829.

[4]) Dipl.-Ing. W. **Menger**, Hochvakuum-Meßeinrichtung für Großgleichrichter. ETZ 1928, Heft 41, S. 1512.

[5]) E. **Kobel**, Direktzeigende Vakuum-Meßvorrichtung für Quecksilberdampf-Großgleichrichter. BBC-Mitteilungen, Baden 1929, Heft 10, S. 281.

[6]) N. **Kotschubey**, Wechselstrom-Galvanometer als Druckanzeige-Instrumente für Quecksilberdampf-Großgleichrichter. BBC-Mitteilungen, Baden 1929, Heft 12, S. 331.

[7]) W. **Bermbach**, Vakuummeter für Großgleichrichter. Helios Fachzeitschrift 1929, Heft 34, S. 322.

ringert, je höher das Vakuum ist. Der mit der Temperatur veränderliche Widerstand des Hitzdrahtes wird in einer Brückenschaltung gemessen.

Die normalen Nennstromstärken von Eisengleichrichtern sind derzeit 640, 1000, 1600, 2500, 4000, 6400, 10000 und 16000 A. Ein Großgleichrichter für 20000 A füllt bereits das Eisenbahnprofil aus, so daß

Abb. 166. Hochstromgleichrichter für 10000 A (AEG).

hier mit Rücksicht auf den Transport eine Grenze liegt. Die Hochstromgleichrichter[1]) über 2000 A wurden erst in den letzten Jahren entwickelt. Abb. 166 stellt einen Hochstromgleichrichter der AEG für 10000 A mit 24 Anoden, Abb. 167 den Kathodenisolator dieses Gleichrichters dar.

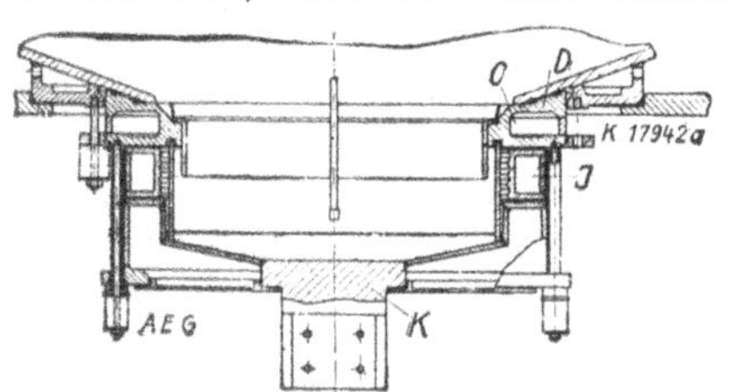

J = Isolierung
O = Oberteil der Kathode
K = Kathode
D = Dichtung

Abb. 167. Kathodenisolator des Hochstromgleichrichters Abb. 166.

Es ist dies ein emaillierter, im Innern durch Wasser gekühlter Isolierring, der mit Ausnahme der dem Lichtbogen zugewendeten Stellen mit aufvulkanisiertem Gummi überzogen ist. Abb. 168 zeigt einen Hochstromgleichrichter für 16000 A (BBC).

Die höchste Gleichspannung, für die bisher ein Eisengleichrichter gebaut wurde, nämlich 12000 V bei

---

[1]) Dr. A. Partzsch, Hochstrom-Gleichrichter. AEG-Mitteilungen 1930, Heft 3, S. 178.

einer Leistung von 400 kW, besitzt der 1926 von BBC für die Versuchsanlage Chelmsford der Marconi-Gesellschaft gelieferte Gleichrichter[1][2][3]).

Konstruktive Einzelheiten moderner Eisengleichrichter sind den nachstehend angeführten Veröffentlichungen zu entnehmen.

1. C. Brynhildsen, Eine neue Großgleichrichtertype. BBC-Mitteilungen, Baden 1926, S. 157.
2. O. Seitz, Vakuumpumpen für Quecksilberdampf-Großgleichrichter. BBC-Mitteilungen, Baden 1926, S. 175.
3. Dipl.-Ing. A. Partzsch, Neuerungen an Großgleichrichtern. ETZ 1926, S. 1056.
4. O. Seitz, Kühlung von Quecksilberdampf - Groß-

Abb. 168. Hochstromgleichrichter für 16 000 A auf dem Versuchsstand (BBC).

gleichrichtern. BBC-Mitteilungen, Baden 1926, S. 283.
5. A. Odermatt, Die letzten Verbesserungen in der Konstruktion von Großgleichrichtern. BBC-Mitteilungen, Baden 1928, Heft 3, S. 121.
6. Dr. W. Reichel, Gleichstromversorgung der Deutschen Reichsbahn, insbesondere durch Gleichrichteranlagen. ETZ 1928, S. 903.
7. Prof. Dr. E. Orlich, Gleichrichtung großer Wechselstromleistungen. ETZ 1930, S. 122.

Schaltungen für Sechs- und Zwölfphasengleichrichter. Die im 7., 10., 12. und 13. Kapitel behandelte Doppel-Dreiphasenschaltung mit Saugdrosselspule nach Kübler[4]) bewirkt bekanntlich eine Verlängerung der Brennzeit der einzelnen Anoden eines Sechsphasengleichrichters von $1/_3$ Periode auf $1/_6$ Periode, wodurch der Effektivwert des Anodenstromes herabgesetzt und die Ausnützung des Transformators gesteigert

---

[1]) Dr. Meyer-Delius, 18 Jahre Großgleichrichterbau. Elektrizitätswirtschaft 1928, S. 309.

[2]) H. C. Beck, Quecksilberdampf-Großgleichrichter in Sendestationen für Rundfunk. BBC-Mitteilungen, Baden 1930, Heft 7, S. 233.

[3]) Dipl.-Ing. Fr. Mertens, Hochspannungs-Quecksilberdampf-Gleichrichter zur Speisung von Röhrensendern. ETZ 1930, Heft 9, S. 305.

[4]) BBC-Mitteilungen. Baden 1919, Heft 8, S. 194.

Gramisch, Gleichrichter.

wird. Bei dieser Schaltung tritt zwar zwischen dem Leerlauf und dem sogenannten »kritischen Strom«, das ist dem Mindeststrom, bei welchem die Saugdrossel voll zur Wirkung kommt, ein beträchtlicher Spannungsabfall auf (etwa 13,4%), jedoch ist der Spannungsabfall im praktischen Arbeitsbereich des Gleichrichters zwischen dem kritischen Strom und dem Vollaststrom gering. In neuerer Zeit hat Jungmichl[1]) eine eingehende Untersuchung über die Wirkungsweise der Saugdrossel veröffentlicht, aus der die folgende Zusammenstellung der charakteristischen Größen entnommen ist.

Spannung an der Saugdrossel:

$$e_s = -\frac{1}{2} E\sqrt{2} \sin (3\,\omega\,t)$$

$E\sqrt{2}$ Scheitelwert der sekundären Phasenspannung.
ω Kreisfrequenz des speisenden Drehstromnetzes.

Erregerstrom der Saugdrossel (Effektivwert):

$$J_w = 0{,}067 \frac{E}{\omega L}$$

L Induktivität der Saugdrossel.

Kritischer Strom:

$$J_s = 0{,}095 \frac{E}{\omega L}$$

Wie aus Tafel V hervorgeht, ergibt sich bei der Stern-Doppelsternschaltung ebenfalls eine Verlängerung der Brennzeit der einzelnen Anoden auf ⅓ Periode. Um bei dieser Schaltung den kritischen Belastungsstrom herabzusetzen, muß den Feldern dreifacher Frequenz ein Eisenweg geboten werden. Dies kann durch Verwendung eines dreiphasigen Kerntransformators mit viertem Schenkel[2]) oder eines dreiphasigen Manteltransformators[3]) oder von drei getrennten Einphasentransformatoren geschehen. Abb. 169 ist das Schaltbild und Abb. 170 die Belastungskennlinie der Sechsphasenschaltung mit drei Einphasen-

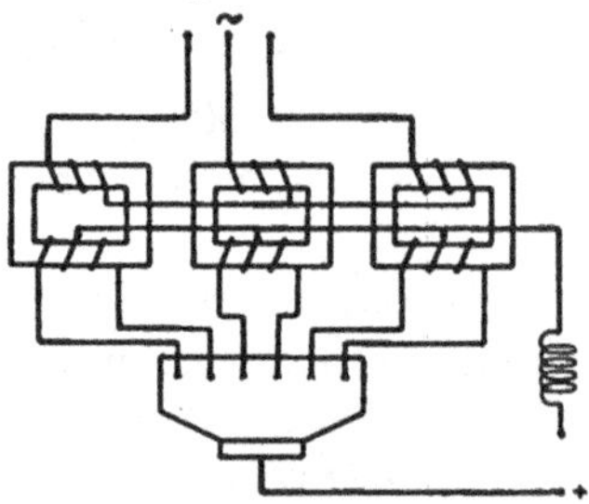

Abb. 169. Schaltbild der Sechsphasenschaltung mit 3 Einphasentransformatoren.

[1]) Dr. H. Jungmichl, Die Saugdrosselspule in Großgleichrichteranlagen. Wissenschaftliche Veröffentlichungen aus dem Siemenskonzern, VI. Band, 2. Heft, S. 34, 1928.
[2]) DRP. 360 645.
[3]) H. Jungmichl und R. Eichhacker, Mehrphasiger Manteltransformator in Gleichrichteranlagen. Siemens-Zeitschrift, Band 8, 1928, Heft 7, S. 381.

transformatoren. Die Gleichspannung fällt vom Leerlauf bis zum kritischen Strom, der unter 1 % des Vollaststromes liegt, um etwa 13%; vom kritischen Strom bis zur Nennleistung nur um etwa 4 bis 6%. Gerecke[1]) hat für diese Schaltung folgende Ausnützungsfaktoren gefunden:

Primärleistung (aller drei Transformatoren zusammen) = 1,12 × Gleichstromleistung.

Sekundärleistung (aller drei Transformatoren zusammen) = 1,58 × Gleichstromleistung.

Typenleistung (aller drei Transformatoren zusammen) = 1,35 × Gleichstromleistung.

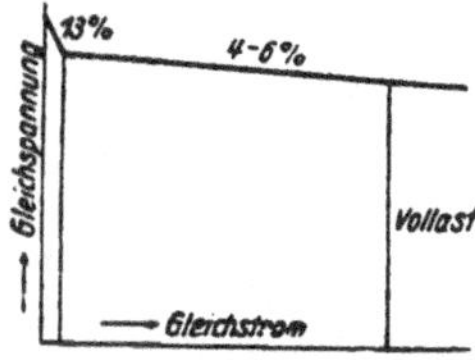

Abb. 170. Belastungskennlinie der Sechsphasenschaltung mit 3 Einphasentransformatoren.

Bei der Doppel-Dreiphasenschaltung mit Saugdrossel ist die Typenleistung des Transformators das 1,26fache der Gleichstromleistung. Es ist also beim Doppel-Dreiphasen-Gleichrichter die Transformatorleistung kleiner, dafür ist aber die Saugdrossel erforderlich.

Nach einer Erfindung v. Kleists erzielen die Siemens-Schuckert-Werke die Verlängerung der Brennzeit der Anoden bei Sechsphasen-Gleichrichtern auf eine Drittelperiode unabhängig von der Schaltung des

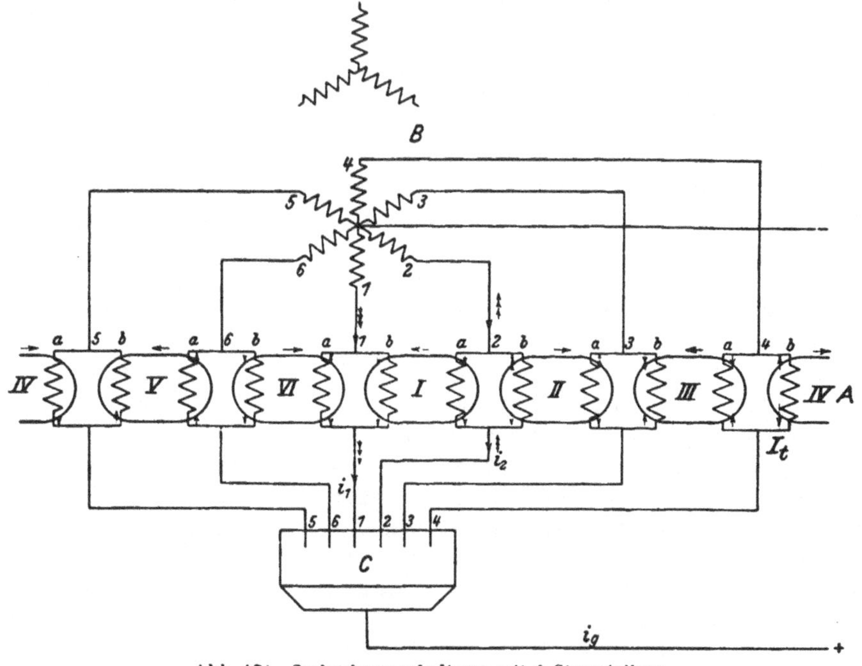

Abb. 171. Sechsphasenschaltung mit 6 Stromteilern.

---

[1]) E. Gerecke, Sechsphasen-Gleichrichteranlage mit Einphasen-Transformatoren. Archiv für Elektrotechnik, Band 19, 1928, Heft 4, S. 449. Referat ETZ 1928, Heft 30, S. 1122.

Transformators durch die sogenannten Stromteiler[1][2]). Abb. 171 zeigt die Schaltung eines Sechsphasen-Gleichrichters mit sechs Stromteilern. Man erkennt als das Wesentliche dieser Schaltung, daß jede Anodenzuleitung in zwei parallele Stromwege verzweigt ist, welche Wicklungen auf verschiedenen Stromteilern enthalten; diese parallelen Stromwege vereinigen sich vor der Anode wieder zu einer Leitung. Es sei der Augenblick betrachtet, in welchem die Anoden *1* und *2* gleichzeitig brennen. Die Teilwicklungen *1b* und *2a* des Stromteilers *I* führen dann, wie die Rechnungen Jungmichls ergeben, $5/6$ der Anodenströme der Anöden *1* und *2*; ihre Gleichstrom-Amperewindungen heben sich auf, so daß der Eisenkern des Stromteilers *I* keine Gleichstrommagnetisierung erfährt. Durch die Wicklungen *1a* und *2b* fließt je $1/6$ des Anodenstromes der Anoden *1* und *2*, wodurch zunächst die Stromteiler *VI* und *II* und in weiterer Folge sämtliche Stromteiler magnetisiert werden. In den Stromteilern treten Wechselfelder der dreifachen Netzfrequenz auf. Die Spannung an den Stromteilerwicklungen ist ungefähr ein Viertel der Sekundärspannung des Transformators.

Man kann bei einem Sechsphasen-Gleichrichter auch mit drei Stromteilern die Verdopplung der Brennzeit der Anoden erzielen, wobei jeder Stromteiler vier Wicklungen erhält, von denen zwei gleichzeitig Strom führen. Hier werden beide Halbwellen des Hilfsflusses dreifacher Frequenz im Stromteilerkern ausgenützt. Hierbei ergibt sich ein niedrigerer kritischer Belastungsstrom (1,5facher Scheitelwert des Magnetisierungsstromes eines Stromteilerkernes, statt dem dreifachen Scheitelwert bei Verwendung von sechs Stromteilern), so daß dieser Schaltung der Vorzug zu geben ist. Die Stromteiler können in den Anodenleitungen oder im Sternpunkt angeordnet werden. Man kann sie zur Erzielung einer einfachen äußeren Leitungsführung im Ölkessel des Gleichrichtertransformators unterbringen. Einen kritischen Vergleich der üblichen Sechsphasen-Gleichrichterschaltungen lieferte Meyer-Delius[3]). Er ging hierbei von der Erwägung aus, daß die Abweichung der Ströme in den Transformatorwicklungen von der reinen Sinusform möglichst gering sein soll, da bei sinusförmiger Spannung nur reine Sinusströme Arbeitsleistungen übertragen, nicht aber die Oberwellenströme. Diese verursachen jedoch zusätzliche Verluste, ferner zusätzliche Streufelder in den Transformatoren und damit erhöhte Spannungsabfälle auf der Gleichstromseite. Unter Vernachlässigung der Wirk- und Blindwiderstände der Transformatorwicklungen und unter Annahme einer unend-

---

[1]) Dr. H. Jungmichl, Stromteiler in Sechsphasen-Gleichrichteranlagen. ETZ 1929, Heft 35, S. 1257.

[2]) Dipl.-Ing. F. v. Kleist, Stromteiler bei Gleichrichtern. ETZ 1929, Heft 52, S. 1879.

[3]) Dr.-Ing. Meyer-Delius, Die günstigste Ausnutzung von Gleichrichtern und ihren Transformatoren. Elektrizitätswirtschaft 1930, Heft 2, S. 77.

lich großen Gleichstromdrosselspule bestimmte Meyer-Delius die Typenleistung des Gleichrichtertransformators und den gleichstromseitigen
Spannungsabfall für verschiedene Schaltungen. Die Typenleistung ist bei
der Dreieck-Doppelsternschaltung (gewöhnliche Sechsphasenschaltung)
das 1,55 fache, bei der Stern-Doppelzickzackschaltung das 1,42 fache und
bei der Doppel-Dreiphasenschaltung das 1,26 fache der Gleichstromleistung. Der gleichstromseitige Spannungsabfall bei Vollast beträgt
bei der gewöhnlichen Sechsphasenschaltung mehr als 10%, bei der
Stern-Doppelzickzackschaltung 6% und bei der Doppel-Dreiphasenschaltung 4%.

Meyer-Delius gibt die Leistung der Nullpunktssaugdrossel bei der
Doppel-Dreiphasenschaltung mit 4% und bei der dreifachen Zweiphasen-
schaltung mit 12,5% der Gleichstromleistung an. Bei Verwendung von
sechs Stromteilern ist deren Gesamtleistung das 2,2 fache der Leistung der
Nullpunktssaugdrossel bei der Doppel-Dreiphasenschaltung. Auch der
notwendige Magnetisierungsstrom für die sechs Kerne ist wesentlich
höher; bei Verwendung von drei Stromteilern ist deren Gesamtleistung
das 1,87 fache der Saugdrosselleistung. Meyer-Delius schlägt noch eine
weitere Stromteilerschaltung mit zwei Stromteilern vor, deren Gesamtleistung das 1,74 fache der Nullpunktssaugdrossel ist. Es ist daher die
Doppel-Dreiphasenschaltung mit Nullpunktssaugdrossel die einfachste
und vorteilhafteste Sechsphasenschaltung.

Bei einer neuen, von Krämer angegebenen Zwölfphasenschaltung[1])
werden zwei getrennte, sekundär in Doppelstern geschaltete Transformatoren verwendet. Die Primärwicklung des einen Transformators liegt
in offenem Stern vor der in Dreieck geschalteten Primärwicklung des
anderen Transformators. Es brennen mindestens drei Anoden gleichzeitig. Man erzielt also infolge der langen Brennzeit der Anoden den
Vorteil der Zwölfphasenschaltung, das ist eine merkliche Verringerung
der Welligkeit $\left(\dfrac{G}{E\sqrt{2}} = 0{,}99 \text{ statt } 0{,}955 \text{ bei Sechsphasen-Gleichrichtern} \right)$
ohne den Nachteil der normalen Zwölfphasenschaltung, daß der Trans-
formator sehr schlecht ausgenützt wird, in Kauf nehmen zu müssen.

**Durch Gleichrichter hervorgerufene Störungen in Schwachstrom-
anlagen.** Elektrische Bahnen mit Gleichrichterspeisung verursachen
unter besonderen Umständen ebenso wie durch rotierende Maschinen
gespeiste Gleichstrombahnen und Wechselstrombahnen Störungen in
benachbarten Schwachstromanlagen. Diese Störungen und ihre Beseitigung durch Maßnahmen auf der Schwachstromseite oder durch
Glättungseinrichtungen in der Gleichrichteranlage waren Gegenstand
zahlreicher Untersuchungen. Die neueren Arbeiten auf diesem Gebiete

---

[1]) Ob.-Ing. Chr. Krämer, Eine neue Zwölfphasenschaltung von Transformatoren für Großgleichrichter. ETZ 1929, Heft 9, S. 303.

sind in dem Literaturverzeichnis am Ende dieses Abschnittes zusammengefaßt.

Die Störungen machen sich hauptsächlich bei Fernsprechanlagen bemerkbar und werden durch die Welligkeit des Stromes in der Starkstromleitung verursacht. Die Übertragung auf die Fernsprechanlage erfolgt meist auf rein induktivem Wege, doch kommt auch eine galvanische Übertragung, d. h. ein direktes Eindringen von Störströmen aus der Starkstromanlage in die Fernsprechanlage vor, wenn die letztere die Erde als Stromweg benutzt, wie dies bei vielen Nebenstellenschaltungen der Fall ist.

Die induktive Störungsübertragung wird meist durch eine Unsymmetrie der Hin- und Rückleitung des Telephonstromkreises gegenüber der störenden Starkstromleitung oder eine Ungleichheit der Scheinwiderstände der beiden Telephonleitungen gegen Erde (Erdunsymmetrie) ermöglicht. Aber selbst wenn die Leitungen vollkommen symmetrisch sind, wie bei Fernmeldekabeln, können unsymmetrische Apparateschaltungen im Fernsprechamt oder in den Teilnehmerstellen eine induktive Störungsübertragung ermöglichen. Die Unsymmetrie von Freileitungen wird durch Kreuzen der Leitungen in möglichst kurzen Abständen beseitigt.

Der Strom eines Sechsphasen-Gleichrichters, der an ein Drehstromnetz mit 50 Hertz angeschlossen ist, weist Oberwellen der Frequenzen 300, 600, 900 und 1200 Hertz auf. Der Störwert der von den Oberwellen verschiedenen Frequenzen in der Fernsprechanlage induzierten Geräuschspannungen ist verschieden, da das menschliche Ohr ein Maximum der Empfindlichkeit bei etwa 800 Hertz besitzt. Die Geräuschspannung, bezogen auf 800 Hertz, kann mittels des Geräuschspannungsmessers von Siemens & Halske[1]) direkt gemessen werden. Die Messung erfolgt durch Vergleich des in der Fernsprechanlage auftretenden Störgeräusches mit einem durch einen Röhrensummer erzeugten Normalton von 800 Hertz, der so eingeregelt wird, daß er die gleiche Lautstärkeempfindung erzeugt, wie das Störgeräusch. Die Geräuschspannung darf 5 mV, bezogen auf 800 Hertz, nicht übersteigen, wenn eine befriedigende Fernsprechverständigung möglich sein soll.

Die Leerlaufspannung eines Dreiphasen-Gleichrichters weist Oberwellen der Frequenzen 150, 300, 450, 600, 750, 900 und 1200 Hertz auf, die zusammen eine Störspannung von 2,4% der Gleichspannung ergeben. Die Spannungsoberwellen eines Sechsphasen-Gleichrichters im Leerlauf haben, wie erwähnt, die Frequenzen 300, 600, 900 und 1200 Hertz; die Störspannung ist 1,75%. Beim Zwölfphasen-Gleichrichter mit den Oberwellenfrequenzen 600 und 1200 beträgt die Störspannung im Leerlauf 0,85%.

---

[1]) K. Küpfmüller, Vergleichende Geräuschmessung. Wissenschaftliche Veröffentlichungen aus dem Siemenskonzern, 3. Band, Heft 2, 1924.

Bei Vollast bestehen die Spannungskurven der Gleichrichter nicht mehr aus aneinandergereihten Scheiteln von Sinuswellen, für die vorstehende Ziffern berechnet wurden. Während des Umschaltvorganges ändert sich die Spannung nur wenig, um nach Erlöschen einer Anode auf den Wert der induzierten Spannung der anderen Anode zu springen. Durch diese Erscheinung wächst die Störspannung eines Sechsphasen-Gleichrichters bei Vollast auf 2,75 bis 3% der Gleichspannung (gegenüber 1,75 % im Leerlauf). Auch für die anderen Gleichrichterschaltungen wächst die Störspannung bei Vollbelastung in ähnlichem Verhältnis.

Die von einer Gleichrichterbahnanlage hervorgerufenen Telephonstörungen können auf der Schwachstromseite oder auf der Starkstromseite bekämpft werden. Die Bekämpfung der Störungen auf der Schwachstromseite erfolgt durch Maßnahmen, welche die Symmetrie der Fernsprechleitungen und der Apparateschaltungen vervollkommnen. Die Bekämpfung auf der Starkstromseite erfolgt durch möglichst weitgehende Unterdrückung der Oberwellen des von der Gleichrichteranlage gelieferten Stromes bzw. durch Unterdrückung der Oberwellen in der Gleichspannung. Die gebräuchlichste Schaltung derartiger Oberwellen-Glättungseinrichtungen zeigt Abb. 172. In eine der vom Gleichrichter abgehenden Gleichstromleitungen wird eine sogenannte Begrenzungsdrosselspule L_0 von 2 bis 3 mH eingebaut. Hinter dieser Drosselspule werden Spannungsresonanzkreise angeschlossen, die aus Kondensatoren und Drosseln ohne Eisenkern in Reihenschaltung bestehen. Für jede auszusiebende Oberwelle wird ein Resonanzkreis vorgesehen, wobei die Induktivität und

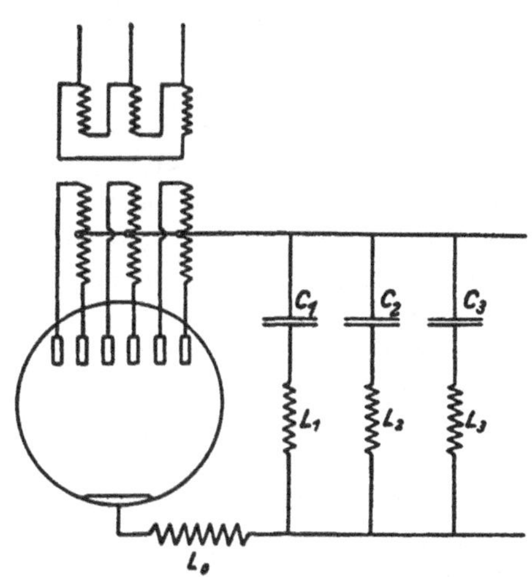

Abb. 172. Prinzipschaltbild eines Sechsphasengleichrichters mit Oberwellenglättung durch Resonanzkreise.

Kapazität in diesem Kreis der Resonanzbedingung $\omega L = \dfrac{1}{\omega C}$ genügt.

Hier ist $\omega = 2 \pi f$, wenn f die Frequenz der auszusiebenden Oberwelle ist. Der Resonanzgleichung für jeden einzelnen Kreis genügen unendlich viele Wertepaare von L und C. Es soll jedoch keine Resonanzdrosselspule eine höhere Induktivität besitzen, als das 2- bis 3fache der Induktivität der Begrenzungsdrosselspule in der Gleichstromleitung. Bei wesentlich höheren Induktivitäten der Resonanzdrosselspulen ist die Abstimmung zu scharf, so daß kleine Frequenzschwankungen im speisenden Drehstromnetz (etwa in der Größenordnung von $\pm 1\%$) schon eine merkliche Verschlechterung der Wirksamkeit des Wellenglätters verursachen. Durch die Resonanzkreise wird die im Gleichstromnetz wirksame Oberwellenspannung im Verhältnis des Verlustwiderstandes des Resonanzkreises, der mit etwa 0,2 Ohm angenommen werden kann, zum wirksamen Blindwiderstand ωL_0 der Begrenzungsdrossel herabgesetzt. An Stelle der Resonanzkreise kann eine etwa im Gleichrichterwerk vorhandene Pufferbatterie oder ein im gleichen Werk parallel arbeitender Motorgenerator entsprechender Leistung treten. Die Batterie oder der Generator stellt einen Kurzschluß für die höheren Harmonischen dar und bewirkt daher, daß der größte Teil der Oberwellenspannungen sich an der Begrenzungsdrosselspule auswirkt und nicht in das Netz gelangt. Arbeitet aber ein Gleichrichterwerk mit einer entfernt liegenden Zentrale mit rotierenden Maschinen parallel, so fließt ein starker Oberwellenstrom über die Fahrleitung. Ähnlich liegen die Verhältnisse, wenn von zwei parallel auf das gleiche Bahnnetz arbeitenden Gleichrichterwerken das eine mit Resonanzkreisen für Oberwellenglättung ausgerüstet ist, das andere aber nicht. Dann schickt die Station ohne Glättungseinrichtung einen kräftigen Oberwellenstrom in die Resonanzkreise der anderen Station. Ferner kann der Parallelbetrieb von Gleichrichterwerken dann zur Ausbildung von starken Oberwellenströmen führen, wenn die Schaltung der Gleichrichtertransformatoren verschieden ist, so daß die Oberwellenspannungen der einzelnen Gleichrichterwerke gegeneinander Phasenverschiebungen aufweisen. In allen diesen Fällen hilft die Einteilung des Bahnnetzes in Sektionen, deren jede von einem Werk gespeist wird.

1. A. Zastrow und E. R. Benda, Einwirkung von Gleichrichteranlagen auf Fernsprechleitungen. ETZ. 1925, S. 1478.
2. Dr. M. Schenkel, Störungen des Fernsprechbetriebes durch Gleichrichter und ihre Beseitigung. Elektrische Bahnen 1926, Heft 7, S. 217.
3. Dr. H. Klewe, Bestimmung der in Fernsprechleitungen durch Starkstromanlagen hervorgerufenen Störungen. Elektrische Nachrichtentechnik, Band 3, 1926, Heft 6, S. 220.
4. W. Geyger, Messung der Wechselstromkomponente von Gleichrichterströmen nach der Kompensationsmethode. Archiv für Elektrotechnik, 18. Band 1927, S. 641.
5. W. Wechmann, Die Beeinflussung des Fernmeldebetriebes durch elektrische Bahnen. Rom-Verlag, Charlottenburg 1927.
6. Dr. H. Klewe, Bedeutung der Gleichrichter für die Deutsche Reichsbahn (Störungen in Fernsprech- und Anschlußleitungen, Maßnahmen zur Behebung der Störungen). Elektrische Bahnen, Ergänzungsheft Fernmeldebetrieb 1928, S. 22.
7. Dr.-Ing. L. Roehmann, Messung der Fernsprechstörungen von Gleichrichterbahnen. Elektrische Bahnen, Ergänzungsheft Fernmeldebetrieb 1928, S. 38.
8. Ing. E. Aubort, Bahnbetrieb mit Gleichrichtern und Vermeidung von Fernsprechstörungen. Elektrische Bahnen, Ergänzungsheft Fernmeldebetrieb 1928, S. 49.

9. Dipl.-Ing. H. Geise, Erfahrungen mit Resonanzkreisen zur Oberwellenbeseitigung in Gleichrichteranlagen. Fachberichte der 33. Jahresversammlung des VDE, 1928, S. 36.

10. Dr. H. Jungmichl und R. Eichacker, Glättung der Gleichspannung in Gleichrichteranlagen. Anwendung auf die Gleichrichtung von Einphasenwechselstrom $16^2/_3$ Hertz. Siemens-Zeitschrift 1929, Heft 1, S. 39.

11. H. Schiller, Über die induktive Beeinflussung von Schwachstromleitungen durch Starkstrom. Archiv für Elektrotechnik, Band 23, 1929, Heft 2, S. 217.

12. A. Zastrow, Über die Beeinflussung von Fernsprechanlagen durch Gleichrichteranlagen. Elektrizitätswirtschaft 1929, Heft 2, S. 35.

13. Ing. E. Aubort, Über die Beeinflussung von Fernsprechanlagen durch die Tonfrequenzen der Starkstromanlagen. Elektrizitätswirtschaft 1929, Heft 2, S. 39.

14. Dipl.-Ing. H. Geise und Dipl.-Ing. W. Plathner, Schutz von Schwachstromanlagen gegen Starkstrombeeinflussungen. AEG-Mitteilungen 1929, Heft 11, S. 714.

Ferngesteuerte und bedienungslose Gleichrichteranlagen. Quecksilberdampf-Gleichrichter können wegen ihrer Ausrüstung mit selbsttätigen Zündvorrichtungen in viel einfacherer Weise ferngesteuert oder für selbsttätigen Betrieb eingerichtet werden als rotierende Maschinen. Die Einrichtungen ferngesteuerter oder bedienungsloser Gleichrichteranlagen unterscheiden sich nicht wesentlich von den Einrichtungen zur Fernsteuerung oder zum selbsttätigen Betrieb anderer Stromerzeugungs- bzw. Umformeranlagen. Eine eingehende Beschreibung dieser Einrichtungen kann daher an dieser Stelle nicht gegeben werden. Einzelheiten ausgeführter ferngesteuerter und bedienungsloser Gleichrichteranlagen sind den nachstehend angeführten Veröffentlichungen zu entnehmen.

1. Dipl.-Ing. W. Weißbach, Ferngesteuerte Quecksilberdampf-Gleichrichter-Unterwerke in städtischen Licht- und Kraftnetzen. Siemens-Zeitschrift 1926, Heft 6, S. 281.

2. Dipl.-Ing. A. Danz, Die bedienungslosen Gleichrichter-Unterstationen der Niederländischen Eisenbahnen, BBC-Mitteilungen 1928, Heft 12, S. 335.

3. Dipl.-Ing. W. Weißbach, Bedienungslose Gleichrichter-Unterwerke. Fachberichte der 33. Jahresversammlung des VDE, 1928, S. 32.

4. Dr. M. Schleicher, Die speziellen Anordnungen der Fernsteuerung und Fernüberwachung bei der Berliner Stadt- und Ringbahn. Fachberichte der 33. Jahresversammlung des VDE, 1928, S. 78.

5. Dr. H. Jordan, Selbsttätiges Gleichrichterwerk Schützenhof der Hagener Vorortebahn. AEG-Mitteilungen 1928, Heft 9, S. 468.

6. J. Blandin, Die automatischen Gleichrichter-Unterstationen der Brünner Tramway-Gesellschaft. BBC-Mitteilungen, Baden 1929, Heft 2, S. 79.

7. Ing. Micheluzzi, Die Hochstrom-Gleichrichter und die bedienungs-
los betriebenen Gleichrichter der städtischen Elektrizitätswerke
Wien. EuM 1929, Heft 6, S. 129.

8. Dr.-Ing. Nowag, Die Schaltung der ferngesteuerten Brown Boveri-
Gleichrichter für die Berliner Stadt- und Ringbahn. BBC-Nachrichten, Mannheim 1929, Heft 2, S. 79.

9. Dipl.-Ing. K. Landsmann, Die Fernsteuerung von Glasgleichrichteranlagen mit wenigen Steuerleitungen. BBC-Nachrichten,
Mannheim 1929, Heft 5, S. 245.

10. R. Hellfarth, Ferngesteuerte Glasgleichrichterstation „Feuer-
wache" des städtischen Elektrizitätswerkes Bremen. AEG-Mitteilungen 1929, Heft 7, S. 456.

11. AEG-Mitteilungen für Bahnbetriebe, Neue Folge, Heft 6, 1929.
Selbsttätige Bahnunterwerke. Enthält unter anderem:

a) Dipl.-Ing. A. Meiners, Entstehung und Verwendung des Schalt-
folgendiagramms.

b) Dipl.-Ing. A. Meiners, Vergleich der Automatisierung verschiedener Umformeranlangen an Hand von Schaltfolgendiagrammen.

c) Dr. H. Jordan und Gülzow, Selbsttätiges Glasgleichrichter-
Unterwerk Hohwisch der Bremer Straßenbahn.

12. Dipl.-Ing. A. Pascher und Dipl.-Ing. G. Zink, Selbsttätiges Gleichrichterwerk München-Haidhausen. AEG-Mitteilungen 1930, Heft 4,
S. 299.

13. N. Kotschubey, Eine fahrbare, bedienungslose Quecksilberdampf-
Großgleichrichter-Anlage. ETZ 1930, Heft 20, S. 697.

Sachverzeichnis.

Seite

A

Analyse rechteckiger Anodenstromwellen 66
Anodendrosselspule, Spannungsregelung durch Anodendrosselspulen . 86
Anodenfall 28
Anwendungsgebiet
  des Glühkathodengleichrichters
   mit Vakuum 8
  des Glühkathodengleichrichters
   mit Gasfüllung 14
  des Quecksilberdampfgleichrichters 15
Armbelag (Flackerband) bei Glasgleichrichtern 40
Ausnützungsfaktor. 68

B

Batterieladegleichrichter (siehe auch
Ladegleichrichter) 84
Bedienungslose Gleichrichteranlagen 185
Belastungskennlinie (siehe auch
Spannungsabfall) 89, 94, 107, 110, 123,
134, 138, 141, 144
Bewegung der Ionen und Elektronen 11

D

Doppeldreiphasenschaltung
  Beschreibung 72, 177
  Belastungskennlinie 110, 123
  Spannungsanstieg bei geringer Be-
   lastung. 112
Dreifach-Einphasenschaltung . . . 75
Dreiphasengleichrichter. . . . 61, 70
Durchschlag des Quecksilberdamp-
fes. 52
  Einfluß der Elektrodenform und
   des Elektrodenabstandes auf
   den Durchschlag 55

E

Effektivwert des Anodenstromes . 67
  Einfluß des Umschaltvorganges
   auf ihn. 82

Seite

Einphasengleichrichter
  ohne Gleichstromdrosselspule . . 59
  mit Gleichstromdrosselspule . . 60
Einschmelzungen für Glasgleichrich-
ter 18
Eisengleichrichter
  Anodenisolation 20, 174
  Anordnung der Teile . . . 22, 177
  Entwicklung 20
  Glaseinschmelzungen für Eisen-
   gleichrichter 22
  Kathodenisolation 22, 176
Elektrisches Ventil 1
Elektrodeneinführungen bei Queck-
silberdampfgleichrichtern 18, 20, 22,
174, 176
Elektronenemission
  von Glühkathoden 3
  des Kathodenflecks bei Quecksil-
   berdampfgleichrichtern . . . 15
Elektronenbewegung 11
Erwärmung
  von Glasgleichrichterkolben . . 41
  von Gleichrichtertransformatoren 67

F

Ferngesteuerte Gleichrichteranlagen 185
Flackern bei Quecksilberdampf-
gleichrichtern 40
Fremdgase
  Absorption der Fremdgase bei gas-
   gefüllten Glühkathodengleich-
   richtern 10
  Absorption der Fremdgase bei
   Quecksilberdampfgleichrichtern 35

G

Gittersteuerung bei Quecksilber-
dampfgleichrichtern 168
Glasgleichrichter
  Apparaturen für Glasgleichrichter 170
  Einschmelzungen für Glasgleich-
   richter 18
  Glasgleichrichter mit geraden
   Armen. 18
  Glasgleichrichter mit geknickten
   Armen 18

Seite

Zündvorrichtungen für Glasgleich-
richter 85, 171
Glättung der abgegebenen Gleich-
spannung 183
Gleichrichter, Begriffserklärung . . 1
Gleichrichter mit unendlicher Pha-
senzahl. 98
Gleichrichterwirkung des Quecksil-
berlichtbogens. 24, 165
Gleichstromtransformator 168
Glühkathode
   Emission der Glühkathode . . . 3
   Heizungsverlust der Glühkathode 8
   Material der Glühkathode . . . 2
Glühkathodengleichrichter mit Gas-
füllung
   Beschreibung 10
   Besondere Eigenschaften . . . 13
   Anwendungsgebiet. 14
Glühkathodengleichrichter mit Va-
kuum
   Beschreibung 1
   Besondere Eigenschaften . . . 5
   Anwendungsgebiet. 8

H

Heizfaden (siehe auch Glühkathode) 2
Hilfsanoden. 18
Hilfserregung 18
Hochstromgleichrichter 176
Hütcheneinschmelzung 19

I

Ionisation 10
Ionenbewegung 11

K

Kathode 2
Kathodendrosselspule 65, 183
Kathodenfall 25, 166
Kathodenfleck
   Kathodenfleck als Elektronen-
   quelle 15
   Vorgänge im Kathodenfleck . . 24
Kathodenisolatoren 22, 176
Kenotrongleichrichter 1
Kippzündung 85
Kompoundierte Gleichrichter . . . 149
   Belastungskennlinien kompoun-
   dierter Gleichrichter 153
   Wellenformen kompoundierter
   Gleichrichter 155

Seite

Kondensraum (Kühldom)
   Zweck 22
   Bemessung 41
Kraftübertragung mit Gleichstrom . 168
Kühlung 41

L

Ladegleichrichter
   Abhängigkeit der von einem Ladegleichrichter gelieferten Spannung von der Art der Belastung 95
   Arbeitsweise der Ladegleichrichter mit Anodendrosselspulen . 86
   Belastungskennlinie eines Ladegleichrichters mit Anodendros-
   selspulen 88
   Belastungskennlinie eines Lade-
   gleichrichters mit Primärdrosselspulen 91
   Effektivwert des Anodenstromes
   bei Ladegleichrichtern 97
   Einfluß des Lichtbogenabfalles bei
   Ladegleichrichtern 96
   Einfluß des primären Blindwider-
   standes bei Ladegleichrichtern 90
   Gleichstromseitiger Kurzschluß-
   strom bei Ladegleichrichtern . 89
   Ladegleichrichter für Bleibatterien 95
   Ladegleichrichter für Stahlnickel-
   batterien 97
   Transformatoren für Ladegleich-
   richter 94
Lebensdauer von Glasgleichrichter-
kolben 41
Leistungsfaktor bei Quecksilber-
dampfgleichrichtern
   Das Wesen des Leistungsfaktors 69
   Der Zahlenwert des Leistungsfak-
   tors 71
Lichtbogenabfall 30
   Augenblicklicher Wert des Licht-
   bogenabfalles 32
   Einfluß des Lichtbogenabfalles auf
   den Parallelbetrieb von Gleich-
   richtern 33
   Kennlinie des Lichtbogenabfalles 30

M

Mindeststrom des Quecksilberdampf-
gleichrichters 27
Momentanwert des Lichtbogenabfalles 32

Seite

O

Oberwellenbeseitigung 183
Oszillogramme der Ströme und Spannungen in Gleichrichterstromkreisen 125, 126, 127, 128, 139, 144, 145, 156
Oxydkathode 3

P

Parallelbetrieb von Quecksilberdampfgleichrichtern
  Einfluß des Lichtbogenabfalles auf den Parallelbetrieb 33
  Parallelbetrieb vollständig. Gleichrichtereinheiten 146
  Verteildrosseln für den Parallelbetrieb 34, 146
Positive Säule des Quecksilberlichtbogens 166
Pulsation des Gleichstromes . . . 63

Q

Quecksilberdampfgleichrichter
  Entwicklung 17
  Bauart 15
  Anwendungsgebiet 15
Quecksilberdichtung 21

R

Raumladung
  Das Wesen der Raumladung . 4
  Raumladungsgesetz 5
  Raumladungsverlust 8
Rückstrom 46
Rückzündung 36, 44
  Einfluß der Wellenform und Frequenz auf das Zustandekommen der Rückzündung . . 46
  Rückzündungsgrenze 37
  Rückzündung unterhalb der normalen Belastung 40
  Voraussage der Rückzündung . . 57
  Zeitpunkt des Eintrittes der Rückzündung innerhalb der Periode 51

S

Saugdrossel 74
Saugdrossel mit Sättigungswicklung 151
Schwachstromstörungen durch Quecksilberdampfgleichrichter . 181

Seite

Sechsphasengleichrichter . . . 70, 129
  mit Stromteilern 179
  mit drei Einphasentransformatoren 178
  mit Manteltransformator . . . 178
Selbsttätige Gleichrichteranlagen . 185
Siebketten 183
Stabeinschmelzung 19
Steuergitter bei Quecksilberdampfgleichrichtern 168
Störfrequenzen von Gleichrichterströmen 183
Stoßionisation 10
Stromteilungsspulen 34, 146
Spannungsabfall
  Grundsätzliches über die Berechnung des Spannungsabfalles . 84
  Berücksichtigung des Lichtbogenabfalles und der Spannungsabfälle in den Wirkwiderständen bei der Spannungsabfallberechnung 96, 111
  Spannungsabfall von Ladegleichrichtern 86

T

Tafel I. Wirksamkeit verschiedener Kühlmethoden 42
Tafel II. Abgegebene Gleichspannung 65
Tafel III. Oberwellen der Gleichspannung 65
Tafel IV. Harmonische Komponenten rechteckiger Anodenstromwellen 67
Tafeln Va und Vb. Strom- und Spannungsverhältnisse bei verschiedenen Gleichrichterschaltungen 70, 71
Tafel Vc. Spannungsabfall bei verschiedenen Gleichrichterschaltungen 73
Tafel VI. Der Beginn der Brennzeit 103
Tafel VII. Gleichungen von Belastungskennlinien 108
Tafel VIII. Vergleich der Komponenten des Anodenstromes bei verschiedenen Doppeldreiphasengleichrichtern 122
Tafel IX. Zeitweiliger Kurzschluß eines Sechsphasengleichrichters mit in Dreieck geschalteten Primärwicklungen 132

Seite

Tafel X. Zeitweiliger Kurzschluß eines Sechsphasengleichrichters mit in Stern geschalteten Primärwicklungen 133

Tafel XI. Vergleich der Stromkomponenten bei Sechsphasen-Gleichrichtern 137

Tafel XII. Berechnung der Anodenströme des Sechsphasen-Glühkathoden-Gleichrichters in Doppeldreiphasenschaltung nach Abb.152 162

Tafel XIII. Nachrechnung der Wirkungsweise des Sechsphasen-Glühkathoden-Gleichrichters nach Abb. 152 163

Thyratron 168

Tungargleichrichter 9

U

Umschaltung der Anodenströme . 77
    Wirkung des Umschaltvorganges auf den Effektivwert des Anodenstromes 82
    Wirkung des Umschaltvorganges auf die abgegebene Gleichspannung 79
Überlappung der Anodenströme . 103

V

Vakuum
    Vakuummeter 175
    Vakuumpumpen 177
    Prüfung des Vakuums von Glasgleichrichterkolben 35
    Zeichen von schlechtem Vakuum oder hohem Dampfdruck . . . 34

Seite

Ventilatorkühlung bei Glasgleichrichtern 31

Ventilwirkung 1

Verluste
    Verluste an den Anoden . . . 28
    Verluste im Lichtbogen 27

Versagen der Gleichrichterwirkung (Rückzündung) 36, 46

Verteildrosselspulen 34, 146

W

Wellenfilter 183

Welligkeit der abgegebenen Gleichspannung 63

Wiedervereinigung von Ionen und Elektronen 11

Wirkungsgrad
    Wirkungsgrad des Glühkathodengleichrichters mit Gasfüllung . 13
    Wirkungsgrad des Glühkathodengleichrichters mit Vakuum 8, 161

Wirkwiderstand
    Einfluß des Wirkwiderstandes auf den Spannungsabfall 111
    Einfluß des Wirkwiderstandes auf die Wellenformen 157

Z

Zeitkonstante der Glasgleichrichterkolben 43

Zündung 16

Zündspannung 169

Zündvorrichtungen für Glasgleichrichter
    Zündvorrichtungen mit Kippbewegung 85, 172
    Zündvorrichtungen ohne Kippbewegung 173

Printed and bound by CPI Group (UK) Ltd, Croydon, CR0 4YY

06/07/2026

02159982-0008